贵州三叠纪中—晚期
海相双壳纲动物群

Marine Middle and Late Triassic Bivalvia
from Guizhou, China

陈楚震　沙金庚　著

资助项目

中华人民共和国科学技术部基础性工作专项（2006FY120400）
国家自然科学基金项目（41730317）

中国科学技术大学出版社

内 容 简 介

本书详细研究了贵州三叠纪中—晚期双壳纲动物群。简要回顾了贵州三叠纪双壳纲的研究历史和产出层位；系统描述了 62 属 187 种（包括 1 新科、1 新属、17 新种和新亚种）双壳类，校正了 1900 年至 2007 年研究发表的涉及贵州三叠纪双壳纲的属和种；发现了这一双壳类动物群的组成包括了世界三叠纪双壳纲各目科的主要成员，除诺利期双壳纲成员是东南亚地方型土著种类外，安尼期—卡尼期大多是特提斯海类型。此外，简述了这个双壳纲动物群的生态类型和不同岩相的关系，深入论述了小凹组下部产出的 *Aprimella-Daonella-Zittelihalobia* 组合时代——晚拉丁期。

书末附有全部研究材料的产地和剖面。

此书可供地质和石油系统、高等院校、博物馆部门等从事生产、科研、教学和科普宣传的人员参考。

图书在版编目(CIP)数据

贵州三叠纪中—晚期海相双壳纲动物群/陈楚震，沙金庚著 . —合肥：中国科学技术大学出版社，2022.7
ISBN 978-7-312-05151-7

Ⅰ.贵… Ⅱ.①陈… ②沙… Ⅲ.海相—三叠纪—瓣鳃纲—古动物—研究—贵州 Ⅳ.Q915.817

中国版本图书馆 CIP 数据核字(2021) 第 195347 号

贵州三叠纪中—晚期海相双壳纲动物群
GUIZHOU SANDIEJI ZHONG—WANQI HAIXIANG SHUANGQIAO GANG DONGWUQUN

出版	中国科学技术大学出版社
	安徽省合肥市金寨路 96 号,230026
	http://press.ustc.edu.cn
	https://zgkxjsdxcbs.tmall.com
印刷	合肥华苑印刷包装有限公司
发行	中国科学技术大学出版社
开本	880 mm×1230 mm　1/16
印张	13.5
字数	408 千
版次	2022 年 7 月第 1 版
印次	2022 年 7 月第 1 次印刷
定价	89.00 元

前　言

贵州海相三叠纪地层十分发育,岩相多变,总厚可达 3000 余米,产丰富的双壳纲化石,其他化石如菊石和牙形刺等较少,因此在划分和对比贵州三叠纪地层时,双壳纲化石尤为重要。三叠系标准分层建阶地区的欧洲阿尔卑斯,有丰富的菊石和其他化石作为划分依据,以双壳纲化石建带的仅 *Raetavicula contorta* 带,代表瑞替期。这个化石带在贵州地区和国内其他地区尚未发现。如果在我国用双壳纲化石对三叠系进行划分,与国际精确对比就存在一定的困难,这是双壳纲化石在划分三叠系时不足的地方。

贵州中—上三叠系所产双壳类,在确切划分和对比贵州的三叠系以及阐明古生物学、地史学和地层学等方面问题有重大意义,对于寻找能源和沉积矿产、开展地质测量和编制综合地质图等也有重要作用。

贵州三叠纪双壳类研究开始于 1900 年,Koken(1900)首先记载的是产地贵阳青岩的 2 属 2 种,*Palaeonucula qinyanensis* Chen,1976 (= *Nucula* aff. *Strigillata* Goldfuss by Koken,1900),*Plicatula sessilis* Koken,1900。之后,Patte(1935)研究中国西南部古生代和中生代化石,涉及贵阳"三桥石灰岩"的双壳类化石数种:*Entolium tenuistriatum rotundum* Chen (= *Pencten* sp. aff. *P. tenuistriatum* var. *schlotheimi* Giebel in Patte,1935),*Modiolus guiyangensis* Chen(= *Modiola* sp. by Patte,1935),*Unionites*? sp. (= *Anodontophora*? sp. in Patte,1935)。

1939 年开始,我国学者许德佑教授悉心研究黔中、黔北和黔南等地三叠纪地层并采集双壳类化石达 6 年(1939—1944)之久,深入研究青岩动物群,记述双壳类 13 属 22 种,对其中 *Cassianella* 的 2 新种和 *Ostrea sinensis* 新种都指出了区别特征(Hsü,Chen,1943);为建立贵州三叠系层序和双壳类化石序列,如 *Halobia* 层、*Eumorphotis* 层、*Claraia* 层等,做出了卓越贡献。不幸的是 1944 年 4 月 24 日,许德佑与陈康、马以思两位同事在贵州晴隆黄厂地域调查三叠系时遭土匪抢劫而遇害。

许先生留下的双壳类化石标本,绝大多数只做了初步鉴定,仅有名单发表。此外,许先生还鉴定了王钰(1944)等采自遵义地区三叠系的双壳类化石,亦仅有化石名单发表。

张席禔(1942)对贵州三叠纪双壳类化石也做过鉴定,有名单发表。

新中国成立后,我国大规模地开展了地质普查工作,贵州省地矿局区域地质调查研究院(贵州省地矿局 108 地质队)、原地质部第四普查大队、第八普查大队以及原北京地质学院的师生们对贵州三叠系层序、沉积环境和岩相做了不少工作,打下了本区三叠系划分对比的基础。

20 世纪 50 年代至 60 年代,少数贵州三叠纪双壳类 *Costatoria*,*Halobia*,*Angustella*,*Pteria*,*Eumorphotis*,*Claraia* 分别记载于《中国标准化石:无脊椎动物(第三分册)》(顾知微等,1957)和《扬子区标准化石手册》(中国科学院南京地质古生物研究所,1962)。另外,殷鸿福(1962)详细研究了本区三叠系分层对比、岩相以及三叠纪双壳类序列等方面的问题,使人们更深入地认识了贵州三叠纪的发展史。

20 世纪 60 年代以后,是研究本区三叠纪双壳类的鼎盛时期。陈楚震等(1974)描述并发表了贵州三叠纪双壳类(含新属种),殷鸿福(1974)研究了青岩组和把南组双壳类化石。陈楚震(1976)总结和厘定了中国三叠纪双壳类,发表在《中国的瓣鳃类化石》(顾知微等,1976)一书中。此外,甘修明和殷鸿福(1978)在《西南地区古生物图册:贵州分册》中,描述了许多本区三叠纪双壳类及其新类型。上述研究成果揭示了青岩相(Anisian)丰富的、种类繁多的双壳类已开始分化繁盛,对了解双壳类演化、辐射、复苏和衰退等都有重要意义。

1980—1990年,主要以贵州三叠纪双壳类为基础,建立我国西南地区三叠纪双壳类序列组合(Chen,1980;陈金华,1982;Yin,1985)。甘修明(1983)、陈金华(1982)对黔南盆地相的 *Daonella* 群的研究,区分出了不少新种,并确定出 *Daonella* 各种在地层中的分布序列。另外,童金南等(1992)研究了 *Daonella*,*Posidonia* 的生态,认为是泥质海底活动底栖类型,有一定近底浮游能力。

21世纪初,我国学者和国外学者分别或合作研究了本区贵阳青岩组双壳类、古群落生态学和沉积环境(Stiller,1995,1997;陈金华等,2001;Komatsu et al.,2004),此外还发现了 limopsoid,modiomorphid 的几个新属(Stiller,Chen,2004,2006),这些工作充实和丰富了青岩动物群的内涵。

基于上述工作,陈金华等(2006)指出安尼期双壳类群已开始大发展,这是颇有新意的。

2005年,李旭兵等认为贵州关岭地区关岭生物群内保存的双壳类 *Daonella*,*Halabia* 群是在较安静的环境中形成的准原地埋藏群落,此成果也引用于《关岭生物群》(汪啸风等,2008)专著中。关岭生物群主要指贵州关岭中—晚三叠世的海生爬行动物和海百合化石库,以及双壳类、菊石、牙形刺等化石,被认为形成于卡尼期。

本书研究的化石材料,采自黔西南的贞丰、册亨、安龙、六枝郎岱、关岭和晴隆,黔南的紫云和望谟,黔中的贵阳、平坝和清镇,黔北的遵义等地。材料来源大致分为3个时期,一是1939—1944年采集的,主要是许德佑和陈康两位先生采集的,化石名单已发表在他们历年(1939,1940,1943,1944)论文中,这些化石材料都包括在本书之内;本书还采用了王钰(1944)采自遵义附近的中三叠世双壳类,以及李树勋(1942)采自册亨的 *Daonella indica* Bittner 一种。二是1958年冬—1959年春,陈楚震随王钰和陆麟黄去黔西南调查三叠系时采集的双壳类化石,这一部分是本书主要的化石资料,双壳类初步鉴定名单已发表在《贵州西南部三叠纪地层》(王钰等,1963)一书中,现重新厘定,化石名称应以本书为准。除了上述的材料外,还有1960年9月陈楚震在贵阳花溪、三桥采集的双壳类化石,原江汉石油勘探处陆全荣先生在六枝郎岱及原地质部第四普查大队李建寰先生在三桥采集的部分双壳类化石也赠与并叮嘱作者研究。三是原贵州石油普查大队和贵州地质局的同行在1958—1960年采集送中国科学院南京地质古生物研究所鉴定的双壳类化石(选用了个别标本)。

基于上述化石材料,在20世纪60年代陈楚震曾研究整理出一部手稿。2012年开始,陈楚震、沙金庚进行深入厘定研究,完成当前著作。

已故的许德佑先生为我国三叠纪双壳类的研究打下了良好基础。他的有关三叠纪化石的文献目录卡片和双壳类化石标本等,都保存在笔者手头,提供了诸多方便,使笔者在研究当前贵州三叠纪双壳类材料时少走了许多弯路。因此,当前这部著作的完成,实际上也有前辈许德佑先生的功绩。

笔者衷心感谢顾知微教授,他孜孜不倦地教诲和引导如何做研究工作,我们遇到疑难问题时,常在他那里得到启发,本书的原始手稿,也得到了他的精心修饰和审查。

笔者也非常感谢赵金科和王钰两位教授,他们时常关心和鼓励本项研究工作,并在百忙中审阅本书原始手稿,提出有益意见,给予笔者诸多教益。

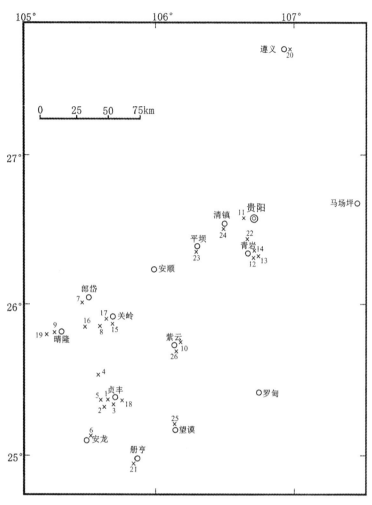

图1　贵州中—晚三叠世双壳纲产地分布示意图

Fig. 1　Index map showing the localities of the Middle—Late Triassic bivalvia in Guizhou

贵阳(Guiyang),青岩(Qingyan),清镇(Qingzhen),平坝(Pingba),安顺(Anshun),紫云(Ziyun),关岭(Guanling),望谟(Wangmo),郎岱(Langdai),晴隆(Qinlong),安龙(Anlong),贞丰(Zhenfeng),册亨(Ceheng),遵义(Zunyi),罗甸(Luodian)

1. 挽澜(Wanlan);2. 小河沟(Xiaohegou);3. 龙头山(Longtoushan);4. 龙场(Longchang);5. 董垅(Donglong);6. 安龙(Anlong);7. 荷花池(Hehuachi);8. 永宁镇(Yongningzhen);9. 老营(Laoying);10. 新苑至江洞沟(Xinyuan to Jiangdonggou);11. 三桥至二桥(Sanqiao to Erqiao);12. 沙井大坡至公腰寨(Shajingdapo to Gongyaozhai);13. 狮子山南坡(Southern slope of Shizishan);14. 营上坡(Yingshangpo);15. 法郎(Falang);16. 新铺(Xinpu);17. 关岭场(Guanlingchang);18. 连环寨(Lianhuanzhai);19. 茅家田(Maojiatian);20. 仁家坳(Renjiaao);21. 妹坡(Meipo);22. 花溪(Huaxi);23. 郝下(Haoxia);24. 鸭塘寨(Yatangzhai);25. 羊场(Yangchang);26. 花泥坡(Huanipo)

笔者感谢贵州省地质局、地矿部石油普查大队的陆金荣和李建寰等赠送化石标本,充实了本书的内容。同时感谢陆麟黄和龚恩杰先生一起做野外工作和采集化石。

本书的化石图片由庞茂芳摄制,徐宝瑞和陈雪儿清绘图件,蓝琇、徐昭仪等誊抄原始手稿,武佩丽打印英文稿,谨在这里向他们致以谢意。

最后,笔者愿以当前的著作纪念已故的前辈许德佑、陈康和马以思3位先生。

目　录

前言 ……………………………………………………………………………………………………（ⅰ）

第一章　地层简述 ……………………………………………………………………………………（1）

　第一节　西南关岭-贞丰地区 ………………………………………………………………………（1）

　第二节　中部贵阳-青岩地区 ………………………………………………………………………（3）

　第三节　南部紫云-罗甸地区 ………………………………………………………………………（4）

　第四节　北部遵义地区 ……………………………………………………………………………（4）

第二章　贵州三叠纪中—晚期双壳纲的性质 ………………………………………………………（6）

第三章　贵州三叠纪中—晚期双壳纲古生态类型与岩相的关系 …………………………………（12）

第四章　小凹组双壳纲化石特征和时代 ……………………………………………………………（16）

第五章　贵州三叠纪中—晚期双壳纲属种的校正 …………………………………………………（18）

第六章　化石描述 ……………………………………………………………………………………（28）

　双壳纲　Class Bivalvia Linnaeus,1758 …………………………………………………………（28）

　　栗蛤目　Order Nuculida J. Gray,1824 ………………………………………………………（28）

　　　栗蛤超科　Superfamily Nuculoidea J. Gray,1824 …………………………………………（28）

　　　栗蛤科　Family Nuculidae J. Gray,1824 ……………………………………………………（28）

　　　　古栗蛤亚科　Subfamily Palaeonuculinae Carter,2001 …………………………………（28）

　　　　古栗蛤属　Genus *Palaeonucula* Quenstedt,1830 ………………………………………（28）

　　似栗蛤目　Order Nuculanida Cater,Campbell et Campbell,2000 …………………………（31）

　　　马雷蛤超科　Superfamily Malletioidea H. Adams et A. Adams,1858 …………………（31）

　　　马雷蛤科　Family Malletiidae H. Adams et A. Adams,1858 ……………………………（31）

　　　　泰米尔栉齿蛤属　Genus *Taimyrodon* Sanin,1973 ……………………………………（31）

　　　似栗蛤超科　Superfamily Nuculanoidea H. Adams et A. Adams,1858 …………………（36）

　　　似栗蛤科　Family Nuculanidae H. Adams et A. Adams,1858 ……………………………（36）

　　　　中尼罗蛤属　Genus *Mesoneilo* Vukhuc,1977 ………………………………………（36）

　　壳菜蛤目　Order Mytilida Férussae,1822 ……………………………………………………（39）

　　　壳菜蛤超科　Superfamily Mytiloidea Rafinesque,1815 ……………………………………（39）

　　　壳菜蛤科　Family Mytilidae Rafinesque,1815 ………………………………………………（39）

　　　　偏顶蛤亚科　Subfamily Modiolinae G. Termier et H. Termier,1850 …………………（39）

　　　　偏顶蛤属　Genus *Modiolus* Lamarck,1799 ……………………………………………（39）

　　箱蚶目　Order Arcida J. Gray,1854 ……………………………………………………………（42）

　　　箱蚶超科　Superfamily Arcoidea Lamarck,1809 ……………………………………………（42）

　　　并齿蚶科　Family Parallelodontidae Dall,1898 ……………………………………………（42）

　　　　并齿蚶亚科　Subfamily Parallelodontinae Dall,1898 ……………………………………（42）

　　　　并齿蚶属　Genus *Parallelodon* Meek,1842 ……………………………………………（42）

斜蚶超科　Superfamily Limopsoidea Dall,1895 ································· （42）

斜蚶科　Family Limopsidae Dall,1895 ·· （42）

前突蚶属　Genus *Hoferia* Bittner,1894 ································· （42）

束肌蛤目　Order Myalinida H. Paul,1939 ··· （43）

双爪蛤超科　Superfamily Ambonychioidea Miller,1877 ···················· （43）

小闭镜科　Family Mysidiellidae Cox,1964 ································· （43）

前小闭镜蛤属　Genus *Promysidiella* Waller,2005 ················ （43）

牡蛎目　Order Ostreida Férussac,1822 ·· （44）

牡蛎超科　Superfamily Ostreoidea Rafinesque,1815 ······················ （44）

始蛎科（新科）　Family Protostreidae fam. nov. ······················· （44）

始蛎属　Genus *Protostrea* Chen,1974 ······························· （45）

北极蛎科　Family Arctostreidae Vialor,1983 ····························· （47）

古棱蛎亚科　Subfamily Palaeolophinae Malchus,1990 ·············· （47）

古棱蛎属　Genus *Palaeolopha* Malchus,1990 ···················· （47）

丁蛎亚目　Suborder Malleidina J. Gray,1854 ·································· （47）

神蛤超科　Superfamily Posidonioidea Neumayr,1891 ···················· （47）

沟纹蛤科　Family Aulacomyellidae Ichikawa,1958 ····················· （47）

博西蛤亚科　Subfamily Bositrinae Waterhouse,2008 ················ （47）

拟博西蛤属　Genus *Peribositria* Kurushin et Trushchelev,1989 ··· （47）

鱼鳞蛤科　Family Daonellidae Neumayr,1891 ·························· （53）

鱼鳞蛤属　Genus *Daonella* Mojsisovics,1874 ···················· （53）

内肋蛤属　Genus *Enteropleura* Kittl,1912 ························· （60）

无耳髻蛤属　Genus *Amonotis* Kittl,1912 ·························· （61）

阿帕里马蛤属　Genus *Aparimella* Campbell,1994 ················ （62）

海燕蛤科　Family Halobiidae Kittl,1912 ································· （64）

海燕蛤属　Genus *Halobia* Bronn,1830 ···························· （64）

扎第海燕蛤属　Genus *Zittelihalobia* Polubotko,1984 ············ （64）

翼蛤超科　Superfamily Pterioidea J. Gray,1847(in Goldfuss,1820)······· （70）

翼蛤科　Family Pteriidae J. Gray,1847(in Goldfuss,1820) ············· （70）

翼蛤亚科　Subfamily Pteriinae J. Gray,1847(in Goldfuss,1820) ····· （70）

翼蛤属　Genus *Pteria* Scopoli,1777 ······························ （70）

道氏蛤亚科　Subfamily Dattinae M. Healey,1908 ···················· （76）

道氏蛤属　Genus *Datta* M. Healey,1908 ·························· （76）

贝荚蛤科　Family Bakevelliidae W. King,1850 ·························· （77）

贝荚蛤属　Genus *Bakevellia* W. King,1850 ························ （77）

齿股蛤亚属　Subgenus *Odontoperna* Frech,1891 ··············· （81）

类贝荚蛤属　Genus *Bakevelloides* Tokuyama,1959 ··············· （82）

荚蛤属　Genus *Gervillia* Defrance,1820 ··························· （83）

鞘形蛤亚属　Subgenus *Cultriopsis* Cossmann,1904 ············· （83）

横扭蛤属　Genus *Hoernesia* Laube,1856 ························· （85）

卡息安蛤科　Family Cassianellidae Ichikawa,1958 ···················· （86）

卡息安蛤属　Genus *Cassianella* Beyrich,1862 ……………………………………（ 86 ）

小横扭蛤属　Genus *Hoernesiella* Gugenberger,1934 ……………………………（ 91 ）

丁蛎科　Family Malleidae Lamarck,1818 ……………………………………………（ 92 ）

等盘蛤亚科　Subfamily Isognomoninae Woodring,1925 ……………………………（ 92 ）

等盘蛤属　Genus *Isognomon* Lightfoot,1786 ………………………………………（ 92 ）

等盘蛤亚属　Subgenus *Isognomon* Lightfoot,1786 …………………………………（ 92 ）

无齿股蛤属　Genus *Waagenoperna* Tokuyama,1959（＝*Edentula*
Waagen,1907）………………………………………………………………………（ 94 ）

海扇目　Order Pectinida J. Gray,1854 …………………………………………………（ 95 ）

海扇亚目　Suborder Pectinidina J. Gray,1854 …………………………………………（ 95 ）

海扇超科　Superfamily Pectinoidea Rafinesque,1815 …………………………………（ 95 ）

海扇科　Family Pectinidae Rafinesque,1815 …………………………………………（ 95 ）

海扇亚科　Subfamily Pectininae Rafinesque,1815 ……………………………………（ 95 ）

凹日月海扇属　Genus *Crenamussium* Newton,1987 …………………………………（ 95 ）

套海扇亚科　Subfamily Chlamysinae Teppner,1922 …………………………………（ 96 ）

前套海扇属　Genus *Praechlamys* Allasinaz,1972 ……………………………………（ 96 ）

假髻蛤超科　Superfamily Pseudomonotoidea Newell,1938 …………………………（ 98 ）

细弱海扇科　Family Leptochondriidae Newell et Boyd,1995 ………………………（ 98 ）

细弱海扇属　Genus *Leptochondria* Bittner,1891 ……………………………………（ 98 ）

关岭海扇属（新属）　Genus *Guanlingopecten* gen. nov. ……………………………（ 99 ）

不等蛤目　Order Anomioidina J. Gray,1854 …………………………………………（103）

不等蛤下目　Hyporder Anomoidei J. Gray,1854 ……………………………………（103）

不等蛤超科　Superfamily Anomioidea Rafinesque,1815 ……………………………（103）

不等蛤科　Family Anomiidae Rafinesque,1815 ………………………………………（103）

拟窗蛤属　Genus "*Placunopsis*" Morris et Lycett,1853 ……………………………（103）

前海菊蛤超科　Superfamily Prospondyloidea Pchelintseva,1960 …………………（104）

前海菊蛤科　Family Prospondylidae Pchelintseva,1960 ……………………………（104）

前海菊蛤亚科　Subfamily Prospondylinae Pchelintseva,1960 ………………………（104）

反向蛎属　Genus *Enantiostreon* Bittner,1901 ………………………………………（104）

燕海扇下目　Hyporder Aviculopectinoidei Staroboqatov,1992 ……………………（105）

异海扇超科　Superfamily Herteropectinoidea Beurlen,1954 ………………………（105）

复套海扇科　Family Antijaniridae Hautmann,2011 …………………………………（105）

复套海扇属　Genus *Antijanira* Bittner,1901 ………………………………………（105）

对套海扇属　Genus *Amphijanira* Bittner,1901（＝*Bittnerella* Böhm,1903）………（107）

锉蛤下目　Hyporder Limoidei R. Moore,1952 ………………………………………（108）

锉蛤超科　Superfamily Limoidea Rafinesque,1815 …………………………………（108）

锉蛤科　Family Limidae Rafinesque,1815 ……………………………………………（108）

锉蛤亚科　Subfamily Liminae Rafinesque,1815 ………………………………………（108）

古锉蛤属　Genus *Palaeolima* Hind,1903 ……………………………………………（108）

斜锉蛤亚科　Subfamily Plagiostominae Kasum-Zade,2003 …………………………（109）

斜锉蛤属　Genus *Plagiostoma* Sowerby,1814 ………………………………………（109）

闭镜蛤属　Genus *Mysidioptera* Salomon,1895 ································· (112)

小步蛤属　Genus *Badiotella* Bittner,1895 ··································· (116)

光海扇亚目　Suborder Entoliidina Hautmann,2011 ···························· (117)

光海扇超科　Superfamily Entolioidea Teppner,1922 ························· (117)

光海扇科　Family Entolioidae Teppner,1922 ······························· (117)

光海扇亚科　Subfamily Entoliinae Teppner,1922 ······················· (117)

光海扇属　Genus *Entolium* Meek,1865 ·································· (117)

类光海扇科　Family Entolioidesidae Kasum-Zade,2003 ··················· (123)

类光海扇亚科　Subfamily Entolioidesinae Kasum-Zade,2003 ··········· (123)

类光海扇属　Genus *Entolioides* Allasinaz,1972 ····················· (123)

三角蛤目　Order Trigoniida Dall,1889 ··· (126)

三角蛤超科　Superfamily Trigonioidea Lamarck,1819 ······················ (126)

三角蛤科　Family Trigoniidae Lamarck,1819 ······························ (126)

三角蛤亚科　Subfamily Trigoniinae Lamarck,1819 ······················ (126)

同缘褶蛤属　Genus *Elegantinia* Waagen,1907（＝*Lyriomyophoria*

Kobayashi,1954）··· (126)

美祢三角蛤亚科　Subfamily Minetrigoninae Kobayashi,1954(＝Costatoriidae

Newell et Boyd,1975）··· (129)

脊褶蛤属　Genus *Costatoria* Waagen,1906 ························· (129)

扇褶蛤亚属　Subgenus *Flabelliphoria* Allasinaz,1966 ············· (136)

褶翅蛤科　Family Myophoriidae Bronn,1849 ····························· (137)

新裂齿蛤属　Genus *Neoschizodus* Giebel,1855 ······················· (137)

光褶蛤属　Genus *Leviconcha* Waagen,1906 ··························· (138)

三角齿蛤超科　Superfamily Trigonodoidea Modell,1942 ···················· (139)

三角齿蛤科　Family Trigonodoidae Modell,1942(＝Pachycardiidae Cox,1964) ········· (139)

三角齿蛤属　Genus *Trigonodus* Sandberger in Alberti,1864 ········· (139)

蚌形蛤属　Genus *Unionites* Wissmann,1841 ························· (140)

类褶蛤属　Genus *Heminajas* Neumayr,1891 ··························· (148)

珠蚌目　Order Unionida J. Gray,1854 ··· (150)

珠蚌超科　Superfamily Unionoidea Rafinasque,1920 ······················ (150)

珠蚌科　Family Unionidae Rafinasque,1920 ······························ (150)

祁阳蚌亚科　Subfamily Qiyangiinae Chen Jinhua,1983 ··················· (150)

云南蛤属　Genus *Yunnanophorus* Chen,1974 ························· (150)

心蛤目　Order Carditida Dall,1889 ·· (151)

厚蛤超科　Superfamily Crassatelloidea Férussac,1822 ···················· (151)

花蛤科　Family Astartidae Gray,1840 ···································· (151)

假兰蛤属　Genus *Pseudocorbula* E. Philippi,1898 ····················· (151)

褶鸟蛤科　Family Myophoricardiidae Chavan,1969 ························· (156)

褶鸟蛤属　Genus *Myophoricardium* Wöhrmann,1889 ··················· (156)

满月蛤目　Order Lucinida J. Flaming,1828 ····································· (157)

满月蛤超科　Superfamily Lucinoidea J. Flaming,1828 ···················· (157)

满月蛤科　Family Lucinidae J. Flaming,1828 ·· (157)

　边缨蛤亚科　Subfamily Fimbriinae Nicol,1950 ·· (157)

　　圆穹蛤属　Genus *Schafhaeutlia* Cossmann,1897(≈*Gonodon*

　　Schafhaeutl,1863) ··· (157)

蜊海螂科　Family Mactromyidae Cox,1929 ·· (158)

　均一鸟蛤属　Genus *Unicardium* Orbigny,1850 ··· (158)

伟齿蛤目　Order Megalodontida Starobgator,1992 ··· (159)

　伟齿蛤超科　Superfamily Megalodontoidea Morris et Lycett,1853 ·················· (159)

　伟齿蛤科　Family Megalodontidae Morris et Lycett,1853 ····························· (159)

　　新伟齿蛤属　Genus *Neomegalodon* Guembel,1892 ································· (159)

　　罗斯蛤亚属　Subgenus *Rossiodus* Allasinaz,1965 ·································· (159)

心蛤目　Order Cardiida Férussac,1822 ·· (159)

　卡勒特蛤超科　Superfamily Kalenteroidea Marwick,1953 ···························· (159)

　卡勒特蛤科　Family Kalenteridae Marwick,1953 ····································· (159)

　蝇蛤亚科　Subfamily Myoconchinae Newell,1957 ······································ (159)

　　蝇蛤属　Genus *Myoconcha* Sowerby,1824 ··· (159)

　　假蝇蛤亚属　Subgenus *Pseudomyoconcha* Rossi Ronchetti et Allasinaz,1966 ··· (159)

　帘蛤超科　Superfamily Veneroidea Rafinesque,1815 ·································· (162)

　等沫丽蛤科　Family Isocyprinidae R. N. Garden,2005 ······························ (162)

　　等沫丽蛤属　Genus *Isocyprina* Roeder,1882 ·· (162)

海笋目　Order Pholadida J. Gray,1854 ·· (162)

　肋海螂超科　Superfamily Pleuromyoidea Zittel,1895 ································· (162)

　肋海螂科　Family Pleuromyidae Zittel,1895 ·· (162)

　　肋海螂属　Genus *Pleuromya* Agassiz,1843 ·· (162)

孔海螂目　Order Poromyida Ridewood,1903 ·· (165)

　矛头蛤超科　Superfamily Cuspidarioidea Dall,1886 ································· (165)

　矛头蛤科　Family Cuspidariidae Dall,1886 ·· (165)

　　矛头蛤属　Genus *Cuspidaria* Nardo,1840 ··· (165)

笋海螂目　Order Pholadomyida Newell,1965 ··· (166)

　笋海螂超科　Superfamily Pholadomyoidea King,1844 ······························· (166)

　笋海螂科　Family Pholadomyidae King,1844 ·· (166)

　　同海螂属　Genus *Homomya* Agassiz,1843 ··· (166)

鸭蛤目　Order Pandorida R. Stewart,1930 ··· (168)

　鸭蛤超科　Superfamily Pandoroidea Rafinesque,1815 ······························· (168)

　瓦筒蛤科　Family Laternulidae Healey,1908 ·· (168)

　　土隆蛤属　Genus *Tulongella* Chen et J. Chen,1976(=*Ensolen* Guo,1988) ········· (168)

色雷斯蛤目　Order Thraciida Cater,2011 ··· (169)

　色雷斯蛤超科　Superfamily Thracioidea Stoliczka,1870 ···························· (169)

　色雷斯蛤科　Family Thraciidae Stoliczka,1870 ······································· (169)

　　色雷斯蛤属　Genus *Thracia* Sowerby,1823 ··· (169)

　缅甸蛤科　Family Burmesiidae Healey,1908 ··· (170)

      缅甸蛤属　Genus *Burmesia* Healey,1908 ……………………………………………（170）

      乡土蛤属　Genus *Prolaria* Healey,1908 ……………………………………………（171）

参考文献 ……………………………………………………………………………………（173）

附录Ⅰ　含双壳纲化石的产地与地层剖面 …………………………………………………（182）

附录Ⅱ　英文摘要 …………………………………………………………………………（192）

第一章 地层简述

贵州的中—晚三叠世地层岩相变化颇大。研究地区大致涉及 4 个区域,即西南关岭-贞丰地区、中部贵阳-平坝地区、南部紫云-罗甸地区和北纬 26°30′以北地区。这些地区三叠纪地层的岩石性质和所含生物化石特征各不相同,因而岩石地层名称也不一致。这里简述如下。

第一节 西南关岭-贞丰地区

研究地区中—上三叠统是半闭塞碳酸盐台地性质,可以划分出关岭组、杨柳井组、竹杆坡组、小凹组、赖石科组、把南组和火把冲组,分别相当于安尼阶、拉丁阶、卡尼阶和诺利阶。

关岭组(Guanling Fm.)

这一组下部是薄至中层灰色泥晶灰岩和白云质灰岩,中部由泥晶灰岩和杂色泥岩、泥灰岩组成不等厚互层或夹层,上部灰色层状灰岩夹角砾状白云岩、泥质灰岩,中上部泥质灰岩呈生物扰动蠕虫状构造。层型剖面厚约 550m。双壳类以 *Costatoria goddfussi mansuyi* 组合为特征,大致类似波兰上西利西亚和德国黑森林壳灰岩统(Muschelkalk)双壳类,或马来西亚 *Myophoria* 砂岩下部,或越南 *Balatonites-Costatoria curvinostria* 组合(Vaknuc et al.,1998),时代相当于安尼期早期。

杨柳井组(Yangliujing Fm.)

这一组主要由灰色厚层白云质灰岩、泥晶白云岩和纹层状白云岩夹白云质角砾岩组成,厚 300—450m,生物化石稀少,产牙形刺 *Nicorella kockai* 及菊石 *Progonoceratites nanjiangensis* 等(廖能樊,1978)。本组位于竹杆坡组中部产晚安尼期 *Xenoprotrachyceras primum* 菊石带(相当于 *Reitziites reitzi* 带)的岩层之下,时代可能是中安尼期(Pelsonian 期)或部分晚安尼期。

竹杆坡组(Zhuganpo Fm.)

由灰色中层泥晶灰岩和生屑灰岩夹介壳灰岩组成,灰岩层呈明显缝合线构造,厚 35—150m。下部产 *Guanlingopecten illyrica* 组合。在郎岱荷花池,本组中部产菊石 *Xenoprotrachyceras primum* Wang,*Balogites? langdaiensis* Wang 等,称 *X. primum* 带(相当于 *Reitziites reitzi* 带)(王义刚,1983)。徐光洪等(2003)在关岭地区本组中部和上部分出 *Xenoprotrachyceras primum* 带和 *Protrachyceras deprati* 带,相当于南阿尔卑斯拉丁阶全部 *Reitziites reitzii* 带至 *Protrachyceras archelaus* 带。但目前国际拉丁阶底界已确定在 *Eoprotrahyceras cvrioni* 带,*Reitziites reitzi* 带归入上安尼阶(Brack et al.,2005),而 *Xenoprotrachyceras primum* Wang 十分类似于 *Reitziites reitzi* 类(王义刚,1983)。因此,竹杆坡组至少中下部产 *Guanlingopecten illyrica* 组合的层位和 *Xenoprotrachyceras primun* 带属于上安尼阶(Illyrian 阶)。

小凹组(Xiaowa Fm.)

(原法郎组瓦窑段的替代名)(汪啸风等,2002)。

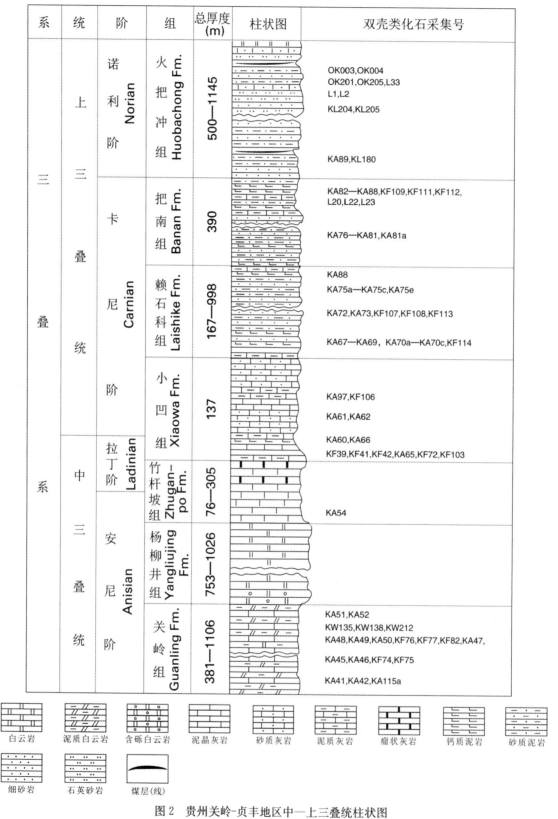

系	统	阶	组	总厚度(m)	柱状图	双壳类化石采集号
三	上三叠统	诺利阶 Norian	火把冲组 Huobachong Fm.	500—1145		OK003,OK004 OK201,OK205,L33 L1,L2 KL204,KL205 KA89,KL180
叠		卡尼阶 Carnian	把南组 Banan Fm.	390		KA82—KA88,KF109,KF111,KF112, L20,L22,L23 KA76—KA81,KA81a
			赖石科组 Laishike Fm.	167—998		KA88 KA75a—KA75c,KA75e KA72,KA73,KF107,KF108,KF113 KA67—KA69，KA70a—KA70c,KF114
系	中三叠统	拉丁阶 Ladinian	小凹组 Xiaowa Fm.	137		KA97,KF106 KA61,KA62 KA60,KA66 KF39,KF41,KF42,KA65,KF72,KF103
			竹杆坡组 Zhuganpo Fm.	76—305		KA54
		安尼阶 Anisian	杨柳井组 Yangliujing Fm.	753—1026		
			关岭组 Guanling Fm.	381—1106		KA51,KA52 KW135,KW138,KW212 KA48,KA49,KA50,KF76,KF77,KF82,KA47, KA45,KA46,KF74,KF75 KA41,KA42,KA115a

白云岩　　泥质白云岩　　含砾白云岩　　泥晶灰岩　　砂质灰岩　　泥质灰岩　　瘤状灰岩　　钙质泥岩　　砂质泥岩

细砂岩　　石英砂岩　　煤层(线)

图2　贵州关岭-贞丰地区中—上三叠统柱状图

Fig. 2　Columnar section of the Middle—Upper Triassic in the Zhenfeng-Guanling area of Guizhou

本组由灰色砂质灰岩、泥晶灰岩、泥灰岩互层夹纹层状泥灰岩和钙质泥岩组成,厚约 140m。

本组下部产双壳类 *Daonella lommeli*,*D. indica*,*Aprimella bifurcata*(=以前的 *Daonella bulogensis bifurcata* Chen),*Zittelihalobia kui*(=*Halobia kui*),*Z. subcomata*(=*Halobia subcomata*)。这个双壳类群可与拉丁阶龙巴德(Longbard)亚阶 *Protrachyceras archelaus* 带 *Daonella lommeli* 层相当,徐光洪等(2003)分出的菊石带 *Protrachyceras costulatum* 带也可对比于 Longbard 亚阶。

本组中部和上部产菊石 *Trachyceras multituberculatum* 带和 *T. sirenites* 带(徐光洪等,2003;王义刚,1983),相当于 *T. ann* 带,代表下卡尼阶。从菊石和双壳类化石群分析,小凹组显示拉丁-卡尼阶过渡层性质。此过渡层在贵州西南部和中南部普遍存在(殷鸿福、童金南,1992)。

赖石科组(Laishike Fm.)

本组主要由灰色中层粉砂岩、纹层状砂质灰岩和泥灰岩夹黑色泥岩组成,底部常为一层泥质石灰岩,厚700 余米。双壳类 *Zittelihalobia rugosoides* 组合偶见于 *Z. kui*(Chen)带上延至本组底部。菊石 *Trachyceras multituberlatum* 带(王义刚,1983)仍属下卡尼阶。

把南组(Banan Fm.)

根据岩石性质和双壳类化石分上、下两段。

第一段(下段)主要为灰绿色中层细砂岩和泥岩夹薄层砂层或组成互层,厚约 130m。产双壳类 *Cassianella beyrichii* 组合的化石。这段地层大致相当于阿尔卑斯区的 Cassian 层。

第二段(上段)由灰色砂质泥岩和细砂岩夹泥质灰岩薄层组成,厚 260 余米。产双壳类 *Costatolia kueichowensis-Heminajas frulatum* 组合,这一组合的双壳类化石层位相似于阿尔卑斯区的 Raibl 层,相当于中卡尼阶。

火把冲组(Huobachong Fm.)

这一组由灰色中层石英砂岩、砂质页岩和细砂岩组成不等厚互层,间夹煤线或煤层夹油页岩。厚 500—1145m。有 2 个双壳纲化石组合:

下部海相双壳类 *Burmesia lirata* 组合,以呈现大量东南亚型土著双壳类属种为特征。这个早期诺利期双壳类组合广泛地分布于我国(黔、川、滇、青、藏)、缅南、中南半岛各国、印尼、阿曼和伊朗北部,并延入外高加索地区(Newton,1900;Healey,1908;Krumbeck,1924;Hsü,1940a;Hudson et al.,1960;陈楚震等,1974,1979;陈楚震,1976;文世宣等,1976;马其鸿等,1976;Vukhuc et al.,1991;Hautmann,2001)。

上部半咸水相双壳类 *Yunnanophorus boulei* 组合,大多是半咸水和广盐性双壳类。这个晚诺利期双壳类组合分布于我国黔、川、滇三省并延入越南西北部。

第二节　中部贵阳-青岩地区

当前研究的双壳类化石采自青岩组和三桥组。

青岩组(Qingyan Fm.)

本组由青灰、黄绿色薄层泥质灰岩,钙质泥岩、瘤状灰岩夹灰黑色结晶灰岩组成不等厚互层,厚 450—830m,通常分为 5 个岩性段。本组富含珊瑚类、海绵动物、棘皮动物、腕足类、软体动物化石。以 *Cassianella* 为主,包括 *Enantiostraon*,*Palaeolopha*,*Pteria*,*Mysidioptera*,*Palaeotaxodonta*,*Costatoria* 等青岩双壳类群,属于安尼期早期。

三桥组(Sanqiao Fm.)

本组仅分布在贵阳花溪、清镇、平坝地区,可分为上、下两段。

上段由灰黑色、灰绿色钙质泥岩和灰色薄细砂岩中部夹 4 层产腕足类化石的砂质灰岩组成,厚约 16m。上、下泥岩产双壳类 *Costatoria minor*,*Hoernesia*,*Pteria*,*Entolium* 等。

下段为黄绿色薄层云母质砂岩和灰黑色泥岩互层,厚 46 余米,产 *Costatoria minor*,*Heminajas frulata*,*Cassianella beyrichii* 等 28 属近 50 种。

三桥组的双壳类面貌与西南部把南组的一致,可同属中—晚卡尼期双壳类。

第三节　南部紫云-罗甸地区

本区中三叠世沉积由近千米厚的灰绿色砂岩和砂质泥岩组成,下部通常是砂质泥岩和泥岩夹灰岩条带,上部是砂岩、细砂岩夹泥岩,砂岩层见槽模、沟模等构造,显示碎屑浊积岩性质。通常分为两组:

新苑组(Xinyuan Fm.)

本组由灰绿色砂质页岩和页岩的不等厚互层组成,厚数十米至 300 余米。产 *Daonella*,*Veldidenella*,*Peribositria*,*Enteropleura* 等双壳类,可称 *Daonella ignobilis-Veldidenella producta* 组合。当前组合也产于我国西北部、云南丘北-广南、四川松潘、西藏扎达等地区。组合也见于瑞士阿尔卑斯山区提契谟上安尼阶 *Daonella elongata* 群中,即 Rieber(1968,1969)命名的 *D. airaghii*〔=*Veldidenella producta*(Hsü)1940〕,*D.* sp.(= *D. ignobilis* Chen)。瑞士的 *D. elongata* 群双壳类也在阿富汗发现(Farsan,1973),*Daonella* 群产在拉丁阶 Khenjan 组,分 3 部分共计 28 层,*D. producta* 产于 24 层,25 层是石英砾岩,以上才出现 *D. indica* 等拉丁期化石。Farsan(1972)把壳体前狭后宽、高宽比不大于 0.65 的 *D. elongata* 群,订正为 *Daonella* 新亚属 *D.*(*Longidaonella*)Farson,但是 Alma(1926)已把这类特征的双壳类建立为 *Veldidenella* 属,显然 *Longidaonella* 是次出同物异名。越南西北部安尼期的 *Daonella elongata* 组合带也应归在一起,互可对比。

上述瑞士阿尔卑斯、阿富汗、越南西北部和我国多地分布的新苑组双壳类化石相同,而且安尼期沉积大多由碎屑岩组成,显示相似的沉积环境。

本组下部产菊石 *Parapopanaceras* 带,包括 *Hollandites*,*Danubites*,*Balantonites* 等。

边阳组(Bianyang Fm.)

本组主要由青灰、灰绿色中厚层粉砂岩和细砂岩夹含砾砂岩,以及砂质和钙质泥岩组成,底部是砾岩和黏土岩,厚 1—3m,与新苑组之间可能有间断,砂岩底层构造槽模等常见,并有不完整鲍马序列出现,显示碎屑浊积岩性质。

菊石 *Protrachyceras* 常见,双壳类以 *Daonella*,*Peribositria* 为主,已建 *Daonella consobrina*(= *D. varifurcata*)-*D. lommeli* 组合(甘修明,1983),相当于阿尔卑斯 Wengen 层、*D. lommeli* 层,属上拉丁阶。

与西南部比较,大致相当于小凹组下段和竹杆坡组上部。

第四节　北部遵义地区

本区中三叠统自上而下分为两部分,即上部的狮子山组和下部的松子坎组。

狮子山组由白云岩组成,过去很少有化石记录,它的时代一直没有确定。1964 年 5 月,范嘉松、王义刚、孙亦因和陈楚震在遵义近郊狮子山组命名地点采得双壳类 *Leptochondria? illyrica*（Bittner），*Costatoria submultistriata* Chen 和菊石 *Progonoceratites* sp. 等（范嘉松等，1964，遵义地区三叠纪地层，未刊），于是，狮子山组可与竹杆坡组下部或与四川雷口坡组对比，属于上安尼阶。在层序和岩相上也可与杨柳井组对比。

松子坎组不论在岩性和化石群还是层序上，都与关岭组相似。

本区缺失拉丁阶和海相三叠纪晚期沉积。

第二章　贵州三叠纪中—晚期双壳纲的性质

根据当前的研究材料,贵州三叠纪中—晚期双壳纲化石包括下列目科:

Order Nuculida J. Gray,1824

 Superfamily Nuculoidea J. Gray,1824

  Family Nuculidae J. Gray,1824

   Subfamily Palaeonuculinae Carter,2001

    Genus *Palaeonucula* Quenstedt,1830

Order Nuculanida Cater,Campbell et Campbell,2000

 Superfamily Malletioidea H. Adams et A. Adams,1858

  Family Malletiidae H. Adams et A. Adams,1858

   Genus *Taimyrodon* Sanin,1973

 Superfamily Nuculanoidea H. Adams et A. Adams,1858

  Family Nuculanidae H. Adams et A. Adams,1858

   Genus *Mesoneilo* Vukhuc,1977

Order Mytilida Férussac,1822

 Superfamily Mytiloidea Refinesque,1815

  Family Mytilidae Rafinesque,1815

   Subfamily Modiolinae G. Termier et H. Termier,1850

    Genus *Modiolus* Lamarck,1799

Order Arcida J. Gray,1854

 Superfamily Arcoidea Lamarck,1809

  Family Parallelodontidae Dall,1898

   Subfamily Parallelodontinae Dall,1898

    Genus *Parallelodon* Meek,1842

 Superfamily Limopsoidea Dall,1895

  Family Limopsidae Dall,1895

   Genus *Hoferia* Bittner,1894

Order Myalinida H. Paul,1939

 Superfamily Ambonychioidea Miller,1877

  Family Mysidiellidae Cox,1964

   Genus *Promysidiella* Waller,2005

Order Ostreida Férussac,1822

 Superfamily Ostreoidea Rafinesque,1815

  Family Protostreidae fam. nov.

   Genus *Protostrea* Chen,1974

  Family Arctostreidae Vialor,1983

   Subfamily Palaeolophinae Malchus,1990

    Genus *Palaeolopha* Malchus,1990

Suborder Malleidina J. Gray, 1854

  Superfamily Posidonioidea Neumayr, 1891

    Family Aulacomyellidae Ichikawa, 1958

      Subfamily Bositrinae Waterhouse, 2008

        Genus *Peribositria* Kurushin et Truschelev, 1989

    Family Daonellidae Neumayr, 1891

      Genus *Daonella* Mojsisovics, 1874

      Genus *Enteropleura* Kittl, 1912

      Genus *Amonotis* Kittl, 1912

      Genus *Aparimella* Campbell, 1994

    Family Halobiidae Kittl, 1912

      Genus *Halobia* Bronn, 1830

      Genus *Zittelihalobia* Polubotko, 1984

  Superfamily Pterioidea J. Gray, 1847

    Family Pteriidae J. Gray, 1847

      Subfamily Pteriinae J. Gray, 1847

        Genus *Pteria* Scopoli, 1777

      Subfamily Dattinae M. Healey, 1908

        Genus *Datta* M. Healey, 1908

    Family Bakevelliidae W. King, 1850

      Genus *Bakevellia* W. King, 1850

        Subgenus *Odontoperna* Frech, 1891

      Genus *Bakevelloides* Tokuyama, 1959

      Genus *Gervillia* Defrance, 1820

        Subgenus *Cultriopsis* Cossmann, 1904

        Genus *Hoernesia* Laube, 1856

    Family Cassianellidae Ichikawa, 1958

      Genus *Cassianella* Beyrich, 1862

      Genus *Hoernesiella* Gugenberger, 1934

    Family Malleidae Lamarck, 1818

      Subfamily Isognomoninae Woodring, 1925

        Genus *Isognomon* Lightfoot, 1786

          Subgenus *Isognomon* Lightfoot, 1786

        Genus *Waagenoperna* Tokuyama, 1959

Order Pectinida J. Gray, 1854

  Suborder Pectinidina J. Gray, 1854

  Superfamily Pectinoidea Rafinesque, 1815

  Family Pectinidae Rafinesque, 1815

    Subfamily Pectininae Rafinesque, 1815

      Genus *Crenamussium* Newton, 1987

    Subfamily Chlamysinae Teppner, 1922

      Genus *Praechlamys* Allasinaz, 1972

Superfamily Pseudomonotoidea Newell,1938

   Family Leptochondriidae Newell et Boyd,1995

      Genus *Leptochondria* Bittner,1891

      Genus *Guanlingopecten* gen. nov.

Order Anomiidina J. Gray,1854

   Hyporder Anomoidei J. Gray,1854

      Superfamily Anomoidea Rafinesque,1815

         Family Anomiidae Rafinesque,1815

            Genus *"Placunopsis"* Morris et Lyceff,1853(1 种)

Superfamily Prospondyloidea Pcheclintseva,1960

   Family Prospondylidae Pchelintseva,1960

      Subfamily Prospondylinae Pchelintseva,1960

         Genus *Enantiostreon* Bittner,1901

Hyporder Aviculopectinoidei Staroboqatov,1992

   Superfamily Heteropectinoidea Beurlen,1954

      Family Antijaniridae Hautmann,2011

         Genus *Antijanira* Bittner,1901

         Genus *Amphijanira* Bittner,1901

Hyporder Limoidei R. Moor,1952

   Superfamily Limoidea Rafinesque,1815

      Family Limidae Rafinesque,1815

         Subfamily Liminae Rafinesque,1815

            Genus *Palaeolima* Hind,1903

         Subfamily Plagiostominae Kasum-Zade,2003

            Genus *Plagiostoma* Sowerby,1814

            Genus *Mysidioptera* Salomon,1895

            Genus *Badiotella* Bittner,1895

Suborder Entoliidina Hautmann,2011

  Superfamily Entolioidea Teppner,1922

    Family Entolioidae Teppner,1922

      Subfamily Entoliinae Teppner,1922

         Genus *Entolium* Meek,1865

    Family Entolioidesidae Kasum-Zade,2003

      Subfamily Entolioidesinae Kasum-Zade,2003

         Genus *Entolioides* Allasinaz,1972

Order Trigoniida Dall,1889

  Superfamily Trigonioidea Lamarck,1819

    Family Trigoniidae Lamarck,1819

      Subfamily Trigoniinae Lamarck,1819

         Genus *Elagantinia* Waagen,1907

      Subfamily Minetrigoninae Kobayashi,1954

         Genus *Costatoria* Waagen,1906

Subgenus *Flabelliphoria* Allasinaz, 1966

Family Myophoriidae Bronn, 1849

Genus *Neoschizodus* Giebel, 1855

Genus *Leviconcha* Waagen, 1906

Superfamily Trigonodoidea Modell, 1942

Family Trigonodoidae Modell, 1942

Genus *Trigonodus* Sandberger in Alberti, 1864

Genus *Unionites* Wissmann, 1841

Genus *Heminajas* Neumayr, 1891

Order Unionida J. Gray, 1854

Superfamily Unionoidea Rafinasque, 1820

Family Unionidae Rafinasque, 1820

Subfamily Qiyangiinae Chen Jinhua, 1983

Genus *Yunnanophorus* Chen, 1974

Order Carditida Dall, 1889

Superfamily Crassatelloidea Férussac, 1822

Family Astartidae Gray, 1844

Subfamily Astartinae d'Orbigny, 1840

Genus *Pseudocorbula* E. Philippi, 1898

Family Myophoricardiidae Chavan, 1969

Genus *Myophoricardium* Wöhrmann, 1889

Order Lucinida J. Gray, 1854

Superfamily Lucinoidea J. Flaming, 1828

Family Lucinidae J. Flaming, 1828

Subfamily Fimbriinae Nicol, 1950

Genus *Schafhaeutlia* Cossmann, 1897

Family Mactromyidae Cox, 1929

Genus *Unicardium* Orbigny, 1850

Order Megalodontida Starobgatov, 1992

Superfamily Megalodontoidea Morris et Lycett, 1853

Family Megalodontidae Morris et Lycett, 1853

Genus *Neomegalodon* Guembel, 1892

Subgenus *Rossiodus* Allasinaz, 1965

Order Cardiida Férussac, 1822

Superfamily Kalenteroidea Marwick, 1953

Family Kalenteridae Marwick, 1953

Subfamily Myoconchinae Newell, 1957

Genus *Myoconcha* Sowerby, 1824

Subgenus *Pseudomyoconcha* Rossi Ronchetti et Allasinaz, 1966

Superfamily Veneroidea Rafinesque, 1815

Family Isocyprinidae R. N. Garden, 2005

Genus *Isocyprina* Roeder, 1882

Order Pholadida J. Gray, 1854

    Superfamily Pleuromyoidea Zittel, 1895

        Family Pleuromyidae Zittel, 1895

            Genus *Pleuromya* Agassiz, 1843

Order Poromyida Ridewood, 1903

    Superfamily Cuspidarioidea Dall, 1886

        Family Cuspidariidae Dall, 1886

            Genus *Cuspidaria* Nardo, 1840

Order Pholadomyida Newell, 1965

    Superfamily Pholadomyoidea King, 1844

        Family Pholadomyidae King, 1844

            Genus *Homomya* Agassiz, 1843

Order Pandorida R. Stewart, 1930

    Family Laternulidae Headley, 1918

        Genus *Tulongella* Chen et J. Chen, 1976

Order Thraciida Cater, 2011

    Superfamily Thracioidea Stoliczka, 1870

        Family Thraciidae Stoliczka, 1870

            Genus *Thracia* Sowerby, 1823

        Family Burmesiidae Healey, 1908

            Genus *Burmesia* Healey, 1908

            Genus *Prolaria* Healey, 1908

 贵州中—晚三叠世双壳类群中,megalodontid 最贫乏,仅 *Neomegalodon*(*Rossiodus*) *rostratiformis* (Krumbeck)1 种,众多欧洲阿尔卑斯晚三叠世的 megalodontid 如 *Gemmelarodus* Di-Stefano, 1912, *Tiadmegalodon* Vegh-Neubrandt, 1974, *Rhaetimegalodon* Vegh-Neubrandt, 1969 等,在贵州地区没有发现。megalodontid 通常生活在热带浅海碳酸盐台地边缘障壁坝后(Freitas et al.,1993),或浅海火山岛附近潟湖沉积(Tamura, 1981, 1983),而贵州晚三叠世(卡尼期—诺利期早期)多泥砂质缺乏碳酸盐沉积的陆棚环境,异齿类属种不多,仅 6 属 16 种。箱蛤类贫乏,仅 2 属,鉴定为 *Parallelodon* 的标本保存十分不好,难以肯定这个属的存在。

 原鳃型类有古栉齿类 3 个代表[*Taimyrodon*(=三叠纪的 *Palaeoneilo*), *Palaeonucula*, *Mesoneilo*],它们通常保存在泥质岩石中,壳面饰有细致的同缘线,在关岭组、青岩组、把南组和三桥组都有出现。

 三角蛤类有 2 个代表,一是 Trigoniinae 的 *Elagartinia*,饰同缘脊,呈现顶脊前凹沟;二是 Minetrigoniinae 亚科的 *Costatoria*,饰放射褶,具明显撑铰器。一般来说,关岭组(安尼阶)的 *Costatoria* 壳面饰射褶多(9—13 根),水管区光滑,三桥组(卡尼阶)的 *Costatoria* 饰射褶亦多,但水管区带射脊;把南组的 *Costatoria* 饰 5 射褶。值得指出的是确切的 Myophoridae 代表属 *Myophoria* 在贵州没有发现,仅有光滑的 *Neschizodus*, *Leviconcha* 为代表,它们的种大多和欧洲壳灰岩统的种相同或相似。*Heminajas* 在三桥组和把南组出现很有意义,这一属是阿尔卑斯地区卡尼阶 Reibl 层的重要分子。Trigonodoidae 科的 *Trigonodus*, *Unionites* 共 13 种,大都与越南 Nacham 动物群的种相同或相近。

 本鳃型双壳类的翼形类种属繁盛,Posidonioidea 超科的 Daonellidae, Halobiidae, Aulacomyellidae 科的成员 *Peribositria*, *Daonella*, *Enteropleura*, *Amonotis*, *Aparimella*, *Halobia* 和 *Zittelihalobia* 都出现在当前的材料中。Pterioidea 超科的种属也多,包括 *Pteria*, *Cassianella*, *Bakevellia*, *Cultriopsis*, *Waagnoperna* 等属。阿尔卑斯地区

St. Cassian 层特色的 *Cassianella* 属,在本区安尼期青岩组内出现 4 种。海扇超科 Pectinoidea 的成员也繁多,占 17%,Antijaniridae 科的 *Antijanira* 和 *Amphijanira* 两属的出现颇有意义,这两属是北阿尔卑斯卡尼阶的双壳类。

牡蛎类开始在安尼期青岩组出现,包括 *Paleolopha* 和 *Protostrea* 两属,青岩双壳类生物群的特点是属分异度高,新生分子多,代表双壳类辐射早期(晚安尼期)阶段(陈金华、小松梭文,2006)。

Bakevellidae 科的 *Waagenoperna*,*Gervillia*(*Cultriopsis*)和 *Odontoperna* 在把南组或三桥组出现,应该受到十分重视,这些属是南阿尔卑斯卡尼阶 Raibl 层的组成分子。

Pholadomyida 目中,最重要的是 Burmesiidae 科,这个科包括的两个属 *Burmesia*,*Prolaria*,在贵州都有代表,加上 *Tulongella* 属,以及 Pteriidae 科的 *Datta* 属等组成早期诺利期缅甸那贲双壳类生物在中国的代表。这个诺利期双壳类动物群分布在缅甸(Healey,1908)、越南、老挝(Vukhuc et al.,1965,1991;Vukhuc,Huyen,1998)、柬埔寨(陈楚震,1963 年鉴定双壳类名单)、印尼、伊朗(Hautmann,2001)、外高加索地区和中国(西藏、云南、四川、贵州)(陈楚震,1961,1976;文世宣等,1976;马其鸿等,1976;陈楚震等,1979;陈金华,1986)。这是一个以区域土著双壳类属为主的诺利期泥砂质或夹碳酸盐类的东特提斯海域,分南北两侧,北侧缅甸、越南、老挝、柬埔寨和中国(云贵川三省)属华夏特提斯生物地理亚省(Hautmann,2001 的北亚省;Vukhuc et al.,1998 的禅-红河亚省),这里那贲双壳类群内缺乏双壳类 *Montis*,以 *Indopecten* 稀少为特征(可能海水较浅)。南侧属 Gondwana 生物地理亚省(或 Hautmann,2001 的南亚省),包括印尼、中国西藏、阿曼、伊朗、外高加索地区,这里那贲动物群中 *Monotis*,*Indopecten* 繁多(可能海水较深)。

总的来说,当前研究的贵州标本包括了三叠纪双壳类的各科目的主要代表,它们的组成分子,除了诺利期分子是东亚地方型土著种类外,大多属于古特提斯海区的双壳类。这为我们进行世界性三叠纪双壳类对比提供了可靠的依据。

第三章 贵州三叠纪中—晚期双壳纲古生态类型
与岩相的关系

贵州三叠纪地层岩相多变,在中期三叠纪安尼期(青岩组)海下显现一条宽10—100km的碳酸盐岩隆,它沿玉屏经福泉马场坪—贵阳花溪—平坝—安顺呈东西向伸展,至镇宁江龙折向南,经关岭扒子场—贞丰—册亨,又折西经兴义泥凼伸入滇东罗平板桥,呈狭长S形分布,横贯贵州全省。

对此贵州安尼期碳酸盐岩隆(童金南等,1992),也有人认为是堤礁(贺自爱等,1980,1987;徐桂荣等,1992),或生物滩(刘宝珺等,1987),或台地边缘礁滩相(金鹤生,1989),或钙结壳(范嘉松,1996),或台地边缘黏结岩(刘鸿飞,1984)。虽然认识不一,但就此岩隆起到阻隔控制两侧的沉积环境和古生物群分布的作用而言认识是一致的。

这个在安尼期开始发育的岩隆带的西北(内)侧为碳酸盐台地沉积(关岭组)、杨柳井组和竹杆坡组下部,东南(外)侧发育斜坡相(青岩期)至深水盆地相沉积(新苑组)。十分明显,安尼期(青岩期)的关岭组代表浅海陆棚相沉积,中上部泥晶灰岩中常见生物扰动构造,内栖活动型浅潜穴双壳类(*Unionites*,*Costatoria*)常纵横交错,嵌于虫状条痕扰动构造之间。中部和下部夹于泥灰岩和白云质石灰岩间的杂色泥岩,富产内栖活动的潜穴或浅潜穴双壳类(*Costatoria*,*Neoschodus*,*Unionites*,*Unicardium*),大多悬食,偶见泥食者*Taimyrodon*;表栖双壳类出现两类,一类是躺卧生活的(如*Entolium*,*Entoliaides*),另一类是足丝固着生活的(如*Bekevellia*,*Promysideiella*)。

整合于关岭组之上的杨柳井组,整体由藻纹状厚层白云岩、泥晶白云岩和白云质角砾岩组成,显示潟湖-潮坪沉积,未见双壳类化石。竹杆坡组可能是外陆棚相沉积,因为拉丁期的底界改变,菊石*Reitze*带归入上安尼阶(Brack et al.,2005),所以贵州产*Xenoprotracyceras primum*带(王义刚,1983)的竹杆坡组下部也属上安尼阶。竹杆坡组下部产表栖足丝固着(*Guanlingopecten*多种)和黏结固着双壳类(*Placunopsis*?)可能位于海水较浅的上陆棚环境。本组上部薄层泥晶灰岩层,可能由于海水加深,出现表栖足丝固着营假漂游的薄壳流线型壳体的halobiid类,显示海水较深的外陆棚沉积,已进入拉丁期。

南部紫云-罗甸地区安尼阶是细粉砂泥岩,不等厚互层夹石灰岩条带,称新苑组。双壳类表栖足丝固着类(*Daonella*)繁盛,*Enteropteura*和*Peribositria*也很常见,并有各式各样的菊石出现,属于外陆棚至边缘斜坡相。

上述两岩相之间的地层称青岩组,也是陆棚相沉积,富含各类型化石,计有海绵、珊瑚、腕足类、软体动物(腹足类、双壳类、菊石、鹦鹉螺类、掘足类、箭石类)、苔藓虫、海胆、海百合、蛇尾类、牙形刺、介形类、环节动物、藻类、遗迹化石和鱼类(牙齿)(许德佑等,1944;陈金华等,2006)。双壳类以表栖足丝固着类型为主,以*Cassianella*和*Pteria*最丰富,甚至还有海扇类、贝夹蛤类和锉蛤类。内栖双壳类大多是泥食活动潜穴(*Palaeonucula*,*Mesoneilo*)或浅潜(*Elegantinia*,*Unionites*)型,也有表栖黏结固着的代表(*Palaeolopha*,*Protostrea*,*Enatiostreon*)。

上述青岩双壳类中有不少热带暖海种类(如翼蛤类*Pteria*,*Cassianella*,牡蛎类*Palaeolopha*,*Protostrea*,三角蛤类*Elegantinia*等),由此可以设想青岩组沉积环境为海水浅、气候较暖、阳光充足、水质清澈、食物链丰富的内陆棚盐度正常的浅海,这可能是青岩生物群富集的原因(陈楚震等,1979)。Stiller(1997)、陈金华等(2001)研究青岩生物群生态学和双壳类埋葬学的结论也证明青岩期沉积环境好转。

安尼期青岩组新出现的双壳类42属代表高分异度双壳类群,是晚安尼期辐射早期阶段的代表(陈金华等,2006)。

拉丁期的沉积在贵州南部紫云-罗甸一带称边阳组,是陆源碎屑浊流岩相,双壳类单调,常见薄壳扁平的表栖足丝固着在藻类或浮木等物体上营假漂浮生活的*Daonella*。

晚拉丁期小凹组下部呈现黑色薄层纹状泥晶灰岩,向上夹黑色泥岩,显示海水加深和缺氧环境。双壳类分异度不高,仅表栖足丝固着在藻类等物体上营假漂浮、悬食的 *Zittelihalobia*,*Daonella*,*Aparimella* 3 属,以及外栖躺卧分子(*Entolium*)。

三叠纪早卡尼期赖石科组是类复理石相沉积,双壳类单调,仅薄壳表栖型假浮游的 *Zittelihalobia rugosoides*(Chen)最繁盛,保存幼年、青年和成年期个体,显示原地埋葬特点,且有少量表栖足丝固着的双壳类 *Peribositria*,粗菊石类菊石常伴生,显示较深海水的斜坡相环境。

晚卡尼期,贵州海侵范围缩小,海水变浅,富产底栖生物的把南组和三桥组沉积物全是砂泥质。上部夹泥质碳酸盐岩类,菊石类未见,时见腕足类、双壳类表栖和内(半)栖类型(大致各占50%)。内栖移动潜穴型代表是 *Palaeonucula*,*Taimyrodon*,*Mesoneilo*;浅潜穴代表是 *Costatoria*,*Heminajas*,*Unionites* 等;潜穴居住成员有 *Homomya*,*Pleuromya*;表栖类型大多为足丝固着(*Pteria*,*Cassianella*,*Cultriopsis*,*Hoernesiella*,*Isognomon*,*Praechlamys*,*Antijanira*,*Mysidioptera*,*Badiotella* 等),少量躺卧生活(*Entolium*)。总的来说,三桥组双壳类分异度较高,偶见异地埋葬的营假漂浮的 *Halobia* 破碎不全的左瓣。据甘修明和殷鸿福(1978)记述,三桥组尚产内栖活动潜穴的 Burminiidae 的成员,已由陈金华(1986)订正为 *Burmesia multiformis*(Gan),这是一个原始类型。上述表栖足丝固着型双壳类繁多,而且内栖活动或浅穴型数量增多,显示三桥组和把南组的沉积环境是暖的正常盐度浅海(内陆棚)。

三叠纪诺利期,海域更趋缩小,仅西南一隅有沉积,全为泥质和砂质沉积,后期有陆相砂屑岩及煤层出现,形成海陆相砂泥沉积互层,为滨海沼泽相。早期以内栖穴居双壳类 *Burmesia*,*Proloria* 为标志,表栖足丝固着型 *Datta*,*Bakevellia* 出现以及内栖活动潜(浅)穴型 *Thracia*,*Unionites*,*Tulongella* 常见,也出现泥食、内栖活动潜穴型 *Taimyrodon*。以上是正常浅海(内陆棚)双壳类。

诺利晚期,可能有淡水注入,半咸水相 *Yunnanopharus*,*Trignodus* 出现,这是一些内栖活动浅潜穴类,并伴生表栖双壳类 *Pteria*(狭盐),在川西峨眉 *Yunnanophorus* 层伴生内栖足丝固着型 *Modialus*(广盐)和腕足类 *Lingula*;在越南 *Yunnanophorus* 层归于产煤的 Rhaetian(瑞替阶)(Vukhuc,1990),伴生表栖双壳类 *Bakevellia*,*Cassianella*,内栖潜穴的双壳类 *Mesoneilo*,*Thracia*,*Isocyprina Tulongocardiam* 等,这些双壳类都是狭盐性的。中国和越南的 *Yunnanophorus* 产地层位资料可说明这个属不是广盐性淡水种类,作为半咸水种类比较合适。

贵州三叠纪中—晚期双壳类的古生态类型如表1所示。

表1 贵州北部和西南部三叠纪中—晚期双壳纲的古生态类型
Table 1 Palaeoecological types of Middle—Late Triassic bivalves from northern and southern Guizhou, China

属名(genera)	生活习性(life habit)	营养类型(trophic habit)
Palaeonucula	内栖活动潜穴	泥食
Taimyrodon	内栖活动潜穴	泥食
Mesoneilo	内栖活动潜穴	泥食
Modiolus	半内栖足丝固着	悬食
Parallelodon	表栖足丝固着	悬食
Hoferia	表栖足丝固着	悬食
Promysidiella	表栖足丝固着	悬食
Protostrea	表栖黏结	悬食
Palaeolopha	表栖黏结	悬食
Peribositria	表栖足丝固着	悬食
Daonella	表栖足丝固着假漂游	悬食

属名(genera)	生活习性(life habit)	营养类型(trophic habit)
Enteropleura	表栖足丝固着	悬食
Amonotis	表栖足丝固着	悬食
Aparimella	表栖足丝固着假漂游	悬食
Halobia	表栖足丝固着假漂游	悬食
Zittelihalobia	表栖足丝固着假漂游	悬食
Pteria	表栖足丝固着	悬食
Datta	表栖足丝固着	悬食
Bakevellia	内/表栖足丝固着	悬食
B. (Odontoperna)	内/表栖足丝固着	悬食
Bakevelloides	内/表栖足丝固着	悬食
Gervillia(Cultriopsis)	表栖足丝固着	悬食
Hoernesia	表栖足丝固着	悬食
Cassianella	表栖足丝固着,躺卧	悬食
Hoernesiella	表栖足丝固着	悬食
Isognomon(Isognomon)	表栖足丝固着	悬食
Waagenoperna	表栖足丝固着	悬食
Crenamussium	表栖足丝固着	悬食
Praechlamys	表栖足丝固着	悬食
Leptochondria	表栖足丝固着	悬食
Guanlingopecten gen. nov.	表栖足丝固着	悬食
Placunopsis?	表栖固着黏结	悬食
Enantiostreon	表栖固着黏结	悬食
Antijanira	表栖足丝固着	悬食
Amphijanira	表栖足丝固着	悬食
Palaeolima	表栖足丝固着	悬食
Plagiostoma	表栖足丝固着	悬食
Mysidioptera	表栖足丝固着	悬食
Badiotella	表栖足丝固着	悬食
Entolium	表栖躺卧至游泳	悬食
Entolioides	表栖躺卧至游泳	悬食
Neoschizodus	内栖活动浅潜穴	悬食
Leviconcha	内栖活动浅潜穴	悬食
Costatoria	内栖活动浅潜穴	悬食
C. (Flabelliphoria)	内栖活动浅潜穴	悬食
Elegantinia	内栖活动浅潜穴	悬食
Heminajas	内栖活动浅潜穴	悬食
Trigonodus	内栖活动浅潜穴	悬食
Unionites	内栖活动浅潜穴	悬食
Yunnanophorus	内栖活动浅潜穴	悬食
Pseudocorbula	内栖活动潜穴	悬食
Myophoricardium	内栖活动潜穴	悬食
Schafhaeutlia	内栖活动潜穴	悬食
Unicardium	半内栖活动浅潜穴	悬食

属名(genera)	生活习性(life habit)	营养类型(trophic habit)
Neomegalodon(*Rossiodus*)	半内栖活动浅潜穴	悬食
Myoconcha(*Pseudomyoconcha*)	半内栖活动浅潜穴	悬食
Isocyprina	内栖潜穴生活	悬食
Pleuromya	内栖潜穴生活	悬食
Cuspidaria	内栖潜穴生活	悬食
Homomya	内栖潜穴生活	悬食
Tulongella	内栖潜穴生活	悬食
Thracia	内栖活动潜穴	悬食
Burmesia	内栖穴居	悬食
Prolaria	内栖穴居	悬食

第四章　小凹组双壳纲化石特征和时代

关岭-贞丰地区的小凹组是原法朗组瓦窑段或瓦窑组的替代名称(汪啸风等,2008),产海燕蛤类(halobid)4种和鱼鳞蛤类(daonelid)2种,还有少数海扇类(pectinid),它们是*Aprimella bifurcata*(Chen),*Zittelihalobia subcomata*(Kittl),*Z. kui*(Chen)*Z.* cf. *comlata*(Bittner),*Daonella indica* Bittner,*D. lommeli* Wissmann,*Entolium* cf. *kellneri* Kittl等。李旭兵等(2005)尚在小凹组中记述多种*Halobia*,仅2种*H. planicosta* Yin et Hsü和*H. kui* Chen有描述和标本图像。据笔者审核,图示的*H. planicosta*(44页,图版12,图18),显现拉丁—卡尼期(Ladinian—Carnian)常见的*Daonella indica* Bittner特征,不是*H. planicosta*种。*H. planicosta*壳面宽平分叉的射脊时有弯折,有生长停顿,此种现已改属*Zittelihalobia*(Vukhuc et al.,1991),产于我国云南丘北拉丁期地层,也见于越南北部,我国贵州没有记录。因为没有看到李旭兵等采集的所列*Halobia*各种标本,这里不便评述。

上述作者记述的小凹组daonelids,halobids双壳类产于水平层理发育的黑色泥晶灰岩和页岩中,是一群等瓣、不侧卧、足丝型表栖动物,它们壳薄、扁平、体轻,外形呈流线型,在较深水外陆棚(或斜坡),营挂垂悬浮生活。

*Daonella lommeli*是南、北阿尔卑斯和斯洛文尼亚、罗马尼亚晚拉丁期伦巴第期的特征化石,也广泛产于亚洲喜马拉雅、土耳其、越南,我国西藏、滇、黔、桂、川西的拉丁阶(Diener,1923;Kutassy,1931;Turculct,1972;Vukhuc et al.,1991)。*D. indica*在拉丁—卡尼期沉积中常见。*Aprimella bifurcata*(Chen)最初的名称是*Daonella bulogensis bifurcata* Chen,后来陈金华(1982)怀疑这个亚种不应归属于*Daonella*,修订为"*Daonella*" *bifurcata* Chen,陈金华(1992)怀疑*D. bifurcata*种具有十分狭的耳状构造(与陈楚震私人讨论),于是改订为*Halobia*? *bifurcata*(Chen)。此外,殷鸿福等(1990)认为*Daonella bifurcata*与*Daonella bulogensis*种不应另外分出,直接引用*Daonella bulogensis* Kittl(殷鸿福等,1990)。

"*Daonella*" *bifurcata* Chen确实在铰边显现十分狭的耳状特征,作者把*D. bifurcata*种修订归于*Aprimella* Campbell,1994。Campbell记述*Aprimella*共3种,模式种(*Daonella apteryx* Marwick)和*Aprimella beggi* Campbell,产于新西兰晚拉丁期地层,另一个产于挪威斯瓦尔巴特(Svalbard)的标本命名*A. rugosoides*(Hsü)是中国种名,中国的种具宽平的前耳和细而折曲的射饰,属于zittelihalobid。因此斯瓦尔巴特(Svalbard)的标本不可能是中国种,也不是*Aparimella*属。

综上所述,确切的2种*Aparimella*产于晚拉丁期地层,中国的*A. bifurcata*(Chen)较广泛地分布在中国西藏聂拉木(文世宣等,1976)、阿里地区(殷鸿福等,1990)、贵州望谟(甘修明,1983),越南?〔Vukhuc等(1991)记述的*Daonella bulogensis*,*D. imperialis*十分类似于*Aparimella bifurcata*种,可能属*Aprimella*〕等地的确切拉丁期地层。因此*Aparimella*包括*A. bifurcata*是拉丁期的双壳类。

Zittelihalobia kui(Chen)可延至早卡尼期与*Z. rugosoides*(Hsü)共生。*Z. subcomata*(Kittl)是南阿尔卑斯拉丁期化石。总之,作者相信小凹组下部所产*Daonella*,*Aparimella*和*Zittelihalobia*属的时代是晚拉丁期。瑞士Rieber博士曾在一次会议上提议以*Halobia*出现作为卡尼期开始的标志,但是*Halobia*在拉丁期出现是可信的。据文献记录(Diener,1923;顾知微等,1976;甘修明、殷鸿福,1978;甘修明,1983;Vukhuc et al.,1991),全世界有17种(2种共有)halobiid(*Halobia*,*Zittelihalobia*)出现在拉丁期地层,8种分布在南、北阿尔卑斯,2种见于克里米亚,6种分布于中国云南和贵州,1种见于越南。因此,笔者认为中国黔滇地区分布的*Zittelihalobia subcamata*(Kittl).*Z. kui*(Chen),*Z. subplanicosta*(Chen),*Z. planicosta*(Yin et Hsü)等出现于拉丁期地层是可信的,halobiid双壳类不限于发现卡尼期地层。

关岭地区小凹组下部分布的3种*Zittelihalobia*与*Daonella lommeli* Wissmann,*Aparimella bifurcata*

(Chen)，*Daonella indica* Bittner 共生，让我们相信当前产 *Daonella*，*Zittelihalobia*，*Aprimella* 双壳类的层位可以与南阿尔卑斯拉丁阶上部龙格巴亚阶(Longbardian)产 *Daonella lommeli* 的温根组对比，相当于菊石 *Protrachyceras archelaus* 带或者徐光洪等(2003)的 *P. costulatus* 带。上述双壳类化石确定的拉丁阶顶界比牙形刺确定的界线(汪啸风等,2008)要高。

第五章　贵州三叠纪中—晚期双壳纲属种的校正

贵州三叠纪中—晚期双壳类的研究始于 1900 年(Koken,1900),之后经我国学者和少数法、德学者陆续研究,至今已有百余年历史[Patte,1935;许德佑、陈康,1944;顾知微,1957;陈楚震,1962,1964;陈楚震等,1974;殷鸿福,1974;甘修明、殷鸿福,1978;甘修明,1983;Stiller and Chen,2004;Chen(Jinhua),et al.,2006,2007]。现在贵州已建立起一个丰富的三叠纪安尼—诺利期双壳类群,为深入研究双壳类分类和演化、古生态学、三叠纪古地理分析等方面打下基础,做出贡献。

根据近年洲际研究进展,笔者试图对前人所研究的贵州安尼—诺利期双壳纲属种做出尽可能正确的校正(箭头指向为修改后名称)。

Koken(1900)描述的贵州青岩组双壳纲 2 种:

Nucula aff. *strigillata* Goldfuss → *Palaeonucula qingyanensis* Chen

Plicatula sessilis Koken → *Pseudoplacunopsis*? *sessilis*(Koken)

1935 年,Patte(1935)研究记述的贵州三桥组双壳纲 3 种:

Pecten sp. aff. *P. tenuistriatus* var. *schlotheimi* Giebel → *Entolium tenuistliatum rotundum* Chen

Modiolus sp. → *M. guiyangensis* Chen

Anodontophora? sp. → *Unionites* sp.

1936—1944 年,许德佑、陈康调查贵州三叠纪地层时,采得许多双壳类化石,仅有属种名单发表,没有描述。其种名如下:

Ostrea sinensis Hsü → *Protostrea*

Cassianella gryphaeatoides Hsü et Chen

C. subcirlonensis Hsü et Chen

Halobia rugosoides Hsü → *Zittelihalobia*

(其他名单已在本书中论述)。

顾知微(1957)记述的贵州三叠纪(卡尼期)双壳纲属种:

Myophoria kweichowensis Ku → *Costatoria*

Holobia comatoides Yin → Pl. 114,fig. 17 是 *Zittelihalobia kui*(Chen)

Gavelleia(*Angustella*)*angusta* Münster → *G.*(*Cultriopsis*)

陈楚震(1962,1964)记述的贵州三叠纪(安尼—卡尼期)双壳纲属种:

Myophoria elegans Dunker → *Elegantinia*

My. hsuei Chen → *Costatoria*

My. kweichowensis Ku → *Costatoria*

Halobia kui Chen → *Zittelihalobia*

Posidoria wengensis Wissmann → *Peribositria*

Gervillia(*Angustella*)*angusta* Münster → *G.*(*Cultriopsis*)

Daonella lommeli(Wissmann)

陈楚震等(1974)和陈楚震(1976)记述的贵州中—晚期三叠纪双壳纲属种:

Palaeonucula qingyanensis Chen

Palaeoneilo elliptica(Goldfuss) → *Taimyrodon*

P. cf. *oviformis*(Eck) → *T. guanlingensis* sp. nov.

P. subexcentrica Chen → *T. subexcentrica* (Chen)

Nuculana subporlonga Chen → *Mesoneilo subporlonga* (Chen)

Elegantrarca subareata Chen → *Hoferia subareata* (Chen)

Myophoria(*Costatoria*)*goldfussi*(Alberti) → *Costatoria*

M. (*C.*)*goldfussi mansuyi* Hsü → *C.*

M. (*C.*)*minor* Chen → *C.*

M. (*C.*)*radiata hsuei* Chen → *C.*

M. (*C.?*) *proharpa multiformis* Chen → *C.* (*Flabelliphoria*)

M. (*C.*)*kweichowensis* Ku → *C.*

M. (*Elegantinia*) *elegans*(Dunker) → *Elegantinia*

M. (*E.*)*venusta* Chen → *E.*

Heminajas forulata Chen

Unionites albertii (Assmann)

U. spicatus Chen

U. trapezoidalis(Mansuy)

U. guizhouensis Chen

U. minimus(Mansuy)

U. elisabethae(Patte)

Trigonodus keuperinos (Berger)

Yunnanophorus boulei (Patte)

Myophoriopis guizhouensis Chen → *Pseudocorbula guizhouensis* (Chen)

Myo. nuculiformis(Zenker) → *P.*

Myo. nuculiformis brevis Chen → *P.*

Myoconcha qingyanensis Chen → *M.* (*Pseudomyoconcha*)

"*Megalodon*" *rostratiforme* Krumbeck → *Neomegalodon*(*Rossiodus*)

Pteria elegans Chen

P. guizhouensis Chen → *P. jaaferi* Tamura

P. kokeni(Wöhrmann)

P. rugosa Chen

P. sanqiaensis Chen

Bakevelloides subelegans Chen

Gervillia mytiloider ornata Chen → *Bakevellia*

G. (*Angustella*) *angusta* Münster → *G.* (*Cultriopsis*)

G. (*A.*) cf. *ensis* Bittner → *G.* (*C.*)

G. (*Odontoperna*) *bouei*(Hauer) → *Bakevellia*(*Odontoperna*)

Cassianella gryphaeatoides Hsü et Chen

C. subcislonensis Hsü et Chen

C. beyrichi Bittner

C. simplex Chen

C. ecki sulcata Chen

Isognomon sanqiaoensis Chen

Waagnoperna aviculaeformis Chen

Chlamys schroeteri(Giebel)→*Praechlamys*

Ch. guiyangensis Chen→*P. guiyangensis*(Chen)

Pleuronectites difformis Chen→*Entoloides difformis*(Chen)

Eumorphotis(*Asoella*) *paradoxica* Chen→*Guanlingopecten* gen. nov.

Eu.（*A.*）*illyrica*(Bittner)→*Guanlingopecten* gen. nov.

Posidonia cf. *pannonica* Mojsisovics→*Peribostria mae* sp. nov.

P. ussurica Kiparisova→*Peribostria*

P. wengensis Wissmann→*P.*

Entolium cf. *kellneri* Kittl

Entolium tenustriatum rotundum Chen

E. minor Chen

Halobia kui Chen→*Zittelihalobia kui*(Chen)

H. subcomata Kittl→*Zittelihalobia*

H. rugosoides Hsü→*Zittelihalobia*

Daonella boeckhi Mojsisovics

D. ignobilis Chen

D. indica Bittner

D. bulogensis bifurcata Chen→*Aparimella bifurcata*(Chen)

D. lommeli(Wissmann)

Amonotis cf. *rothpletzi* Wanner

Enteropleuna guembeli(Mojsisovics)

Plicatula sessilis Koken→*Pseudoplacunopis*?

Enantiostreon difformis(Goldfuss)

E. cf. *umbonatum* Groeber

Mysidioptera punctata Chen

M. inaequicostata Chen

M. incurvostriata(Gümber)

Badiotella guizhouensis Chen

Protostrea sinensis(Hsü)

Mytilus eduliformis praecursor(Frech)→*Promysidiella*

Modiolus aff. *minutus*(Goldfuss)→*Modiolus subminotus* Yin

M. guiyangansis Chen

Pleuromya musculoides strigata Chen

P. cf. *elongata*(Schlotheim)→*P. guanlingensis* sp. nov.

Burmesia lirata Healey

Prolaria cf. *sollasii* Healey

Thracia prisca Healey

Cuspidaria? *problematica* Chen→*Tulongella*

Homomya ambigna Bittner

殷鸿福(1974)记述的贵州三叠纪中—晚期双壳纲属种：

Elegantinia elegans(Dunker)

Quadratia quadrata Yin

Schafhaeutia astareformis（Münster）

Astarte emacelata Yin

Parallelodon sp. →*Grammatodon*（G.）sp.

Pteria cassiana（Bittner）

P. decliviforulata Yin

Cassianella angusta Bittner

C. ecki Boehm→*C. qingyanensis* Chen

C. qingyanensis Chen

Hoernesia inflata Mansuy →*Bakevelloides subelegans* Chen

Chlamys stenodictyus（Salomon）→*Praechlamys schroeteri*（Giebel）

C. schroeteri（Giebal）→*P. schroeteri*（Giebel）

Palaeolima acutecosta（Assmann）→*Palaeolima? subcostata* Yin

P. subcostata Yin

Mysidioptera punctata Chen

M. delicata Yin

Dimyodon qingyanensis Yin→*Atreta qingyanensis*（Yin）

Newaagia neitlingi multicostata Yin

Enantiostreon difforme（Schotheim）

E. spondyloides（Schotheim）→*E. diffome*（Schotheim）

Lopha calceoformis（Broili）→*Palaeolopha calceoformis*（Broili）

Protostrea sinensis（Hsü）

Mytilus mirabilis Yin→*Promysidiella*［此标本在甘修明和殷鸿福（1978）书中，种名另称 *excelsus*，可能是 *eduliformis* 种的标本，三叠纪的 *Mytilus* 现已归入 *Promysidiella* 属］

Palaeonucula expansa（Wissmann）→*P. tswayensis*（Reed）

Unio guizhouensis Yin →*Trigonodvs keuperinus*（Berger）

Unionites trapezoidalis（Mansuy）

U. minimus（Mansuy）

U. cf. *myophorioides*（Mansuy）

Heminajas forulata Chen

Corbicula? sp. A→可能是一个新属？

Yunnanopholus boulei（Patte）

Arctica? ewaldi（Bornemann）→*Isocyprina?*

Rhychopterus tofans（Bittner）→*Isognomon sanqiaoensis* Chen

Bakevellia arguta Yin→*Datta oscillaris* Healey

Liostrea zhenfengensis Yin

Modiolus planus Yin→*Waagenoperna aviculaeformis* Chen

Cuspidria? semiradiata var. *exigue* Yin→*Cercomya exigua*（Yin）

Thracia cf. *prisca* Healey

Pleuromya trigona Yin

甘修明和殷鸿福（1978）描述的贵州三叠纪（安尼—诺利期）双壳纲属种：

Palaeonucula expanasa（Wissmann）→图 2 归 *Taimyrodon? suborbicularis* Reed，
图 3 归 *Palaeonucula extensa*（Reed）

Palaeonucula strigilata（Goldfuss）

P. *qingyanensis* Chen

P. cf. *subobliqua*（Orbigny）

P. *subequilatera tswayensis*（Reed）

Palaeoneilo cf. *lineata* Goldfuss→*Taimyrodon* cf. *subtenella* Krumbeck

P. *elliptica*（Goldfuss）→*T.* *elliptica*（Goldfuss）

P. cf. *oviformis*（Eck）→*T.* *guanlingensis* sp. nov.

P. cf. *distincta* Bittner→*T.* *distinctoides* sp. nov.

Nuculana cf. *guizhouensis* Chen→*Mesoneilo* cf. *guizhouensis*（Chen）

N. *tirolensis* Wöhrmann→*M.* *tirolensis*（Wöhmann）

N. *subperlonga* Chen→*M.* *subperlonga*（Chen）

N. *perlonga* Mansuy→*M.* *perlonga*（Mansuy）

N. *yunnanensis* Reed→*M.* *yunnanensis*（Reed）

Parallelodon sp.

Catella latisulcata Yin et Gan

Elegantarea subaraeta Chen→*Hoferia subareata*（Chen）

Mytilus excelsus Yin→此种同一标本在殷鸿福（1974）文中种名另称 *mirabilis*，此标本可能变形。三叠
纪记述的 *Mytilus*，现已归 *Promysidiella* 属

M. *eduliformis praecursor*（Frech）→*Promysidiella eduliformis praecursor*（Frech）

Modiolus aff. *minuta*（Goldfuss）→*M.* *subminutus* Yin

M. *subminutus* Yin

M. *guiyangensis* Chen

M. *planus* Yin→*Waagnoperna aviculoformis* Chen

Pinna subcarinata Yin et Gan

P. *lima* Böhm→*P.* aff. *lima* Böhm

Pteria rugosa Chen

P. cf. *hallensis*（Wöhrmann）

P. *retusa* Yin et Gan→*P.* ? *retusa* Yin et Gan

P. *caudata* Bittner

Rhynchopterus tafani（Bittner）→*Isognomon sanqiaoensis* Chen

Bakevellia arguta Yin→*Datta oscillaris* Healey

Bakevelloides subelegans Chen

Costigervillia limaformis Gan

Gervillia mytiloides ornata Chen→*Bakevellia mytiloides ornata*（Chen）

G.（*Angustella*）*angusta* Münster→*G.*（*Cultriopsis*）*angusta* Münster

G.（*A.*）cf. *ensis* Bittner→*G.*（*C.*）cf. *ensis* Bittner

G.（*Odontoperna*）*bouei*（Hauer）→*Bakevellia*（*O.*）*bouei*（Hauer）

Hoernesia bifornicata Yin et Gan→*Septohoernesia*

H. *satiobliqua* Yin et Gan→*S.*

Cassianella angusta Bittner

C. *ecki* Böhm

C. *ecki sulcata* Chen

C. qingyanensis Chen

C. ampezzana Bittner

C. subcislonensis Hsü et Chen

C. gryphaeatoides Hsü et Chen

C. beyrichi Bittner

C. simplex Chen

Lilangina nobilis angustus Yin

Isognomon sanqiaoensis Chen →*I.*（*I.*）

Waagenoperna avculaeformis Chen

Leptochondria gratiosus Yin et Gan

L. minuta Gan →*Guanlingopecten minuta*（sp. nov.）

L. paradoxica Chen →*Guanlingopecten*

L. cf. *illyrica*（Bittner）→*G.*

L. cf. *subillycica*（Hsü）⎫
⎬→*G. paradoxica*（Chen）
L. cf. *hupehensis*（Hsü）⎭

Ornithopecten subarcoidea Yin et Gan

Pleuronectites difformis Chen →*Entolioides difformis*（Chen）

Posidonia cf. *pannonica* Mojsissove →*Peribositria mae* sp. nov.

P. wengensis Wissmann →*Peribositria*

P. bakevelliaformis Yin et Gan →*Peribositria bakevelliaformis*（Yin et Gan）

P. elliprica Yin et Gan →*Peribositria bakevelliaformis*（Yin et Gan）

P. ussurica Kiparisova →*Peribositria*

Amonotis cf. *rothpletzi* Wanner

Daonella boeckhi Mojsisovics

D. ignobilis Chen

D. producta Hsü →*Veldidenella*

D. indica Bittner

D. bulogensis bifurcata Chen →*Aparimella bifurcata*（Chen）

D. lommeli（Wissmann）

D. densisulcata Yabe et Shimizu →? *A. bifurcata*（Chen）

D. paucicostata Tornquist →*D. lommeli* 的幼体标本

D. acutiterminatia Yin et Gan ⎫
⎬→*D. consobrina*（Yin et Hsü）
D. varifurcata Yin et Gan ⎭

D. moussoni Merian →不能确定

D. guizhouensis Gan →变形标本和剪切图片有误,不能确定

Enteropleura guembeli（Mojsisovics）

Halobia rugosoides Hsü →*Zittelihalobia*

H. kui Chen →*Z.*

H. subcomata Kittl →*Z.*

H. comatoides Yin →*Z. kui*（Chen）

H.（*Enormihalobia*）*intercalaria* Yin et Gan →具海扇类前耳和间生式射饰,不是 *Halobia* 属,可能是
　　Antijanira 属的破损标本（Feng et al. ,2009）

Entolium tenuistriatum rotundum Chen

E. minor Chen

E. cf. *kellneri* Kittl

Chlamys guiyangensis Chen → *Prechlamys*

C. stenodictyus (Salomon) → *P.*

C. schroeteri (Giebel) → *P.*

C. jindingensis Chen → *P.*

C. (Antijanira) multiformis Chen → *Antijanira multiformis* Chen

C. (A.)? gracilis Chen → *A.*

Bittneria efflata Broili → 不能确定

Plicatula sessilis Koken → *Pseudoplacunopsis? sessilis* (Koken)

P. tripartita Yin et Gan → *P.*?

Prospondylus cyphocostatus Yin et Gan → 不能确定,腕足类?

Newaagia noetlingi multiformis Yin

Placunopsis cf. *plana* Ginber → 近年研究,三叠纪没有确实的侏罗纪 *Placunopsis* 属,现用 *Placunopsis?*
代之

Dimyodon qingyanensis Yin → 近年研究, *Dimyodon* 是 *Atreta* 的异名,所以用 *Atreta qingyanensis*
(Yin)

Badiotelle guizhouensis Chen

Mysidioptera inaequicostata Chen

M. punctata Chen

Enantiostreon difformis (Goldfuss)

E. spondyloides (Schlotheim) → *E. difformis*

E. cf. *umbonatum* Gruber

Mysidioptera sp. → *Mys. delicata* Yin

Mys. vixcostata striosa Yin et Gan

Palaeolima acutecostata (Assmann)

P. subcostata Yin

P. editoplicata Yin → *Antiquilima*

P. dunkeri Assmann

P. praecepderslia Yin et Gan

Plagiostoma altilunula Yin et Gan → *Badiodella guizhouensis* Chen

Pla. laevigatum Yin et Gan → *Pla. commonum* Yin

Pla. commonum Yin

Pla. striatum (Schlotheim)

Pla. beyrichi Eck

Pla. ovatum Gan → *Etalia?*

Protostrea sinensis (Hsü)

Liostrea zhanfengensis Yin

Lopha calceoformis (Broili) → *Paleaolopha*

Unionites albertii (Assmann)

U. elisabethae (Patte)

U. minimus(Mansuy)

U. trapezoidalis(Mansuy)

U. guizhouensis Chen

U. cf. *myophorioides*(Mansuy)

U. spicatus Chen

U. albertii prolongata Yin et Gan →*U. prolongata* Yin et Gan

U. muensteri(d'Orbigny)

Yunnanphorus boulei(Patte)

Myophoria(*Leviconcha*) cf. *ovata* Goldfuss →*Leviconcha*

M. (*Neochizodus*) *laevigata*(Ziethen)→*Neoschizodus*

Quadratia quadrata Yin

Unio guizhouensis Yin →*Trigonodus keuperinus*(Berber)

Quadratia sp. →*Elegantinia venusta* Chen

Myophoria(*Elegantinia*) *elegans*(Dunker)→*Elegantinia*

M. (*E.*) *venusta* Chen →*E.*

M. (*Costatoria*) *goldfussi mansuyi* Hsü →*Costatoria*

M. (*C.*) *goldfussi*(Alberti)→*C.*

M. (*C.*)*radiata* Loczy →*C.*

M. (*C.*)*minor* Chen →*C.*

M. (*C.*)*proharpa multiformis* Chen →*C.* (*Flabelliphoria*)

M. (*C.*)*hsuei* Chen →*C.*

M. (*C.*)*kweichouensis* Ku →*C.*

M. (*C.*) cf. *quingquicostata* Kobayashi et Tamura →*C.*

M. (*Flabelliphoria*) *harpa*(Münster)→*C. minor*(Chen)

Heminajas forulata Chen

Schafhaeutlia astarteformis(Münster)

Myoconcha qingyanensis Chen →*Pseudomyoconcha*

Astarte emacerata Yin

Myophoriopis nuculiformis(Zenker)→*Pseudocorbula*

Myo. nuculiformis brevis Chen →*P.*

Myophoriopis acyrus Chen →不能确定

Myo. (*Pseudocorbula*) *subundata* Schauroth →*Pseudocorbula nuculiformis*(Zenker)

Arctica? ewaldi(Bornemann)→*Isocyprina*

Corbicula? sp. →不能确定

"*Megalodon*" *vostratiformis* Krumbeck →*Neomegalodon*(*Rossidus*)

M. (*Neomegalodon*) *alticicatrix* Yin et Gan →不能确定

Burmesia lirate Healey

B. cf. *krumbecki* Chen ⎬→*Burmesia multiformis*(Gan)

Prolaria sollasi multiformis Gan

Homomya ambigua(Bittner)

Pleuromya musculoides strigata Chen

Pleuromya elongata(Schlotheim)→种不确定

P. trigona Yin

P. fusiformis Gan →可能是栗蛤类(nuculid)

Laternula fuquanensis Yin et Gan →*Arcomya*?

Thracia prisca Healey

T. regeli uniplicata Yin et Gan

Cuspidaria? problematica Chen →*Tulongella problematica*(Chen)

C.? semiradiata exigua Yin

甘修明(1983)描述的贵州中三叠纪 *Daonella* 群属种:

Daonella boeckhi Mojsisovics

D. ignobilis Chen

D. serpianensis Rieber ⎫

D. luganensis Rieber ⎪

D. shitunensis Gan ⎬→*D. ignobilis* Chen

D. ignobilis exaltata Gan ⎭

D. indica Bittner

D. lommeli Wissmann

D. intermedia Gan

D. latifasiata Gan

D. bulogensis bifurcata Chen →*Aparimella bifurcata*(Chen)

D. nileensis Gan ⎫

D. abnorma Gan,仅 pl. 2,figs. 8,9 ⎪

D. arctica Gan ⎪

D. coudata Rieber ⎬→*Veldidenella nilenensis*(Gan)

D. anterobliqua Gan ⎪

D. cf. *vaceki* Kittl ⎭

D. abnorma Gan,仅 pl. 2,fig. 7 →*Veldidenella obtusa* Rieber

D. prudocta Hsü →*Veldidenella*

D. banchangensis Gan

D. sp. nov. →*D. banchangensis* Gan

D. cf. *americana* Smith

D. cf. *tyrolensis* Mojsisovics

D. subquadrata Yabe et Shimizu ⎫

D. subquadrata symatrica Gan ⎬→*D.* cf. *tyrolensis* Mojsisovics

D. pseudomussoni Rieber →*D. rotonta* Gan

D. pseudomussoni rotunta Gan →*D. rotunda* Gan

Posidonia wengensis Wissmann →*Peribositria*

P. wengensis robusta Gan →*Peribositria*

Stiller 和 Chen Jinhua(2004,2006),Chen Jinhua 和 Stiller(2007)先后研究贵州青岩组双壳纲,描述的一些新属种:

Eophilobryoidella sinoanisica Stiler et J. Chen

Leidapoconcha gigatea Stiller et J. Chen

Waiqiaoella elegans Stiller et J. Chen

W. speciosa Stiller et J. Chen ⎤ → *Leidapoconcha gigatea* Stiller et J. Chen

Qingyaniola mirabilis Stiller et J. Chen ⎦

Enteropleura guembeli（Mojsisovics）

E. walleri J. Chen et Stiller

经过对 *Leidapoconcha*，*Waiqiaoella* 和 *Qingyaniola* 3 属的对比分析，笔者认为 *Waiqiaoella* 和 *Qingyaniola* 两属是 *Leidapoconcha* 的未成年个体。因为这 3 属都显示薄的铰边，无齿，韧带沟槽从壳嘴延续至后部，显现小月面和盾纹面构造，以及前叶和后翼等共同特征，仅个体大小和外形不同；而且这些属种都产在雷打坡段同一层位。因此建议将 *Waiqiaoella* 和 *Qingyaniola* 作为 *Leidapoconcha* 的同物异名，可归于 Modiomorphidae 科 Joannininae 亚科。

第六章　化石描述

双壳纲　Class Bivalvia Linnaeus,1758

栗蛤目　Order Nuculida J. Gray,1824

栗蛤超科　Superfamily Nuculoidea J. Gray,1824

栗蛤科　Family Nuculidae J. Gray,1824

古栗蛤亚科　Subfamily Palaeonuculinae Carter,2001

古栗蛤属　Genus *Palaeonucula* Quenstedt,1830

模式种　*Nucula hammeri* Defarnce,1825

注释　当前的 *Nucula* 型标本,壳内腹边光滑,可归于 *Palaeonucula* 属,后者通常见于欧洲侏罗系。Nakazawa(1961)首先把三叠纪的一些 *Nucula* 类型的种选用 *Palaeonucula* 属名。此后,这一属名广泛用于三叠纪的一些标本(Cox,1969;殷鸿福,1974;陈楚震,1976;张作铭等,1985;Dagys,Kurushin,1985;郭福祥,1985;Vukhuc et al.,1991;Hautmann,2001)。

时代与分布　三叠纪—侏罗纪;世界各洲。

削刀古栗蛤(比较种)　*Palaeonucula* cf. *strigillata*(Goldfuss),1838

(插图 1)

cf. 1838 *Nucula strigillata* Goldfuss,p. 153,pl. CⅩⅩⅣ,fig. 18.

cf. 1895 *Nucula strigillata*,Bittner,p. 137,pl. ⅩⅦ,figs. 1—17.

cf. 1907 *Nucula strigillata*,Frech,p. 66,pl. Ⅸ,fig. 5.

cf. 1922 *Nucula strigillata*,Patte,p. 47,pl. Ⅲ,fig. 4.

cf. 1927 *Nucula strigillata*,Reed,p. 203,pl. ⅩⅦ,figs. 16,17.

cf. 1927 *Nucula strigillata*,Schmidt,p. 175,fig. 392.

仅有 1 块标本。壳卵形,膨隆;前部延伸,较后部长,长 12.7mm,高 10.0mm;自壳顶前后都发育弱的脊,致使壳面呈现角状,腹边弧形弯曲,后部水管区稍向外凸出。壳顶稍后转,位置在壳长后方约 2/3 处。

比较　当前标本的一般轮廓与 *Palaeonucula strigillata* Glodfuss 十分类似,可惜标本保存不佳,未观察到任何铰齿,不便做更进一步的比较和讨论。

插图 1　*Palaeonucula* cf. *strigillata*(Goldfuss),1838

左壳侧视,×1.5,登记号:15677,近模。

层位与产地　松子坎组;遵义。

野外编号　KW2120。

青岩古栗蛤　*Palaeonucula qingyanensis* Chen,1976

(插图 2)

1900 *Nucula* cf. *strigillata*,Koken,p. 203,pl. Ⅹ,figs. 26,27.

1943 *Nucula* cf. *strigillata*,Hsü and Chen,p. 132(listed).

1976 *Palaeonucula qingyanensis* Chen,顾知微等,p.18,pl.19,figs.7—12.

1978 *Palaeonacula qingyanensis*,Gan Xiaming et al.,p.306,pl.109,fig.4.

1983 *Paloeonacula qingyanensis*,Yang Zunyi et al.,p.129,pl.12,figs.4,5.

　　壳三角卵形,适度隆曲,前部长,后部短;壳顶后转,位于全长后部约 1/3 处;邻近后部铰合一侧,壳的接合处类近尖角状或翼状,后背边接近直线状,腹边弯曲颇宽,壳顶后接合处凸出较短;小月面狭长,盾纹面宽而浅。

　　壳表面盖有众多的细致同缘线饰。

度量(mm)

标本	长度	高度	厚度
15678	13.6	9.8	5.4
15679	6.0	4.5	3.8
15680	7.6	5.0	3.8
15681	8.4	6.0	4.2

　　比较　当前种与 *Nucula strigillata* Goldfuss 的原种模或 *Nucula strigillata* var. *jugulata* Leonardi(1943)比较,显示的壳顶后接合处凸出较短,邻近后部铰合一侧,壳接合处近尖角状,可资区别。

　　Koken(1900)的 *Nucula* cf. *strigillata* 也产自青岩组,显示上述同样的特征,可以包括在当前的种内。

插图 2　*Palaeonucula qingyanensis* Chen,1976

1. 侧视,×1,登记号:15678,副模;2. 侧视,×3,登记号:15679,副模;3. 侧视,×3,登记号:15680,正模;4. 侧视,×3,登记号:15681,副模。

　　层位与产地　青岩组;贵阳青岩。

　　野外编号　KF120。

近斜古栗蛤(比较种)　*Palaeonucula* cf. *subobliqua*(d'Qrbigny),1849

(插图 3)

1927 *Nucula* cf. *subobliqua*,Reed,p.205,pl.ⅩⅦ,fig.19.

1976 *Palaeonucula* cf. *subobliqua*,顾知微等,p.18,pl.19,fig.23.

1976 *Palaeonucula* cf. *subobliqua*,马其鸿等,p.192,pl.1,fig.18.

1978 *Palaeonucula* cf. *subobliqua*,甘修明等,p.306,pl.109,fig.10.

　　当前标本后部甚陡而短,前部适度伸长,壳嘴甚高尖,并向前方倾斜,腹边圆弧形弯曲。一个浅的圆形闭肌痕位于前方近边缘处。

　　壳长 11.0mm,高 9.5mm。

　　比较　当前标本的特征与云南上三叠统的 *Nucula* cf. *subobliqua*(d'Orbigny)(Reed,1927)是一致的,仅有的区别是当前标本个体大,云南标本长约 6mm 并显示铰齿。

　　贵州和云南的标本,区别于欧洲卡息安(Cassian)层的 *P. subobliqua*(Bittner,1895;Broili,1904)或 *P. subaequilatera*(Schäfhäult,1865;Bittner,1895)的在于前端延伸更长和具高尖的壳嘴。Wurm(1911)记载的 *P. goldfussi*(1911),特别是其图 19 的标本,在轮廓上也颇接近当前的标本,但该标本个体小,高 5mm,长 5.5mm,长高接近相等。甘修明等(1978)描述的同层位的 *Palaeonucula expansa*(Wissmann)标本图 2 应归入当前种。

插图3 *Palaeonucula* cf. *subobliqua*(d'Qrbigny),1849
右壳侧视,×1.5,登记号:15682,近模。

层位与产地 三桥组;贵阳三桥。
野外编号 KA2。

近侧庙村古栗蛤亚种 *Palaeonucula subaequilatera tswayensis*(Reed),1927
(插图4)

1927 *Nucula subaequilatera* var. *tswayensis* Reed,p. 205,pl. XⅦ,fig. 15.

1976 *Palaeonucula subaequilatera tswayensis*,顾知微等,p. 18,pl. 19,figs. 15,16.

1976 *Palaeonucula subaequilatera tswayensis*,文世宣等,p. 20,pl. 2,figs. 14,15.

1976 *Palaeonucula subaequilatera tswayensis*,马其鸿等,p. 192,pl. 1,fig. 9.

1978 *Palaeonucula subaequilatera tswayensis*,甘修明等,p. 306,pl. 109,fig. 9.

non 1988 *Palaeonucula subaequilatera tswayensis*,丁伟民,p. 217,pl. 176,fig. 18.

1991 *Palaeonucula subaequilatera tswayensis*,Vukhuc,p. 35,pl. 15,figs. 15—18.

壳小,三角形;前部背边倾斜斜切,后端圆,前后两部铰边在壳嘴处近直角相交;壳顶尖,突出在铰边之上甚显著。

栉状小齿在前部部分地见到;前肌痕圆而大,位于前部铰边处,后肌痕不显。

壳长7.3mm,高5.0mm。

比较 当前标本的特征与云南的 *Nucula subaequilatera tswayensis* Reed(1927,p. 205,pl. 17,fig. 15)符合,仅可区别的是当前标本前方稍长。丁伟民(1982)图示的湖南同种标本的壳体形状与Reed(1927)的云南标本不同。

插图4 *Palaeonucula subaequilatera tswayensis*(Reed),1927
右壳侧视,×3,登记号:15683,近模。

层位与产地 把南组第二段;贞丰挽澜。
野外编号 KA78。

古栗蛤(未定种) *Palaeonucula* sp.
(插图5)

一个形态简单的标本,圆三角形,长12.0mm,高8.5mm,可能属于 *Palaeonucula* 或 *Pseudocorbula*。当前标本无论如何没有外脊出现,属于 *Pseudocorbula* 的可能性是很小的。

插图5 *Palaeonucula* sp.
右壳侧视,×2,登记号:15684,近模。

层位与产地 三桥组;贵阳三桥。

野外编号 KF24。

似栗蛤目 **Order Nuculanida Cater,Campbell et Campbell,2000**
马雷蛤超科 **Superfamily Malletioidea H. Adams et A. Adams,1858**
马雷蛤科 **Family Malletiidae H. Adams et A. Adams,1858**
泰米尔栉齿蛤属 **Genus *Taimyrodon* Sanin,1973**

模式种 *Palaeoneilo olenekensis* Kiparisova,1937

三叠纪的一些壳小至中等、卵圆至椭圆形、具有栉齿的标本。因为内部特征不够明显,许多学者传统地引用古生代的 *Palaeoneilo* Hall(Diener,1923;Kutassy,1931;Kiparisova,1938;Leonardi,1943;Ichikawa,1954;陈楚震,1976;甘修明、殷鸿福,1978;郭福祥,1985)。近年,德国 Hautmann(2001)引用白垩纪的 *Mesosaccella* Chaven,1946 替代三叠纪 *Palaeoneilo*。但三叠纪的标本从未显示壳体船嘴状后部和强同缘线壳饰等特征,不符合 *Mesosaccella* 属的定义。本书依据 Dagyx 等(1985)改用 Melleidae 科内俄罗斯三叠纪的 *Taimyrodon* Sanin,1973 属名。这个属卵形轮廓,壳顶稍凸并位于前部,显示钝的壳顶脊,短列前栉齿和长列后栉齿在钝角处不间断地在壳顶下聚合。符合传统命名的三叠纪"*Palaeoneilo*"特征。

时代与分布 三叠纪—早白垩世;欧洲、亚洲、大洋洲、美洲等。

先尖泰米尔栉齿蛤(比较种) *Taimyrodon* cf. *praeacuta*(**Klipstein**),**1843**

(插图6)

cf. 1895 *Palaeoneilo praeacuta*,Bittner,p. 143,pl. XVI,figs. 32—35.
cf. 1904 *Palaeoneilo praeacuta*,Broili,p. 202,pl. XXIV,figs. 18.
cf. 1905 *Palaeoneilo praeacuta*,Frech,p. 14,16,text-fig. 17/3.
cf. 1923 *Palaeoneilo praeacuta*,Diener,p. 155.

壳小,横卵形,略向两端伸长;前部稍膨隆,向后部缓和地变平;前部短,前边缘圆,并徐徐没入圆弧形弯曲的腹边,后边缘稍狭,但末端仍显圆形;壳顶位于壳长前方约 1/3 处;壳面覆有细的颇规则的同缘线。

度量(mm)

标本	左壳		右壳	
	长度	高度	长度	高度
15664	/	/	8.7	6.6
15665	8.6	5.1	/	/

比较 当前标本未见铰齿构造,但根据壳的形状,细致的同缘线饰保存在细砂质泥质岩石中推断,它们是属于 nuculid 的,而且十分类似于 Bittner(1895)、Broili(1904)和 Frech(1905)记述的 *Palaeoneilo praea-cuta*(Klipstein)。Bittner(1985)中的标本后方壳面出现一个放射状微凹形圆槽。可能 Broili(1904)中的标本与当前标本一致,可惜 Broili 没有对他的标本进行描述,从所附图影观察,那个标本有小月面和盾纹面显示。

云南的 *Palaeoneilo* cf. *praeacuta*(Reed,1927),有甚延伸的后部。

相似的标本在新西兰也有发现,如 Trechmann(1917)描述为 *Palaeoneilo* cf. *praeacuta*(Klipstein)的标本,个体大,壳嘴位置更前。

日本四国的 *Palaeoneilo* sp. (Ichikawa,1954a,p.44,pl.1,fig.8)的轮廓更延长,后背腹缘更弯曲。在同一年,原作者改订这个标本为一新种 *P. iwaiensis* Ichikawa(1954c)。

当前标本在外形上也接近墨西哥的 *P. broilii* Burckhardt(Burckhardt,1905)。但那些标本显示栉齿状铰齿。

插图 6　*Taimyrodon* cf. *praeacuta*(Klipstein),1843
1. 左壳侧视,×2,登记号:15663,近模;2. 右壳侧视,×2,登记号:15664,近模;3. 左壳侧视,×2,登记号:15665,近模。

层位与产地　三桥组;贵阳三桥。

野外编号　KA12,KA5,KF24。

椭圆泰米尔栉齿蛤　*Taimyrodon elliptica*(Goldfuss),1838

(插图 7)

1831—1834 *Nucula elliptica* Goldfuss,p.153,pl.CXXIV,fig.16.

1865 *Leda elliptica*,Laube,p.67,pl.XIX,fig.6.

1895 *Palaeoneilo elliptica*,Bittner,p.142,pl.XVI,figs.26—31.

1904 *Palaeoncilo elliptica*,Broili,p.203,pl.XXIV,figs.22—25.

1907 *Palaeoneilo elliptica*,Waagen,p.104,pl.XXXIV,fig.26.

1923 *Ctenodonta elliptica*,Diener,p.150.

1928 *Nucula elliptica*,Schmidt,p.174,fig.389.

1943 *Palaeoneilo elliptica*,Leonardi,p.43,pl.VII,figs.23—25.

cf.1954 *Palaeoneilo*(?)*elliptica*,Kiparisova et al.,p.19,pl.IX,fig.2.

1976 *Palaeoneilo elliptica*,马其鸿等,p.193,pl.1,figs.21—24.

1976 *Palaeoneilo elliptica*,顾知微等,p.22,pl.19,figs.13,14.

1978 *Palaeoneilo elliptica*,甘修明等,p.302,pl.109,fig.12.

1979 *Palaeoneilo elliptica*,杨遵仪等,p.468,pl.2,figs.2—4.

1979 *Palaeoneilo elliptica*,张作铭等,p.229,pl.58,figs.5,6.

1982 *Palaeoneilo elliptica*,丁伟民等,p.219,pl.176,fig.4.

1982 *Palaeoneilo elliptica*,Tamura,p.8,pl.1,fig.1.

1983 *Palaeoneilo elliptica*,杨遵仪等,p.128,pl.12,figs.1—3.

1985 *Palaeoneilo elliptica*,张作铭等,p.36,pl.3,fig.10.

1985 *Palaeoneilo yanjiensis* Guo,郭福祥,p.116.pl.14,figs.1a,1b.

1995 *Palaeoneilo elliptica*,沙金庚,p.86,pl.24.figs.1—3.

2 块栉齿形标本,它的末端已破。壳体横向甚延长,呈椭圆形轮廓,后端微尖削。长度 2 倍于高度,壳顶位置处高度最大。适度隆曲。

壳顶位在壳前方约 2/3 处,不十分显著地升出铰边。铰边弯曲,后部铰边约 2 倍长于前部铰边。沿着铰边发育许多小的栉齿,因有些栉齿没有保存,具体数目已不能确定,但壳顶后栉齿排列长度约为前部的 3 倍。

度量(mm)

标本	左壳		右壳	
	长度	高度	长度	高度
15666	/	/	19.0	9.0
15667	17.0	8.0	/	/

比较 当前标本与已经描述的 *Palaeoneilo elliptica* (Goldfuss)标本比较,可能个体较大。但 Broili (1904)或 Waagen(1907)的标本大小是接近当前标本的。与 Kiparisova 等(1954)的标本比较,后者的壳后面一半较宽。Leonardi(1943)的标本长 6.5mm,高 4mm,个体小。

插图 7 *Taimyrodon elliptica* (Goldfuss),1838

1. 右壳侧视,×1,登记号:15666,近模;2. 左壳侧视,×1.5,登记号:15667,近模。

层位与产地 火把冲组;郎岱荷花池。

野外编号 KL180。

沛氏泰米尔栉齿蛤(比较种) *Taimyrodon* cf. *peneckei* (Bittner),1895

(插图 8)

cf. 1895 *Palaeoneilo peneckei* Bittner, p. 153, pl. XⅧ, figs. 16—20.

1 块具有栉齿形铰齿的标本。壳薄,小,卵形,向后部稍伸长;腹边宽弧形弯曲;长 8.2mm,高 5mm。壳顶稍突出在弯曲的铰线之上,位于壳长前方约 3/4 处。

栉状小齿在后端较清楚,但没有全部保存。

比较 这个标本的一般轮廓,接近 *Palaeoncilo peneckei* Bittner(1895),比 *Palaeoneilo elliptica* (Goldfuss)的壳短。

插图 8 *Taimyrodon* cf. *peneckei* (Bittner),1895

右壳侧视,×2,登记号:15668,近模。

层位与产地 青岩组;贵阳青岩。

野外编号 KA77。

类双形泰米尔栉齿蛤(新种) *Taimyrodon distinctoides* sp. nov.

(插图 9)

cf. 1895 *Leda distincta* Bittner, p. 150, pl. XⅥ, figs. 38,39.

1943 *Leda tirolensis*, Hsü et Chen, p. 132(listed).

1978 *Palaeoneilo* cf. *distincta*, 甘修明等, p. 307, pl. 109, fig. 17.

壳卵形,两侧稍不等,后部比前部稍长,适度膨隆;前后两端圆,腹边宽圆弧形弯曲。壳顶圆而大,位于近中央靠前处。在一个标本的后部,可见约 6 个细小的栉齿。壳面可能是光滑的。

度量(mm)

标本	长度	高度	长/高
15669	12.0	8.8	1.36+
15670	11.0	7.1	1.55−
15671	12.0	9.0	1.33+

比较 当前新种与 *Nuculana tirolensis* Wöhrmann 的区别是后一种后端伸展,壳的形状类似 *Leda elliptica* Goldfuss。与当前标本更相似的种是 Bittner(1895)描述的 *Palaeoneilo distincta* Bittner(1895),Bittner 犹豫不决地把他的种归于 *Leda* 或 *Palaeoneilo*。根据当前标本前后端圆、后部不延伸的特征,似归入 *Taimyrodon* 较妥当。与 *Palaeoneilo distincta* 比较,新种的壳顶较大。乌苏里地区的一些类似 *Leda distincta* 的标本,如 *Palaeoneilo* aff. *distincta* Bittner,也是被 Kiparisova(1938)当作 *Palaeoneilo* 处理的,但乌苏里的标本个体较小。据 Kiparisova 所列壳体的测量数据,最大的标本长 9.0mm,高 7.0mm。意大利南部安佩佐(Ampezzo)地区的 *Palaeoneilo distincta* var. *laubei* Leonardi(1943),个体小,壳顶位于中央。与模式种比较,当前新种壳顶较宽大(Kiparisova,1938;Dagys et al.,1985)。

插图 9 *Taimyrodon distinctoides* sp. nov.

1. 左壳侧视,×2,登记号:15669,副模;2. 左壳侧视,×1.5,登记号:15670,正模;3. 右壳侧视,×2,登记号:15671,副模。

层位与产地 青岩组;贵阳青岩。

野外编号 KF120,KA656,KA654。

关岭泰米尔栉齿蛤(新种) *Taimyrodon guanlingensis* sp. nov.

(插图 10)

1976 *Palaeoneilo* cf. *oviformis*,顾知微等,p. 23,pl. 19,figs. 29,30.

1978 *Palaeoneilo* cf. *oviformis*,甘修明等,p. 307,pl. 109,fig. 15.

1990 *Palaeoneilo*? sp.,沙金庚等,p. 138,pl. 1,fig. 1.

1995 *Palaeoneilo* cf. *oviformis*,沙金庚,p. 86,pl. 24,fig. 4.

壳小,卵形轮廓,等壳,前部宽圆,逐渐圆滑地没入腹边;腹边宽圆弧形弯曲,后部狭长,但末端并不尖锐;通常壳稍膨隆,另一较小标本(插图 10,图 1)膨隆较强。壳顶尚显,位于壳长前方 2/5 处。

铰齿构造没有全部被观察到,在一块较大的标本的后方,有少数栉齿状小齿。

度量(mm)

标本	长度	高度	膨凸度
15672	11.90	8.00	4.00
15673	10.04	7.00	4.70

比较 当前新种标本与 *Palaeoneilo oviformis*(Eck)接近,虽然笔者没有看到 Eck(1872)的原文和描述标本,但将 Kiparisova(1938)或 Nakazawa(1961)描述的同名种加以比较,似乎当前标本的个体较大。当前新种不同于 *Palaeoneio elliptica praecursor*(Frech)(1904)的是前者壳的后部较短。青海的一个未定种 *P.* sp. 标本(沙金庚等,1990)可能与当前新种标本相同,但那个标本显示较长的后部壳体。

插图 10　*Taimyrodon guanlingensis* sp. nov.

1. 右壳侧视，×1.5，登记号：15673，正模；2. 左壳侧视，×2，登记号：15672，副模。

层位与产地　关岭组；关岭永宁镇。

野外编号　KA49，KA50。

近偏泰米尔栉齿蛤　*Taimyrodon subexcentrica*(Chen)，1976

(插图 11)

1976 *Palaeoneilo subexcentrica* Chen，顾知微等，p. 23，pl. 19，figs. 19，20.

1978 *Palaeoneilo subexcentrica*，甘修明等，p. 308，pl. 109，figs. 16，18.

1978 *Palaeonucula expansa*，甘修明等，p. 305，pl. 109，fig. 3，non fig. 2.

　　壳小，轮廓卵形，中部凸高，前后部稍伸展，并逐渐变狭，但前部较后部为宽；最大高度在中部，长 11.6mm，高 7.0mm；中部壳面膨隆，膨隆程度向前后方徐徐减弱；腹边凸曲均匀。壳顶位于中央或靠前。壳后部铰边可见近 10 个小的栉齿。壳面具有细的、彼此平行的同缘线。

　　比较　当前标本在形状、大小等特征方面十分类似于印度尼西亚布鲁岛的 *Palaeoneilo*? *excentrica* Krumbeck(1913)，但布鲁岛的种壳面饰有不平行外边缘的假同缘线。甘修明等(1978，图 3)记述的贵州同层位的 *Palaeonucula expansa*(Wissmann)标本显示当前种的特征，可归入同一种。

插图 11　*Taimyrodon subexcentrica*(Chen)，1976

1. 左壳侧视，×2，登记号：15674，近模；2. 左壳侧视，×1.5，登记号：15675，近模。

层位与产地　三桥组；贵阳三桥。

野外编号　KA1，KA3，KA5，KA11。

泰米尔栉齿蛤(未定种)　*Taimyrodon* sp.

(插图 12)

　　仅有 1 块左瓣标本。卵形轮廓，后部稍伸展，末端破碎；前部短，它的前边缘圆，并徐徐没入腹边，致使腹边显得十分宽圆；壳顶尖，位于壳长前方约 1/3 处，此处壳的高度最大；铰线弯曲，前后铰边在壳顶处近 150° 相交。

　　壳长 17.0mm，高 10.3mm。

　　比较　当前标本的一般轮廓与 *Palaeoneilo peneckei* Bittner(1895)相近。但当前标本既没有保存栉齿构造，亦没有见到韧带构造，是否属 *Taimyrodon* 仍是一个问题。

插图 12　*Taimyrodon* sp.
左壳侧视,×1,登记号:15676,近模。

层位与产地　三桥组;贵阳花溪。

野外编号　GC6a。

似粟蛤超科　**Superfamily Nuculanoidea H. Adams et A. Adams,1858**
似粟蛤科　**Family Nuculanidae H. Adams et A. Adams,1858**
中尼罗蛤属　**Genus *Mesoneilo* Vukhuc,1977**

模式种　*Leda perlonga* Mansuy,1914

时代与分布　三叠纪;越南、伊朗、帝汶岛和中国南方。

近甚长中尼罗蛤　*Mesoneilo subperlonga* (Chen),1976

(插图 13)

1943 *Leda perlonga*,Hsü and Chen,p. 132(listed).

1976 *Nuculana subperlonga* Chen,顾知微等,p. 25,pl. 19,fig. 31.

1978 *Nuculana subperlonga*,甘修明等,p. 208,pl. 109,fig. 22.

1979 *Nuculana subperlonga*,张作铭等,p. 230,pl. 59,fig. 7.

当前的标本中,代表这个种的是一个右瓣受压,显得向内凹陷的标本。壳中等大小,横向延长;壳的膨隆程度已不能分辨,但两壳是等壳的,两侧甚不相等。前端圆而宽,以圆弧形过渡至腹边,腹边弯曲不明显,几近平直,后背边似镰刀状延长;自壳顶后延伸一脊至后腹端以作为后部界线,在右瓣由于受压关系此界线凸出背边并叠覆左瓣。壳嘴内曲,后转,位于全长前部的1/3处。小月面不显,盾纹面可能很狭。同缘线细致而清楚,布满整个壳面。

壳长 19.0mm,高 8.8mm。

比较　许德佑等(1943)把当前的标本定为 *Nuculana perlonga* (Mansuy)。但该种的壳嘴位置近中央,而当前标本的壳嘴位置靠前,前端较宽圆,而且后腹部轮廓似乎不曾凹入。

当前种与 *Nuculana schafarziki* Frech,1905[=*Leda* aff. *sulcellata* Wissmann(Bittner,1895)]比较,后者后部延伸较短,后端尖锐。

乌苏里地区的 *Leda skorochodi* (Kiparisova)(1938)亦与当前种相似,但乌苏里的种后部延伸度减少。

插图 13　*Mesoneilo subperlonga* (Chen),1976
左壳侧视,×1,登记号:15685,正模。

层位与产地　青岩组;贵阳青岩。

野外编号　KF120。

贵州中尼罗蛤(新种) *Mesoneilo guizhouensis* sp. nov.

(插图 14)

1938 *Leda* sp. nov. indent. Kiparisova,p. 214,pl. Ⅰ,figs. 16a,16b.

1961 *Nuculana*(*Darcyomya*) sp. B,Nakazawa,p. 271,pl. 14,fig. 10.

1978 *Nuculana* cf. *guizhouensis*,甘修明等,p. 308,pl. 109,fig. 20.

壳小,等壳,颇膨隆;前部扩张,圆,后部延长,至后腹端钝圆,腹边弯曲缓和。后背边自壳嘴后发育一个不大显著的圆脊伸至后腹端;壳嘴内曲,后转,位置在壳长前部1/3处。

盾纹面狭,颇凹陷。在内模上,壳顶前后可见到一些栉状齿。壳面同缘线细,保存不佳。

壳长 9.3mm,高 5.0mm,长高之比为 1.86,厚 2.1mm。

比较 当前新种有前部扩张,后部延伸和壳体小的特征,符合乌苏里地区的 *Leda* sp. nov. (Kiparisova,1938)和日本的 *Nuculana*(*Darcyomya*)sp. B(Nakazawa,1961,尤其是图 10 的标本)。因此建立一个新种。它与日本的标本的区别,仅是日本标本前后部各自有栉齿 8—10 和 9—12 个。

插图 14 *Mesoneilo guizhouensis* sp. nov.
左壳内模,×3,登记号:15686,正模。

层位与产地 青岩组;贵阳青岩。

野外编号 KA654,KA658。

帝汶中尼罗蛤 *Mesoneilo timorensis*(Krumbeck),1924

(插图 15)

1924 *Leda? timorensis*(Krumbeck),p. 235,pl. CXCⅧ,fig. 11.

代表这个种的仅有 1 块右壳标本。壳中等大小,两侧甚不相等,适度膨隆;前端宽圆,并徐徐没入圆弧形弯曲的腹边,壳中部之前腹边膨隆强烈;后背边渐渐地向后收缩,致使后端呈船嘴状;自壳顶后发育一棱脊伸至后腹角,构成水管区(area)与壳面的界线,此棱脊颇强,稍弯曲;水管区长而狭,稍凹曲。壳顶位于壳长前部约 2/3 处,壳嘴小,后转。

根据保留的不完整的外壳,可观察到饰有细的同缘线。顺着腹边可见到外套线痕的一部分。

壳长 15.0mm,高 6.8mm。

比较 根据上面描述的特征,当前标本与 *Nuculana timorensis*(Krumbeck)相似,仅有的区别是当前的标本个体较大。

插图 15 *Mesoneilo timorensis*(Krumbeck),1924
右壳侧视,×1,登记号:15691,近模。

层位与产地 把南组;贞丰挽澜。

野外编号 KA81。

云南中尼罗蛤　*Mesoneilo yunnanensis*(Reed),1927

(插图 16)

1899 *Nuculana* sp.,Loczy,p.145,pl.16,figs.3,4.

1927 *Leda*(*Nuculana*) *yunnanensis* Reed,p.206,pl.XVII,figs.20,22.

1974 *Nuculana yunnanensis*,陈楚震等,p.336,pl.179,fig.21.

1976 *Nuculana yunnanensis*,顾知微等,p.26,pl.19,figs.36—39.

1976 *Nuculana yunnanensis*,马其鸿等,p.197,pl.1,figs.29—31.

1976 *Nuculana yunnanensis*,文世宣等,p.23,pl.3,figs.12,13.

代表这个种的仅有 1 块右壳标本。壳近三角形,壳顶尖位置近中,高度最大;前端圆,并徐徐没入圆弧形弯曲的腹边,然后近于直,后腹边稍向上倾斜;壳顶后稍凹曲,后背边延伸,狭,后末端保存不完整,可能是尖的。

壳长 10.0mm,高 5.0mm。

比较　当前标本与云南 *Nuculana yunnanensis* Reed 标本的区别在于前者个体较小,云南的标本长 14.5mm,高 7.0mm。

插图 16　*Mesoneilo yunnanensis*(Reed),1927
右壳侧视,×2,登记号:15689,近模。

层位与产地　三桥组;贵阳三桥。

野外编号　GC3。

甚长中尼罗蛤　*Mesoneilo perlonga*(Mansuy),1914

(插图 17)

1914 *Leda perlonga* Mansuy,p.82,pl.X,figs.9a—9c.

1927 *Leda*(*Nuculana*) *perlonga* Reed,p.205,pl.XVII,figs.13,14;pl.XVIII,fig.24.

1944 *Leda*(*Nuculana*) *perlonga*,许德佑,陈康,p.32(名单).

1976 *Nuculana perlonga*,顾知微等,p.25,pl.19,figs.32—35.

1976 *Nuculana perlonga*,马其鸿等,p.136,pl.1,figs.29,31.

1976 *Nuculana perlonga*,文世宣等,p.23,pl.3,figs.9—11.

1978 *Palaeoneilo fibularis*,徐济凡等,p.316,pl.104,figs.10,11.

1978 *Nuculana perlonga*,甘修明等,p.109,pl.21,fig.21.

1979 *Nuculana perlonga*,张作铭等,p.229,pl.59,figs.2,3.

1985 *Nuculana perlonga*,张作铭等,p.37,pl.3,figs.9,11—14.

1991 *Mesoneilo perlonga*,Vukhuc et al.,p.33,pl.15,figs.19—27.

2001 *Nuculana*(*Nuculana*) aff. *perlonga*,Hautman,p.30,pl.1,figs.20—23.

许德佑先生采集的 KF132 编号的 1 块内模标本,壳近椭圆形,伸长,甚不等边,前部短,甚宽圆,后部伸长并迅速变狭,它的后端尖;腹边缓和地弯曲;壳嘴甚显,后转,位置在壳长前方约 1/3 处;前闭肌痕大,近卵形,位置约在壳嘴和前端间的 3/4 处。

壳长 11.0mm,高 4.0mm。

比较　当前标本与越南的 *Nuculana perlonga*(Mansuy)(1914)标本比较,壳小,壳嘴位置靠前。但云南的同种标本,如 Reed(1927)的图版 XVII,图 13,14 的标本,壳嘴也是不近中央的;Reed 的另一个标本 Reed (1927)中的图版 XVIII,图 24 则壳嘴近中央。可注意的区别是,贵阳标本的后腹边轮廓似乎也无凹入,然而标本的保存状况似乎不足以使人完全肯定此点。因此当前标本仍依许德佑的意见暂归在 *Nuculana perlonga*（Mansuy）之内。

插图 17　*Mesoneilo perlonga*（Mansuy），1914
右壳侧视，×2，登记号：15688，近模。

层位与产地　三桥组；贵阳三桥。
野外编号　KF132。

中尼罗蛤（未定种）　*Mesoneilo* sp.

（插图 18）

1 块具有栉齿的标本，壳向后部伸长，末端破碎没有保存，前部短圆，腹边均匀地呈弧形弯曲。壳顶位在壳长前部约 1/4 处。

细小的栉齿在壳顶前见到 2 个，壳顶后有 13 个。

插图 18　*Mesoneilo* sp.
左壳内模，×4，登记号：15687，近模。

层位与产地　赖石科组；贞丰龙场。
野外编号　KF107。

壳菜蛤目　Order Mytilida Férussae，1822
　壳菜蛤超科　Superfamily Mytiloidea Rafinesque，1815
　　壳菜蛤科　Family Mytilidae Rafinesque，1815
　　　偏顶蛤亚科　Subfamily Modiolinae G. Termier et H. Termier，1850
　　　　偏顶蛤属　Genus *Modiolus* Lamarck，1799

模式种　*Mytilus modiolus* Linné，1758
时代与分布　泥盆纪—现代；世界各地。

帕氏偏顶蛤（比较种）　*Modiolus* cf. *paronai*（Bittner），1895

（插图 19）

cf. 1895 *Modiola paronai* Bittner，p. 48，pl. Ⅴ，figs. 19，20.
1940 *Mytilus eduliformis*，许德佑，p. 172（名单）.

1 块保存不好的标本，前端和后背边已破碎。壳前方狭，逐渐向后部增宽，背边近于直，并于壳长约 2/3 处开始呈宽圆弧形弯曲，形成宽圆的后背边，腹边平直，近前腹边的壳面有浅的凹陷出现。壳顶位置甚前，但不近顶端，沿着壳顶近对角线的方向壳面颇膨隆。

壳面饰有不规则的同缘线。

比较 当前标本接近 *Modiolus paronai*(Bittner)，区别是当前标本背边长。根据壳顶位置不近顶端的特征，可肯定当前的标本不属于 *Mytilus*。

插图 19 *Modiolus* cf. *paronai*(Bittner)，1895
右壳内模，×1，登记号：16073，近模。

层位与产地 三桥组；贵阳三桥。
野外编号 KF33。

雷必尔偏顶蛤（比较种） *Modiolus* cf. *raiblianus*(Bittner)，1895
（插图 20）

cf. 1895 *Modiola raibliana* Bittner, p. 48, pl. Ⅴ, figs. 21, 22.

1块左壳内模标本，同 *M. raiblianus*(Bittner)相似。长 17mm，适度膨隆，背边在多于壳长 1/2 处形成圆角，然后向下倾斜。壳中部的腹边附近显得略有些凹曲。壳顶位置甚前，但不至顶端；前端壳嘴下有一裂口，可能为铰齿的痕迹。

插图 20 *Modiolus* cf. *raiblianus*(Bittner)，1895
左壳内模，×1.5，登记号：16074，近模。

层位与产地 把南组第二段；贞丰挽澜。
野外编号 KA83。

贵阳偏顶蛤 *Modiolus guiyangensis* Chen, 1974
（插图 21）

1935 *Modiola* sp., Patte, p. 32, pl. Ⅳ, fig. 1.

1974 *Modiolus guiyangensis* Chen, 陈楚震等, p. 342, pl. 177, figs. 22, 23.

1976 *Modiolus guiyangensis*, 顾知微等, p. 250, pl. 41, figs. 6—8.

1978 *Modiolus guiyangensis*, 甘修明等, p. 312, pl. 109, figs. 29, 30.

有 2 块标本，壳近长方形，适度隆曲，壳的膨隆部向后腹部徐徐变平；前端圆，后腹部宽大向外伸展，它的上部似呈翼状，与直的铰线成圆角相交；最大高度在后部，腹边缓曲。壳顶位置在前方但不近顶端；自壳顶前方有浅的明显的凹陷伸向腹边。

壳面具有清楚的同缘线。

壳长 9.5mm，高 6.0mm。

比较 这个种的特征是自壳顶有直的凹陷伸向下腹部。Patte(1935)描述的 *M.* sp. 的特征与本种一致，其标本也采自贵阳三桥三桥组。据以上特征，当前种可以区别于在一般轮廓上相类似的 *M. cannustattensis*(Philippe)(Schmidt, 1928)。

插图 21　*Modiolus guiyangensis* Chen,1974

1. 左壳侧视,×4,登记号:16075,正模;2. 右壳侧视,×2,登记号:16076,副模。

层位与产地　三桥组;贵阳三桥。

野外编号　KA2。

微偏顶蛤(比较种)　*Modiolus* aff. *minutus*(Goldfuss),1834

(插图 22)

1935 *Modiola* aff. *minuta* Patte,p. 31,pl. Ⅲ,figs. 19,20.

1976 *Modiolus* aff. *minutus*,顾知微等,p. 250,pl. 41,fig. 13.

1978 *Modiolus* aff. *minutus*,甘修明等,p. 312,pl. 109,fig. 36.

2 块形态简单的标本,与 Patte(1935)鉴定为 *M.* aff. *minuta* Goldfuss 的标本完全相同。壳斜向伸长,近三角形,颇膨隆,前端收缩,后腹部扩大,于壳长约一半处形成圆的背边。壳长为高的 2 倍多。壳顶圆,位于前端。

插图 22　*Modiolus* aff. *minutus*(Goldfuss),1834

1. 左壳内模,×1,登记号:16077,近模;2. 左壳内模,×1,登记号:16078,近模。

层位与产地　松子坎组;遵义。

野外编号　KW212。

近冠偏顶蛤(新种)　*Modiolus subcristatus* sp. nov.

(插图 23)

1908　*Modiola*? sp. 4,Healey,p. 56,pl. Ⅷ,fig. 15.

1940　*Modiola cristata*,许德佑,p. 172(名单).

壳卵形,小,长度接近最大高度,壳体膨隆;前端圆,但狭,后边缘凸曲;长度与铰边近于相等;腹边圆,前腹边稍凹曲。壳顶颇大,有些膨隆,位置向着前端。

壳面饰有不规则但细致的同缘线。

壳长约 9mm,高 9.4mm。

比较　当前新种的标本十分类似于缅甸的 *Modiola* sp. 4(Healey,1908),区别仅仅是当前标本前端宽圆程度减小。另一种 *M. cristatus*(Schmidt,1928),壳长为壳高的 1/2 或更多,直的铰线短于直的后边缘,依据这两点特征可区别于当前的新种。

当前标本如果能建立一个新种,或许可包括上面提到过的缅甸的标本。

插图 23　*Modiolus subcristatus* sp. nov.
右壳侧视，×2，登记号：16079，正模。

层位与产地　三桥组；贵阳三桥。
野外编号　KF33。

箱蚶目　**Order Arcida J. Gray，1854**
箱蚶超科　**Superfamily Arcoidea Lamarck，1809**
并齿蚶科　**Family Parallelodontidae Dall，1898**
并齿蚶亚科　**Subfamily Parallelodontinae Dall，1898**
并齿蚶属　**Genus *Parallelodon* Meek，1842**

模式种　*Macrodon rugosum* Buckman，1845
时代与分布　泥盆纪—侏罗纪；欧、亚、美等洲。

并齿蚶（未定种）　*Parallelodon* **sp.**
（插图 24）

　　壳近梯形，膨隆强，前边缘与铰线构成直角，后部长，后边缘与铰线以圆的钝角相连接；腹边弯曲，近腹边中部微显凹曲；壳顶宽，低矮，并向后下方逐渐隆起似脊，致使后背部显得低平。沿着壳顶中央有一凹陷向腹边伸展；铰线直。

　　比较　根据壳的轮廓和平直的铰线等判断，当前标本是属于 *Parallelodon* 的。在外貌上和 *P. impressa*（Münster）（Broili，1904）相近，可惜当前的标本没有显示内部铰齿构造，故无法做更多的比较。

插图 24　*Parallelodon* sp.
左壳侧视，×2，登记号：15798。

层位与产地　三桥组；贵阳三桥。
野外编号　KA11。

斜蚶超科　**Superfamily Limopsoidea Dall，1895**
斜蚶科　**Family Limopsidae Dall，1895**
前突蚶属　**Genus *Hoferia* Bittner，1894**

模式种　*Lucina duplicata* Münster，1838
时代与分布　中—晚三叠世；欧、亚等洲。

双脊前突蚶 *Hoferia subareata* (Chen), 1974

(插图 25)

1943 *Arcoptera areata* Hsü et Chen,许德佑,陈康,p. 132(listed).

1974 *Elegantarca subarcata* Chen,顾知微等,p. 330,pl. 175,figs. 33—35.

1976 *Elegantarca subarcata*,顾知微等,p. 120,pl. 25,figs. 3—7.

1978 *Elegantarca subarcata*,甘修明等,p. 310,pl. 109,fig. 32.

描述的材料中,共有 3 块标本,1 块左壳,1 块内模,另一块为保存甚佳的标本。壳近圆梯形,但后方延长,稍狭,等壳,两侧甚不相等,适度膨隆,壳顶附近曲度较大,前端圆,向后与腹边以圆弧形相连,腹边弯曲宽圆,并与后端成钝角相接。壳顶前发育一脊,近于垂直地伸至前腹边,致使前部似翼状凸出;后壳顶多少成脊,自壳顶伸至下腹角;水管区狭,与壳面几近正交。壳嘴小而明显,稍前转,略伸出铰线,位于前方。铰线短直,不足壳全长的一半,另一块较小的标本的铰线则超过全壳长之半。

铰合区三角形,宽,上有细的横纹。壳面饰有同缘生长线和细的同缘线。

度量(mm)

标本	长度	高度	膨凸度
15810	15.2	7.7	5.8
15812	11.0	7.0	/

比较 通常在轮廓和短的铰线等特征上,当前种最接近 *Elegantarca areata* Briali(1904),但它有宽大呈翼状的前部,可资区别。*Elegantarca* 的另外一些种,如 *E. canaliculata* Kittl(1903)和 *E. indica* Diener(1913),通常在外形上也似当前种,但那些种一般壳体特别膨隆,且 *E. canaliculata* 的铰线较长。

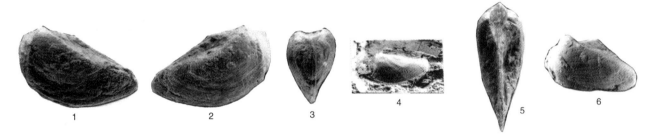

插图 25 *Hoferia subareata* (Chen),1974

1—3,5. 左壳、右壳侧视,前视,背视,×2,登记号:15810,正模;4. 左壳内模,×1.5,登记号:15811,副模;

6. 左壳侧视,×2,登记号:15812,副模。

层位与产地 青岩组;贵阳青岩。

野外编号 KF120,KA661c,KA169。

束肌蛤目 Order Myalinida H. Paul, 1939
双爪蛤超科 Superfamily Ambonychioidea Miller, 1877
小闭镜科 Family Mysidiellidae Cox, 1964
前小闭镜蛤属 Genus *Promysidiella* Waller, 2005

模式种 *Mysidiella cordillerana* Newton, 1987

注释 根据 Waller 等(2005)的意见,大多数的三叠纪壳莱蛤类壳嘴前凸的双壳类可能要归入 *Promysidiella* 属。

时代与分布 三叠纪;欧、亚、美洲。

腿形前小闭镜蛤先驱亚种　*Promysidiella eduliformis praecursor* (Frech), 1904

（插图 26）

1904 *Myalina eduliformis praecursor* Frech, p. 21, text figs. 22—24.

1915 *Mytilus* (*Myalina*) *eduliformis* forma *praecursor* Assmann, p. 607. pl. 33, figs. 1—3.

1928 *Mytilus eduliformis* f. *praecursor* Schmidt, p. 168, fig. 318.

1962 *Mytilus eduliformis praecursor*, 范嘉松, p. 45, pl. Ⅵ, figs. 5—7.

1976 *Mytilus eduliformis praecursor*, 顾知微等, p. 249, pl. 141, figs. 13—15.

1978 *Mytilus eduliformis praecursor*, 甘修明等, p. 318, pl. 104, fig. 14.

1978 *Mytilus eduliformis praecursor*, 徐济凡等, p. 318, pl. 124, fig. 21.

1982 *Mytilus eduliformis*, 李金华等, p. 48, pl. 12, figs. 12, 13.

1982 *Mytilus eduliformis praecursor*, 李金华等, p. 48, pl. 12, figs. 18—20.

1982 *Promyalina* cf. *putatiensis*, 李金华等, p. 49, pl. 12, figs. 21—23.

1982 *Mytilus eduliformis praecursor*, 杨遵仪等, p. 167, pl. 22, figs. 6—8.

1990 *Mytilus eduliformis praecursor*, 沙金庚等, p. 139, pl. 1, fig. 6.

1990 *Mytilus* cf. *eduliformis praecursor*, 沙金庚等, p. 140, pl. 1, fig. 7.

1995 *Mytilus eduliformis praecursor*, 沙金庚等, p. 88, pl. 24, figs. 12—14.

1995 *Pteria* sp., 沙金庚, p. 88, pl. 24, fig. 15.

　　壳倾斜延伸,隆曲较缓,前端尖锐,背边缓和地弯曲,并与后端连合成宽圆形;前腹边较平直,并逐渐以弧形过渡至后端;壳嘴位于顶端,微向前弯曲。壳最宽处在后部。

　　壳面装饰不佳,壳顶部光滑。

　　比较　当前标本的一般轮廓、尖锐的壳嘴和隆曲平缓的壳面等特征,均与 *Mytilus eduliformis praecursor* Frech 一致,特别与 Frech(1904)图 24 的标本或者 Assmann(1915)图 3 的标本相同。

　　Promysidiella educliformis Schlothein 有狭的壳体可资区别。范嘉松(1962)描述的祁连山的同种名标本,似乎壳嘴更明显,并不向前弯曲。李金华等(1982)图示的 *Promyalina* cf. *putatiensis* 标本,壳嘴凸向壳前端,也可归入当前种。另一个鉴定为 *Pteria* sp. 的标本(沙金庚,1995)也可能归入当前种。

插图 26　*Promysidiella eduliformis praecursor* (Frech), 1904

右壳侧视,×1,登记号:16072,近模。

　　层位与产地　青岩组;贵阳青岩。

　　野外编号　KA661。

牡蛎目　Order Ostreida Férussac, 1822

牡蛎超科　Superfamily Ostreoidea Rafinesque, 1815

始蛎科（新科）　Family Protostreidae fam. nov.

　　特征　牡蛎型,左瓣平,右瓣较凸,两壳闭合,壳颇厚,双柱类,后闭肌大,外套线完整,牡蛎形韧带,韧带坑外缘凸出成边缘凸脊,无齿。

　　新科两闭壳肌的特征与 Ostreidae 不同。新科的牡蛎形不等瓣、韧带构造和无铰棱可区别于 Dimyidae。Waller(1978,1985)归在 Malletiidae 的 *Valsella deperdita* Lamarck 的标本属名不正确。笔者也相信这个法国古新世的标本外形和韧带构造类似于 *Protostrea* 属,但宽的肌痕浅,很可能代表一个新的分类单元,因此将其从 Malletioidea 超科中分出而归入当前新科。

Ostrea 面盘幼虫期呈现双闭壳肌(Stenzel et al.,1971),当成年体固着生活时,壳体形态改变,纵向伸展,前闭肌功能失去而退化消失,后肌发育。牡蛎的祖先可能是双肌痕的,它的幼体呈双闭肌形,呈现返祖现象。近年,双闭肌的 *Lopha* 类 *Nacrolopha* Carter of Malchus,2011 也被发现,被 Carter 等(1925,2011)归入 Ostreidae 科 Palaeolophinae 亚科。

时代与分布 中三叠世,中国;古新世?,法国。

始蛎属 Genus *Protostrea* Chen,1974

模式种 *Ostrea sinensis* Hsü,1943

牡蛎形,两壳不等,通常右壳隆曲,左壳较平,壳饰为不规则的生长层。无齿,铰合区中央有一颇深且呈长方形的弹体窝,它的边缘凸出形成凸脊。双柱类,后闭肌痕较大,前闭肌痕卵形,外套线完整。

比较 骤然一看,当前的标本很可能为 *Ostrea*。但不同的是当前属具有前后 2 个闭肌痕,同时 *Ostrea* 常左壳固着,十分隆曲,而当前属一般右壳隆曲。

根据 Roughley(1933)的报告,*Ostrea* 在面盘幼虫期(stage of veliger larva)具前后闭肌痕。但当前 7 个标本从生长层、弹体窝的情况来看,显然是属于成年个体的。再者,当前属的前肌痕呈卵形,位近前端,它出现的位置也不同于 *Ostrea* 的足肌痕,*Ostrea* 的足肌痕位于口的两侧,很小。

Liostrea 在轮廓上类似于当前属,但 *Liostrea* 的韧带区呈锐角三角形,壳顶腔深,单柱类。*Enantiostreon* 的壳面饰有放射状粗褶,三角形弹体窝,可与当前属区别。

当前属具有 Ostreidae 科的韧带构造和轮廓,与 *Ostrea* 甚为相似。现代 *Ostrea* 面盘幼虫期呈现双闭壳肌(Stenzel et al.,1971),可能是返祖现象。因此,本属可能是 *Ostrea* 的祖先(顾知微等,1976;Chen,1980)。近年,陈金华等(2006)认为 *Protostrea* 具有铰棱,把它归入 Dimyidae 科。但据笔者对标本的观察,所称的铰棱是韧带槽边凸出的边缘凸脊,所以 *Protostrea* 不是双肌蛤类。而是与牡蛎有亲缘关系的一个属。

时代与分布 中三叠世;中国贵州。

中华始蛎 *Protostrea sinensis*(Hsü),1943

(插图 27)

1943 *Ostrea sinensis* Hsü,许德佑.p.136

1976 *Protostrea sinensis*,顾知微等,p.243,pl.40,figs.10—21.

1978 *Protostrea sinensis*,甘修明等,p.366,pl.121,figs.15—18.

2006 *Protostrea sinensis*,Chen Jinhua et al.,p.158.figs.3—7.

2009 *Protostrea sinensis*,Feng Zhongjie et al.,p.28,fig.4(18—21).

中等大小,*Ostrea* 型,壳形有变化,通常近梯形轮廓;不等壳,通常右壳隆曲,左壳较平,两侧不相等,后部较长。壳顶部低矮,有些标本后腹边呈现凹槽。壳面生长层不规则,壳顶周围生长层不显。

韧带区近长方形,宽 3—5mm,上有水平状细沟纹;近中央有长方形弹体窝,深,底部圆,长度大于宽度;两侧边缘凸起,形成边脊。无齿;闭肌痕明显,有 2 个,前闭肌痕卵形,深,近前端边缘,后闭肌痕圆形,比前闭肌痕浅,但较大,下半部尚可见纵向不规则的沟纹,位置在不到壳高的一半处。外套线在一些标本中颇明显,完整地与前后肌痕相连接,无外套湾。

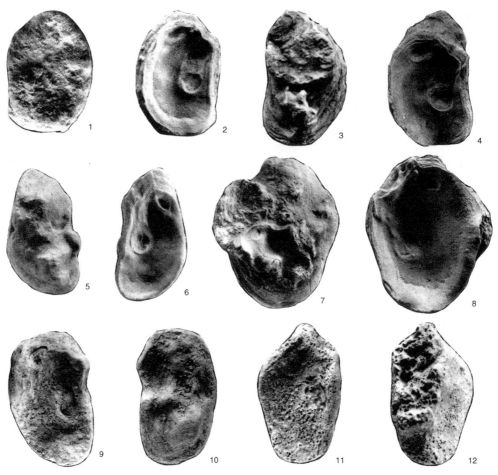

插图 27　*Protostrea sinensis*（Hsü），1943

1,2. 右壳侧视,内视,×1,登记号:16062,副模;3,4. 右壳外视,内视,×1,登记号:16063,正模;
5,6. 左壳侧视,内视,×1,登记号:16064,副模;7,8. 左壳侧视,内视,×1,登记号:16065,副模;
9,10. 右壳内视,侧视,×1,登记号:16066,副模;11,12. 右壳内视,侧视,×1,登记号:16067,副模。

度量(mm)

标本	左壳		右壳	
	长度	高度	长度	高度
16062	/	/	36.6	30.9
16063	/	/	35.7	30.2
16064	35.8	27.4	/	/
16065	43.0	34.4	/	/
16066	/	/	34.0	26.3
16067	/	/	32.0	30.0

比较　Broili(1904)中图 8 描述的南阿尔卑斯的 *Terquemia*(?)*lata* Kilpst. 的一个大的左壳标本,在外形上类似当前种,但那个种铰合区宽,十分大,有一个位于近壳中部的闭肌痕。日本 Nabae 群的 *Ostrea* sp. (Nakajawa,1952)在轮廓和韧带方面类似于这个种,但日本种在左壳有 2 或 5 根的褶脊和 1 个位于近后背凹曲处的前肌痕。

层位与产地　青岩组;贵阳青岩。

野外编号　KF120,KA654。

北极蛎科 **Family Arctostreidae Vialor, 1983**

古棱蛎亚科 **Subfamily Palaeolophinae Malchus, 1990**

古棱蛎属 **Genus *Palaeolopha* Malchus, 1990**

模式种 *Ostrea haidingeiana* Emmrich, 1853

时代与分布 三叠纪中—晚期;欧、亚、美洲。

古棱蛎(未定种) *Palaeolopha* sp.

(插图28)

描述的标本是一个右壳,它的壳顶部已破碎,但通常轮廓可能为纵卵形;壳顶周围固着面颇宽,并向下伸长到壳高上部1/3到1/2处,沿着固着面周围发育有粗的放射褶脊,前腹部或背边部放射褶脊粗短,中部放射褶长而分叉,腹边缘呈现粗锯齿状凹曲。未见横脊(chomafa)构造。铰合区已破损;闭肌痕圆,仅保存一半。

比较 根据当前标本的壳面粗圆分叉的放射褶脊和粗锯齿状的腹边,无横脊,应属于 *Palaeolopha*,不是 *Enantiostreon*,在三叠系的牡蛎超科化石中,与当前标本相似的有 *Ostrea lipoldi* Bittner(1901),但后者固着面狭长。

插图28 *Palaeolopha* sp.

1,2. 分别为同一标本侧视、内视,×1,登记号:16061;3. 示腹边,×4。

层位与产地 青岩组;贵阳青岩。

野外编号 KA654。

丁蛎亚目 **Suborder Malleidina J. Gray, 1854**

神蛤超科 **Superfamily Posidonioidea Neumayr, 1891**

沟纹蛤科 **Family Aulacomyellidae Ichikawa, 1958**

博西蛤亚科 **Subfamily Bositrinae Waterhouse, 2008**

拟博西蛤属 **Genus *Peribositria* Kurushin et Trushchelev, 1989**

模式种 *Posidonia miner* Oeberg, 1877

Kurushin 和 Truschelev(1989)建议,三叠纪 *Posidonia* 的一些种应归入 *Peribositria*,但 Waller 等(2005)认为 *Peribositria* 是 *Bositria* 的次同物异名,从而改用侏罗纪的 *Bositria* 属。笔者认为两属的肌痕和韧带形状不同,仍依 Kurushin 等(1989)的意见。

时代与分布 三叠纪;欧、亚、北美等洲。

乌苏里拟博西蛤 *Peribositria ussurica* (Kiparisova), 1954

(插图29)

1938 *Posidonia* sp. nov. , Kiparisova, p. 236, pl. Ⅲ, figs. 17, 18; pl. Ⅳ, fig. 4.

1954 *Posidonia ussurica* Kiparisova, p. 24, pl. ⅩⅤ, figs. 1, 2.

1974 *Posidonia ussurica*, 陈楚震等, p. 332. p. 175, fig. 31.

1976 *Posidonia ussurica*, 顾知微等, p. 204, pl. 33. fig. 19.

1978 *Posidonia ussurica*，甘修明等，p. 343，pl. 117. fig. 16.

　　壳小，近圆形轮廓，稍有倾斜，长稍大于高；铰线两端以圆角自然地没入壳的前后边缘。壳的隆曲在壳顶附近较大；壳顶明显，位置近中央。

　　壳面发育有同缘皱饰，在当前标本上可观察到 7 圈，它们通常在壳顶处较密集；在放大镜下可以观察到一些微弱的放射线饰。

　　壳长 8.3mm，高 7.6mm。

　　比较　当前标本的特征与 Kiparisova(1938)的标本或 Kiparisova(1954)的标本一致，可以鉴定为 *Peribositria ussurica*(Kiparisova)。

插图 29　*Peribositria ussurica*(Kiparisova)，1954

左壳侧视，×2，登记号：15961，近模。

　　层位与产地　新苑组；紫云新苑。

　　野外编号　KA623。

乌苏里拟博西蛤陈康亚种(新亚种)　*Peribositria ussurica chenkangi* subsp. nov.

(插图 30)

　　种名用以纪念陈康先生，他在 1944 年调查贵州三叠系时，与许德佑、马以思先生一起遭土匪杀害。

　　壳小，近圆至斜卵形，微隆曲，长比高略大；铰线短，逐渐没入壳前后两边缘，壳顶较大，位置近中央。壳面除了同缘皱饰，未见放射饰。

度量(mm)

标本	左壳		右壳	
	长度	高度	长度	高度
15962	13.0	12.3	/	/
15963	/	/	7.0	6.5
15964	/	/	6.3	5.2

　　比较　新亚种区别于 *Peribostria ussurica*(Kiparisova)(1938,1954)的仅是壳面无放射饰线。通常在轮廓上，*Posidonia alta* Mojsisovics(1873)与 *Posidonia bosniaca* Bittner(1902)亦与当前标本接近，但前 2 个种具有十分膨隆的壳体。

插图 30　*Peribositria ussurica chenkangi* subsp. nov.

1. 左壳侧视，×1，登记号：15962，副模。2. 左壳侧视，×3，登记号：15963，正模。3. 右壳侧视，×2，登记号：15964，副模。

　　层位与产地　青岩组；贵阳青岩。

　　野外编号　KA654，KA655，KA658。

阿伯勒克拟博西蛤(比较种) *Peribositria* cf. *abrekensis*(Kiparisova),1938

(插图 31)

cf. 1938 *Posidonia abrekensis* Kiparisova,p. 235,pl. Ⅳ,figs. 2a,2b,3a,3b.

cf. 1954 *Posidonia abrehensis* Kiparisova,p. 24,pl. ⅩⅤ,fig. 3.

壳可能是横卵形的,且向两端伸长,腹部受压更显得向两端伸展;铰线直,十分圆滑地没入宽圆的前后端;壳顶位置近中央或略靠前。

壳面饰有不规则的同缘饰约 20 圈,通常它们在壳顶附近较密集,近腹边减弱;壳面未观察到确实的放射饰。

比较 当前标本向两端伸长的轮廓十分接近乌苏里的 *Posidonia abrekensis* Kiparisova,但前者壳顶更近中央。

插图 31 *Peribositria* cf. *abrekensis*(Kiparisova),1938

1. 左壳侧视,×4,登记号:15969,近模;2. 两壳相连的标本,×4,登记号:16121,近模。

层位与产地 新苑组;紫云新苑。

野外编号 KA617。

温根拟博西蛤 *Peribositria wengensis*(Wissmann),1841

(插图 32)

1865 *Posidonia wengensis*,Laube,p. 76,pl. ⅩⅣ,fig. 12.

1912 *Posidonia wengensis*,Kittl,p. 18,pl. Ⅰ,figs. 7—11(cum. syn.).

1927 *Posidonia wengensis*,O-Gordon,p. 57,pl. Ⅶ,fig. 3.

1943 *Posidonomya wengensis*,Leonardi,p. 22,pl. Ⅱ,figs. 13—15.

1954 *Posidonia wengensis*,Kiparisova,p. 26,pl. ⅩⅧ,fig. 4.

non 1962 *Posidonia wengensis*,陈楚震,p. 143,pl. 83,figs. 11—13.

1974 *Posidonia wengensis*,陈楚震等,p. 332,pl. 176,figs,4,5.

1976 *Posidonia wengensis*,顾知微等,p. 204,pl. 34,figs. 32—39.

1977 *Posidonia wengensis*,张仁杰等,p. 36,pl.9,figs. 11,12.

1978 *Posidionia wengensis*,甘修明等,p. 343,pl. 117,figs. 12,18.

1983 *Posidionia wengensis robusta*,甘修明,p. 90,pl.4,fig. 4.

1984 *Posidionia wengensis*,Jurkovsck,p. 50,pl. 1,fig. 1.

1991 *Posidionia wengensis*,Vuhkuc et al. ,p. 68,pl. 7,figs. 14,15.

壳卵圆形轮廓,稍隆曲,壳长大于高,具有凸圆状壳顶,显著地凸出于铰线之上,铰线短而直。同缘皱饰在壳面发育,没有任何放射线饰 。

度量(mm)

标本	右壳		长度/高度
	长度	高度	
15966	15.8	12.0	1.32—
15968	13.0	10.0	1.30

比较 当前标本具有"卵形轮廓,凸圆状壳顶、无放射饰线"等特征,与 *Posidonia wengensis* Wissmann 一致,因此采用相同的种名。

在中国,过去记载的 *Posidonia* cf. *wengensis*(Reed,1927)或 *Posidonia* aff. *wengensis*(Yin,1932)通常都具有放射饰,与典型的 *Posidonia wengensis* 不同。

乌苏里的 *Posidonia wengensis*(Kiparisova,Krishtofovich,1954)的个体较小;我国南京汤山的 *Posidonia wengensis*(《扬子区标准化石手册》,1962)壳面仅具有 3—4 个宽而明显的生长线,壳体十分小,不是典型的 *Posidonia wengensis* 种。

云南的 *Posidonia wengensis* Wissmann,早经尹赞勋、许德佑在 1937 年描述,可惜原稿已失落。《扬子区标准化石手册》(1962)图版 85 图 11,13 的标本(尹赞勋、许德佑研究的云南原始标本)显示凸圆的壳体,接近所谓"*Avicula*"*globulus* Wissmann,即 *Posidonia wengensis* Wissmann 的幼年体(Kittl,1912)。

插图 32 *Peribositria wengensis*(Wissmann),1841
1. 幼年个体,×4,登记号:15965,近模;2. 右壳侧视,×1,登记号:15966,近模;3. 左壳侧视,×1,登记号:15967,近模;
4. 右壳侧视,×1,登记号:15968,近模。

层位与产地 边阳组;紫云新苑。
野外编号 KA625,KA627。

温根拟博西蛤粗壮亚种 *Peribositria wengensis robusta*(Kittl),1912

(插图 33)

1912 *Posidonia wengensis* var. *robusta* Kittl,p. 20,pl. Ⅰ. fig. 12.

这个亚种不同于典型的 *Pasidonia wengensis*,是长卵形轮廓,前部较方,后部宽圆;凸圆形的壳顶位置在壳长前方 2/3 处。

比较 甘修明(1983)图版 4 图 4 中所示的当前亚种的标本壳顶位于更前部,可以归入原种 *P. wengensis*。

度量(mm)

标本	左壳		右壳	
	长度	高度	长度	高度
15970	16.5	11.0	/	/
15971	/	/	17.0	12.0
15972	18.0	13.0	/	/

插图 33 *Peribositria wengensis robusta*(Kittl),1912

1. 左壳侧视,×1,登记号:15970,近模;2. 右壳侧视,×1,登记号:15971,近模;3. 左壳侧视,×1,登记号:15972,近模。

层位与产地 边阳组;紫云新苑。

野外编号 KA627。

依达利拟博西蛤(比较种) *Peribositria* cf. *idriana*(Mojsisovics),1873

(插图 34)

cf. 1873 *Posidonia idriana* Mojsisovics,p. 437,pl. XIV,fig. 4.

cf. 1912 *Posidonia idriana*,Kittl,p. 21,pl. 1,figs. 13,14.

在 KA627 编号的标本中与 *Daonella lommeli*(Wissmann)共生的还有 2 块 *Posidonia* 型的右壳标本,它们与 *Posidonia idriana* Mojsisovics 的右壳标本十分接近。近圆形轮廓,壳顶十分小,但明显;壳面饰有许多同缘皱。

比较 当前标本与 Mojsisovics 的图 4 标本比较,前者个体较小;Kittl(1912)的标本具有更圆的轮廓。Mojsisovics(1873)的 *Posidonia idriana* 与 *Posidonia wengensis* 的区别在于前者具有十分显著的高度且轮廓近于圆形。

度量(mm)

标本	长度	高度
15973	15.7	13.0
15974	16.3	12.2

插图 34 *Peribositria* cf. *idriana*(Mojsisovics),1873

1. 左壳侧视,×1,登记号:15973,近模;2. 右壳侧视,×1,登记号:15974,近模。

层位与产地 新苑组;紫云新苑。

野外编号 KA627。

马氏拟博西蛤(新种) *Peribositria mae* sp. nov.

(插图 35)

1976 *Posidonia* cf. *pannonica*,陈楚震,p. 203,pl. 33,figs. 20—23.

1978 *Posidonia* cf. *pannonica*,甘修明等,p. 304,pl. 117. fig. 17.

种名用以纪念马以思女士,她在 1944 年调查贵州三叠系时遇害。

壳中等大小,卵圆形轮廓,前后两侧不相等,后背边长约为前背边的 2 倍;壳长大于高;壳面通常较平,仅在壳顶附近稍有隆曲;壳顶明显,在保存好的标本上呈凸圆状,并稍伸出在铰线之上,位置在壳长前方 1/3 处。铰线直,它的两端以圆角与壳前后端结合。1 块较小的右壳,后端已破碎不全,可能有较圆的轮廓。

壳面饰有细的同缘线,没有观察到任何放射纹饰 。

度量(mm)

标本	左壳		右壳	
	长度	高度	长度	高度
15975	18.8	16.0	/	/
15976	15.1	14.0	/	/
15977	/	/	18.0	16.1
15978	17.3	15.1	/	/
15979	/	/	20.0	14.4
15980	/	/	14.8	13.5

比较 当前新种与 *Posidonia pannonica* Mojsisovics 最接近,不同在于新种轮廓较圆,未显示放射线,同时壳体较平。通常轮廓也类似于日本的 *Posidonia japonica* Kobayashi(1940),但日本种显示放射线壳饰。越南的 *Posidonia*(*P.*) *aequilater* Vukhuc(Vukhuc,1965;Vukhuc et al.,1991)壳体较凸,壳顶位于近中部,可与当前新种区别。

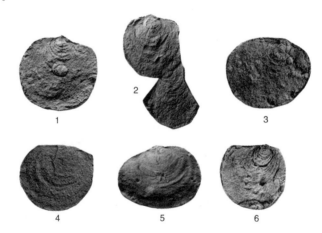

插图 35 *Peribositria mae* sp. nov.

1. 左壳侧视,×1,登记号:15975,正模;2. 左壳侧视,×1,登记号:15976,副模;3. 右壳侧视,×1,登记号:15977,副模;
4. 右壳侧视,×1,登记号:15978,副模;5. 左壳侧视,×1,登记号:15979,副模;6. 右壳侧视,×1,登记号:15980,副模。

层位与产地 新苑组;紫云新苑。

野外编号 KA623。

拟博西蛤(未定种) *Peribositria* sp.
(插图 36)

描述的标本中,有一些小的 *Posidonia* 型个体,卵形,长 3—4mm,高 2.5—3mm;壳顶位置近中。壳面具同缘皱饰。

比较 当前标本可能属于 *Peribositria*,但个体小,壳体膨隆程度减弱。这些小的个体也可能是 *Daonella* 或 *Halobia* 发育阶段的 *Posidonia* 型期标本。

插图 36 *Peribositria* sp.
左壳侧视,×4,登记号:15981。

层位与产地 新苑组;紫云新苑。

野外编号 KA621。

鱼鳞蛤科 Family Daonellidae Neumayr,1891
鱼鳞蛤属 Genus *Daonella* Mojsisovics,1874

模式种 *Halobia lommeli* Wissmann,1841

罗马尼亚 Turculet(1972)根据 *Daonella* 属种群特点,分出 D.(*Moussonella*),D.(*Arzelella*),D.(*Grabella*),D.(*Loemmella*)和 D.(*Pichlerella*)5 个新亚属,但后来没有得到同行引用(De Capoa Bonardi,1970;Kochanova,1985;Campbell,1994;陈楚震,1998)。

时代与分布 三叠纪中—晚期;世界各地。

微弱鱼鳞蛤 *Daonella boeckhi* Mojsisovics,1874

(插图 37)

1874 *Daonella boeckhi* Mojsisovics,p. 8,pl. Ⅲ,fig. 15.

1874 *Daonella obsoleta* Mojsisovics,p. 9,pl. Ⅲ,figs. 14,16,17.

1912 *Daonella boeckhi*,Kittl,p. 32,pl. 1,figs. 3—5.

1974 *Daonella boeckhi*,陈楚震等,p. 333,pl. 175,figs. 35,36.

1976 *Daonella boeckhi*,顾知微等,p. 222,pl. 37. figs. 5—8.

1978 *Daonella boeckhi*,甘修明等,p. 349. pl. 117,fig. 26.

1978 *Daonella boeckhi*,徐济凡等,p. 336,pl. 108,fig. 14.

1983 *Daonella boeckhi*,甘修明,pl. 3,fig. 7.

壳中等大小,横卵形轮廓,前后两端圆,弧形弯曲,并缓和地没入腹边,腹边弧形弯曲均匀;壳顶明显,位置靠前,位于壳长前方约 1/3 处,稍伸出铰边,铰边直,后铰边长度约为前部的 2 倍。

壳面装饰主要为同缘皱饰,通常在壳顶附近明显,放射线几乎不明显,十分微弱,仅在 1 块标本(插图 37,图 2)的壳体中部观察到。

度量(mm)

标本	左壳		右壳	
	长度	高度	长度	高度
15876	/	/	34.3	20.0
15877	17.3	/	/	/
15878	/	/	24.0	17.2
15879	/	/	37.7	22.3±
15880	/	/	30.1	22.2
15881	/	/	/	28.5
15882	30.4	20.6	/	/

比较　根据上面描述的特征，当前标本与 *Daonella boeckhi* Mojsisovics 一致。

层位与产地　新苑组；紫云新苑。

野外编号　KA623。

插图 37　*Daonella boeckhi* Mojsisovics，1874

1. 右壳侧视，×1，登记号：15876，近模；2. 左壳侧视，×1，登记号：15877，近模；3. 右壳侧视，×1，登记号：15878，近模；4. 左壳侧视，×1，登记号：15879，近模；5. 右壳侧视，×1，登记号：15880，近模；6. 右壳侧视，×1，登记号：15881，近模；7. 左壳侧视，×1，登记号：15882，近模。

线鱼鳞蛤（比较种）　*Daonella* cf. *phaseolina* Kittl，1912

（插图 38）

cf. 1912 *Daonella phaseolina* Kittl，p. 33，text fig. 3.

在 KA623 编号标本的采集中，尚有 1 块与 *Daonella boeckhi* Mojsisovics 共生的标本。它的轮廓前部狭，后部宽，这种奇异的轮廓，笔者把它与奥地利士太耳马克（Steiermark）的 *Daonella phaseolina* Kittl 进行了类比。

壳横卵形，长约为高的 2 倍，前后背边很不相等，前部狭，后部宽圆，最大高度在壳的中部；壳顶位置甚前，位于壳长前方 1/4 处；铰线长而直，但比壳全长短。

壳面同缘皱饰在壳顶附近明显。

壳长 32.5mm，高 16.3mm。

比较　当前标本具有前部狭和后部宽的轮廓，与 *Daonella phaseolina* Kittl 特征形状一致，但不同的是后者壳面具有宽阔或细长的放射饰。

插图 38　*Daonella* cf. *phaseolina* Kittl，1912
右壳侧视，×1，登记号：15885，近模。

层位与产地　新苑组；紫云新苑。

野外编号　KA623。

尤德力鱼鳞蛤（比较种）　*Daonella* cf. *udvariensis* Kittl，1912

（插图 39）

cf. 1912 *Daonella udvariensis* Kittl，p. 41，pl. Ⅲ，fig. 14.

在一个采集编号为 F-20-2 的岩样中，笔者尚发现有 2 块标本。壳中等大小，壳面放射凹沟细狭、明显，数目众多，壳顶周围同缘饰发育。2 块标本的前后方虽已破碎不完整，但尚可判别都有三角形区域，前方的一块较宽。

    比较 根据上述可辨别的特征,当前标本似乎与 *Daonella udvariensis* Kittl 相近,可惜标本已破碎不够完整,不能再做进一步的比较。

 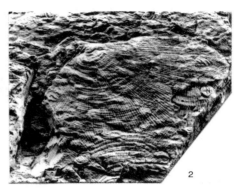

插图 39 *Daonella* cf. *udvariensis* Kittl,1912
1. 右壳侧视,×1,登记号:15883,近模;2. 左壳侧视,×1,登记号:15884,近模。

层位与产地 新苑组;望谟羊场。
野外编号 F-20-2。

印度鱼鳞蛤 *Daonella indica* Bittner,1899

(插图 40)

1899 *Daonella indica* Bittner,p. 39,pl. XⅢ,figs. 4—11.

1907 *Daonella indica*,Wanner,p. 202,pl. Ⅸ,figs. 8,9;pl. Ⅹ,figs. 2,3.

1908 *Daonella indica*,Diener,p. 11,pl. Ⅲ,figs. 6,7.

1908 *Daonella indica*,Piener,p. 3,pl. Ⅷ,fig. 1.

1912 *Daonella indica*,Kittl,p. 48,pl. Ⅳ,figs. 10,11.

non 1914 *Daonella indica*,Mansuy,p. 78,pl. Ⅷ,fig. 12.

non 1921 *Daonella* cf. *indica*,Mansuy,p. 34,pl. Ⅲ,fig. 13.

1924 *Daonella indica*,Krumhack,p. 255,pl. CLXXXⅥ,figs. 21,22;pl. CLXXXⅦ,fig. 9.

1927 *Daonella indica*,Reed,p. 194,pl. XⅦ,fig. 4.

non 1959 *Daonella indica*,Kobayashi,Tokuyama,p. 14,pl. Ⅰ,fig. 12;pl. Ⅱ,fig. 12;pl. Ⅲ,figs. 3,4,11,12;pl. Ⅳ,fig. 1.

1963 *Daonella indica*,Kobayashi,p. 106,pl. Ⅴ,figs. 1—3.

1965 *Daonella indica*,Vukhuc et al. ,p. 37,pl. 7,fig. 17.

non 1972 *Daonella indica*,Farsan,p. 164,pl. 41,figs. 7—9.

1974 *Daonella indica*,陈楚震等,p. 333,pl. 176,fig. 7.

1976 *Daonella indica*,文世宣等,p. 68,pl. 12,figs. 5—12.

1976 *Daonella indica*,顾知微等,p. 223,pl. 38,figs. 20—25.

1978 *Daonella indica*,甘修明等,p. 349,pl. 117,fig. 19.

1980 *Daonella indica*,Cafiero,De Capoa,p. 186,pl. 2,figs. 1—8.

1982 *Daonella indica*,陈楚震,p. 217,pl. 2,fig. 19.

1983 *Daonella indica*,甘修明,pl. 4,figs. 11,12.

1985 *Daonella*(*Daonella*)*indica*,Kochanova,p. 63,pl. 25,figs. 1,5.

1990 *Daonella indica*,殷鸿福等,p. 108,pl. 30,figs. 17—19.

1990 *Daonella simplicosta* Yin,殷鸿福等,p. 109,pl. 29,figs. 12—18.

1991 *Daonella indica*,Vukhuc et al. ,p. 58,pl. 8,figs. 19,20.

1998 *Daonella indica*,陈楚震,p. 302,pl. 1,fig. 1;pl. 2,fig. 1.

2005 *Halobia planicosta*,李旭兵等,p. 44,plate figs. 12,13.

保存在笔者手头的这个种的标本大多不完整。

壳大,轮廓近半圆形,铰线直,壳顶小但明显,稍凸出在铰线之上,位置近中央;壳顶周围隆凸较强。

壳面饰有数目众多的放射脊,起自壳顶不远处开始分叉一次或二次,但不相聚成束,然后直达腹边;壳顶两侧射脊通常不分叉;同缘饰在壳顶周围发育。

比较 *Daonella indica* Bittner 这个种分布在喜马拉雅山区、中南半岛、马来西亚、印尼帝汶岛、中国、日本、东阿尔卑斯、狄那立阿尔卑斯等地。值得指出的是越南东京(Tonkin,越南北部一地区旧称)的 *Daonella* cf. *indica*(Mansuy,1921)是一个幼年个体,标本破碎,壳面具小束状放射线。小林贞一等(1959)记述的 *Daonella indica*,个体较小,放射脊多。另外,Farsan(1972)描述的阿富汗的 *Daonella indica* 同种标本,显然不是 *Daonella indica* Bittner(马其鸿等,1976;陈楚震,1982),值得指出的是我国西藏阿里地区的 *D. implicosta* Yin(殷鸿福等,1990),不论壳形或是放射脊饰的特征都符合 *D. indica* Bittner 的特征。 *D. simplicosta* Yin 可能是后者的青年个体。

李旭兵等(2005)记述的关岭 *Halobia planacosta* 一块不全的标本,与 *Daonella indica* Bittner 一致。

层位与产地 小凹组下部;关岭、平坝、册亨妹坡。

野外编号 KF41。

插图 40 *Daonella indica* Bittner,1899
1. 左壳侧视,×1,登记号:15894,近模;2. 左壳侧视,×1,登记号:15895,近模;3. 右壳侧视,×1,登记号:15896,近模;
4. 左壳侧视,×1,登记号:15897,近模。

未知鱼鳞蛤 *Daonella ignobilis* Chen,1974

(插图 41)

1968 *Daonella* sp. indet. Rieber,p. 671,pl. Ⅰ,fig. 8;pl. Ⅲ,fig. 5.

1969 *Daonella* sp. indet. Rieber,p. 671,pl. 1,fig. 8;pl. 3,fig. 5.

1974 *Daonella ignobilis* Chen,陈楚震等,p. 333,pl. 175,figs. 39,40.

1976 *Daonella ignobilis*,顾知微等,p. 222,pl. 17,figs. 20—24.

1978 *Daonella ignobilis*,甘修明等,p. 349. pl. 117,fig. 25.

1978 *Daonella iwayai*,徐济凡等,p. 336,pl. 108,fig. 9.

插图 41　*Daonella ignobilis* Chen, 1974

1. 左壳侧视, ×1, 登记号: 15901, 副模; 2. 右壳侧视, ×1, 登记号: 15902, 副模; 3. 左壳侧视, ×1, 登记号: 15903, 副模;
4. 左壳侧视, ×1, 登记号: 15904, 副模; 5. 左壳侧视, ×1, 登记号: 15905, 副模; 6. 右壳侧视, ×1, 登记号: 15906, 副模;
7. 左壳侧视, ×1, 登记号: 15907, 副模; 8. 右壳侧视, ×1, 登记号: 15908, 副模; 9. 右壳侧视, ×1, 登记号: 15909, 副模;
10. 左壳侧视, ×1, 登记号: 15910, 副模; 11. 左壳侧视, ×1, 登记号: 15912, 正模。

1983 *Daonella elliptica* Xu,徐济凡等,p. 336,pl. 108,fig. 16.

1983 *Daonella serpianensis*,甘修明,p. 90,pl. 3,figs. 9,10.

1983 *Daonella luganensis* Gan,甘修明,p. 94,pl. 1,figs. 1,12.

1983 *Daonella ignobilis exaltata* Gan,甘修明,p. 95,pl. 3,figs. 1,13.

1983 *Daonella shitunensis* Gan,甘修明,p,95,pl. 3,figs. 4,5.

1983 *Daonella ignobilis*,甘修明,pl. 3,fig. 8.

大部分标本保存不够完整,因为这个种个体较大,采集时容易破碎。

壳大,最大标本的壳高超过 80mm,倾斜卵形,前部狭,后部宽圆,最大高度在后方;壳体扁平,仅壳顶部微凸曲;铰边平直,略短于壳的长度,后部铰边的长度约 2 倍于前部铰边;壳顶尚显,位于壳前方约 1/3 处,稍稍凸起在铰边之上。

壳面饰有数目众多的平且往往均一的放射脊,细凹沟分开 1 次或 2 次;前部射脊减弱,但增宽,每根宽 2—3mm,后方射脊狭,每根宽约 1mm,近后背边射脊不发育,且有少数射脊平行于铰边,致在该处出现 1 个狭长的光滑区域,近壳顶位置处有一些射脊自壳顶垂直地延至腹边。同缘饰仅在壳顶周围出现。

另有 3 块较小的标本(插图 41,图 6,8,9),轮廓趋于半卵形,长度减小,可能代表幼年期的个体或是 1 个新的亚种。

度量(mm)

标本	左壳		右壳	
	长度	高度	长度	高度
15901	38.0	26.3	/	/
15902	/	/	/	80.0+
15904	/	32.0	/	/
15905	60.6	36.0	/	/
15906	/	/	33.0	29.0
15908	/	/	35.5	30.0
15912	55.0	39.7	/	/

比较 这个种区别于 *Daonella grabensis* Kittl 和 *Daonella taramellii* Mojsisovics 的是它的前方射脊减弱,平的射脊时为细的凹沟分开 1 次或 2 次。

此外,贞丰和望谟地区的 *D. shitunensis* Gan,*D. ignobilis exaltata* Gan,*D. lugensis* Gan 和 *D. serpianensis* Rieber(甘修明,1983)可能是 *D. ignobilis* Chen 不同生长时期的标本,现一并归入当前种。Rieber(1969)记述瑞士的一种未命名的 *D. sp.*,它的放射壳饰特点与当前种一致。

层位与产地 新苑组;紫云新苑。

野外编号 KA623。

南姆氏鱼鳞蛤 *Daonella lommeli*(Wissmann),1841

(插图 42)

1874 *Daonella lommeli*,Mojsisovics,p. 19,pl. Ⅱ,figs. 13,14.

1912 *Daonella lommeli*,Kittl,p. 69,pl. Ⅳ,figs. 15,16(cum syn.).

1957 *Daonella lommeli*,顾知微,p. 193,pl. 114,figs. 8,9.

1962 *Daonella lommeli*,陈楚震,p. 143,pl. 84,figs. 7,8.

1970 *Daonella lommeli*,De Capod Bonard,p. 46,pl. 5,figs. 1—18.

1972 *Daonella*(*Lommelella*) *lommeli*,Turcalet,p. 119.

1974 *Daonella lommeli*,Krystyn,Grubder,p. 283,figs. 2a,2b.

1974 *Daonella lommeli*,陈楚震等,p. 734,pl. 176,fig. 22.

1976 *Daonella lommeli*,顾知微等,p. 224,pl. 38,fig. 19.

插图 42　*Daonella lommeli*（Wissmann），1841

1. 右壳侧视，×1，登记号：15913，近模；2. *Posidonia* 阶段的幼年个体，×4，登记号：14914，近模；3. 幼年个体，×2，登记号：15915，近模；
4. 左壳侧视，×1，登记号：15916，近模；5. 左壳侧视，×1，登记号：15917，近模；6. 两壳相连的幼年个体，×1，登记号：15918，近模；
7. 左壳侧视，×1，登记号：15919，近模；8. 左壳侧视，×1，登记号：15920，近模；9. 左壳侧视，×1，登记号：15921，近模；
10. 左壳侧视，×1，登记号：15922，近模；11. 幼年个体，×2，登记号：15923，近模；12. 左壳侧视，×1，登记号：15924，近模；
13. 右壳侧视，×1，登记号：15925，近模；14. 左壳侧视，×1，登记号：15926，近模；15. *Posidonia* 阶段幼年个体，×4，
登记号：15927，近模；16. *Posidonia* 阶段幼年个体，×4，登记号：15928，近模。

1977 *Daonella lommeli*,张仁杰等,p. 58,pl. 9,figs. 9,10.

1978 *Daonella lommeli*,甘修明等,p. 150,pl. 118,fig. 18.

1983 *Daonella lommeli*,甘修明,pl. 4,fig. 18.

1984 *Daonella lommeli*,Jurkovsck,p. 64,pl. 4,figs. 1—4;pl. 5,figs. 1—4;pl. 6,figs. 1—4;pl. 7,figs. 1—6.

1990 *Daonella lommeli*,殷鸿福等,p. 108,pl. 29,figs. 1—3.

1991 *Daonella aff. lommeli*,Vuhkuc et al. ,p. 60,pl. 8,fig. 6.

2014 *Daonella lommeli*,陈金华,p. 136,figs. 6—23.

在 KA624—KA629 各编号的标本中,有许多具有束状放射脊的 *Daonella*,可鉴定为 *Daonella lommeli*(Wissmann)。

壳大部分保存不全,据一块大的标本所显示的轮廓判断,呈半圆形轮廓,铰线平直,壳顶位置近中央,稍凸出在铰线之上。

成年个体的壳面放射脊分叉并相聚呈束状,相邻两束状脊间以宽深的凹沟分开,每束射脊间再分叉 6—8 次;同缘褶发育不显,仅在壳顶附近出现。近壳顶两侧有两大束放射脊向前分叉。

幼年标本圆卵形,长 8.2mm,高 5.4mm,颇膨隆,有简单而宽的放射脊出现。

一些较大的幼年个体(插图 41,图 11),平的放射脊时分叉 1—3 次,相邻两放射脊间为宽的沟相隔。

比较 根据上述特征,当前标本与 *Daonella lommeli*(Wissmann)一致。笔者的标本与喜马拉雅山区的 *Daonella* cf. *lommeli*(Wissmann)(Bittner,1899)比较,后者有主要凹沟 14—15 个。当前标本同 Diener(1908)描述的 *Daonella lommeli*(Wissmann),不论是束状放射脊还是轮廓等特征都很相似。

云南的 *Daonella lommeli*(Wissmann)(顾知微,1957)似乎有较高的轮廓。Vukhuc 等(1991)图示的 *D. aff. lommeli* 标本,束状壳饰仅占壳的前半部。

层位与产地 边阳组;紫云江洞沟。

野外编号 KA624,KA625,KA627—KA629。

鱼鳞蛤?（未定种） *Daonella*? sp.

(插图 43)

1 块破碎的标本,具有放射饰和同缘壳饰,可能属于 Halobiidae 的,但是标本如此破碎,尚不能决定属的位置。

插图 43 *Daonella*? sp.
右壳侧视,×1.5,登记号:15898。

层位与产地 新苑组;紫云新苑。

野外编号 KA622。

内肋蛤属 Genus *Enteropleura* Kittl,1912

模式种 *Daonella guembeli* Mojsisovics,1874

壳的轮廓和扁平的壳体像 *Posidonia*;壳面放射线微弱,同缘构造通常浅而强;铰线直而较短;壳体中部略后出现一短的像裂口的凹纹。后三角区清楚,微拱曲。

注释 1924 年,Krumbeck 认为,作为 *Enteropleura* 属特征的 2 内脊也出现在 *Daonella*,于是建议当前的属作为 *Daonella* 的异名。但 Ichikawa(1958)和 De Capoa Bonardi(1970)把这个属作为 *Daonella* 的亚属。而 Diener(1923)、Cox 等(1969)、顾知微等(1976)、Waller 等(2005)、Chen 和 Stiller(2007)认同 Kittl(1912)的意见仍将其

独立为属。

时代与分布　中三叠世;欧、亚等洲。

标准内肋蛤　*Enteropleura guembeli*(Mojsisovics),1874

(插图 44)

1874 *Daonella guembeli* Mojsisovics,p.8,pl.Ⅲ,figs.12,13.
1912 *Enteropleura guembeli*,Kittl,p.162,pl.Ⅰ,figs.16,17.
1974 *Enteropleura guembeli*,陈楚震等,p.334,pl.175,fig.22.
1976 *Enteropleura guembeli*,顾知微等,p.225,pl.38,fig.18.
1978 *Enteropleura guembeli*,甘修明等,p.351,pl.118,fig.6.
2007 *Enteropleura guembeli*,Chen,Stiller,p.59,pl.118,fig.6.
2014 *Enteropleura guembeli*,陈金华,p.139,fig.6(30).

壳小,近圆形,*Posidonia* 型轮廓,后端较圆,铰线直而短,它的长度约为壳长的 2/3;壳顶部稍破碎,但尚可区别出它的位置近中央靠前;顺着壳顶后坡有一浅的凹沟,延长约 2mm;壳顶附近较凸曲,致形成狭的后三角区的界线。壳面同缘圈明显,5—6 圈,在放大镜下可观察到细弱而密的放射线。

壳长 9.1mm,高 7.7mm。

比较　当前标本显示的特征,与 *Enteropleura guembeli*(Mojsisovics)一致,唯一可区别的是当前标本可能个体较小,但 Mojsisovics 最初的图 13 标本的个体也较小。

层位与产地　新苑组;紫云新苑磨博。

野外编号　KA617,KA619。

插图 44　*Enteropleura guembeli*(Mojsisovics),1874
右壳侧视,×2,登记号:15958,近模。

无耳髻蛤属　Genus *Amonotis* Kittl,1912

模式种　*Amonotis cancellaria* Kittl,1903

轮廓似 *Daonella*,无耳,但壳体显现 *Monotis* 式放射饰纹。

时代与分布　中—晚三叠世;欧、亚等洲。

邓柯无耳髻蛤(比较种)　*Amonotis* cf. *denkoensis* Lu,1979

(插图 45)

cf. 1979 *Amonotis denkoensis* Lu,张作铭等,p.270,pl.78,figs.13,17.

1 块小的标本,形状似 *Daonella*,无耳,壳嘴区域颇隆曲,位于壳前方约 1/3 处,并略凸出在铰线之上。

壳面饰有细的放射线,约 17 根,其中有少数放射线间生,同缘饰在壳顶区发育。

壳长 4.4mm,高 4.0 mm。

比较　当前标本有 *Daonella* 的轮廓和 *Monotis* 的壳面放射装饰,应属于 *Amonotis*。根据文献记述,这个属被描述的有以下几种:如前南斯拉夫萨拉耶伏三叠系石灰岩中的 *Amonotis cancellaria* Kittl(1904,1912);印度尼西亚斯兰岛上三叠统的 *A. rothpletzi* Wanner(1907),以及我国青海的 *A. tongrenensis* Chen et Zhang,*A. togtonhensis* Chen et Lu,四川的 *A. denkoensis* Lu(张作铭等,1979)。萨拉耶伏的标本壳面同

缘饰和放射线饰构成正方形的突起,而斯兰岛的种的壳面放射线众多,有65—75根,据此它们均可区别于当前的标本。当前标本壳面有简单的二级射脊,表明它与 *A. denkoensis* Lu 比较接近。

插图 45　*Amonotis* cf. *denkoensis* Lu,1979
左壳侧视,×4,登记号:15960,近模。

层位与产地　青岩组;贵阳青岩。
野外编号　KA656。

圆无耳髻(比较种)　*Amonotis* **cf.** *rothpletzi* **Wanner,1907**
(插图 46)

cf. 1907 *Amonotis rothpletzi* Wanner,p. 193,pl. Ⅷ,fig. 10;pl. Ⅸ,fig. 1.
1976 *Amonotis* cf. *rothpletzi*,顾知微等,p. 225,pl. 3,fig. 17.
1978 *Amonotis* cf. *rothpletzi*,甘修明等,p. 348,pl. 117,fig. 10.

在当前采集的标本中,有1块标本可以鉴定为 *Amonotis*。壳半卵形轮廓,长比高稍大,前部短,前端与铰线结合构成圆形,后部较长;壳顶圆凸,位置在壳前方约2/5处,并稍伸出在铰线之上。

壳面饰有强度均一的放射线,数目众多,两射脊间生较细的射线。细的同缘线在壳高之半以上较明显。
壳长12.0mm,高10.0mm。

比较　当前标本与 *Amonotis rothpletzi* Wanner 最接近,可区别的是后者射线细密,数目更多。同 *Amonotis togtonhensis* Chen et Lu 比较,当前标本的壳顶位置较前。

插图 46　*Amonotis* cf. *rothpletzi* Wanner,1907
右壳侧视,×2,登记号:15959,近模。

层位与产地　三桥组;贵阳三桥。
野外编号　KA11。

阿帕里马蛤属　Genus *Aparimella* Campbell,1994
模式种　*Daonella apteryx* Marwick,1953
时代与分布　拉丁期;大洋洲、亚洲。

叉饰阿帕里马蛤　*Aparimella bifurcata* (Chen),1974
(插图 47)

1974 *Daonella bulogensis bifurcata* Chen,陈楚震等,p. 337,pl. 126,figs. 8,15.
1976 *Daonella bulogensis bifurcata*,顾知微等,p. 223,pl. 38,figs. 1—3.
1976 *Daonella bulogensis bifurcata*,文世宣等,p. 60,pl. 13,figs. 9,10.

1978 *Daonella bulogensis bifurcata*,甘修明等,p. 349,pl. 118,fig. 20.

1983 *Daonella bulogensis*,甘修明,p. 104,pl. 4,fig. 10.

1990 *Daonella bulogensis*,殷鸿福等,p. 107,pl. 30,figs. 15,16.

1992 *Halobia? bifurcata*,陈金华等,p. 416,pl. 6,figs. 5—8.

壳扁平,半卵形,略不等边,后部稍长;壳顶位置近中央靠前,铰边平直,略短于壳的长度。沿铰边显示十分狭的前耳和后耳(?),后背边有三角形区出现,前三角形区狭,后三角形区宽。

壳面覆盖有宽平的放射脊,时分叉1次成2枝状,两放射脊间为深的凹沟分开;放射脊近后三角形区显得细一些。同缘生长线在壳顶附近发育,它们一直连至前后三角形区。

壳长 37.5mm,高 29.0mm。

未成年个体半卵形,长 17mm,高 14mm,壳面放射脊宽平,其中少数放射饰分叉一次;前后三角形区出现。

比较 关于当前种的分类归属,陈金华(1982)首先指出它不属于 *Daonella*,重新观察模式标本后,发现这一种显示十分狭的前耳和后耳(?),位于铰边,这个特征符合 Campbell(1994)建立的 *Aparimella*,模式种 *Daonella apteryx* Marwick 见于新西兰。当前我国贵州的这一种与新西兰的 *Daonella apteryx* Marwick 和 *Aparimella beggi* Campbell 比较,更类似 *Aparimella* 的模式种,但当前贵州的种显示更规则分叉放射饰和宽平的后三角区。

当前标本壳面放射脊的形式属于 *Daonella tyrolensis* 群。它的放射脊时分叉1次成枝状的特征,可以区别于这一群内类似的 *Daonella bulogensis* Kittl(1912)和 *Daonella arzelensis* Kittl(1912)。

当前标本具有强的放射脊,不同于 *Daonella moussoni* Merian(Mojsisovics,1874)。北美的 *Daonella moussoni*(Smith,1914)亦有强的放射脊,但铰边较长。

插图 47 *Aparimella bifurcata*(Chen),1974

1. 右壳侧视,×1,登记号:15886,副模;2. 左壳侧视,×1,登记号:15887,副模;3. 两壳相连的幼年标本,×2,登记号:15911,副模;

4. 右壳侧视,×1,登记号:15888,副模;5. 幼年个体,×1,登记号:15889,副模;6. 右壳侧视,×1,登记号:15890,副模;

7,8. 左壳内视,左壳外模,×1,登记号:15891,15892,副模,正模;9. 两壳相连的幼年个体,×1,登记号:15893,副模。

层位与产地 小凹组下部；关岭新铺。

野外编号 KF42,KF72。

<h2 style="text-align:center">海燕蛤科 Family Halobiidae Kittl,1912</h2>
<h2 style="text-align:center">海燕蛤属 Genus Halobia Bronn,1830</h2>

模式种 *Halobia salinorium* Bronn,1836

近年来,各国学者对 *Halobia* 进行研究,区别出不同的属和亚属,如 *Perihalobia* Gruber,1974,*Zittelihalobia* Polubotko,1984,*Indigirohalohia* Polubotko,1984,Polubotko(1984,1988)又在它的 2 个属和 *Halobia* 内细分出 10 多个亚属。但是 McRoberts(1993)认为上述划分出的属都是 *Halobia* 的同物异名。Campbell(1994)深入研究新西兰的海燕蛤类(halobiid)标本,发现 *Halobia* 具有足丝管构造,建立 Halobioidea 超科,把 *Halobia* 分成 *Halobia*(H.),H. (*Zittelihalobia*)和 H. (*Parahalobia*)。

本书采用 *Halobia*,*Zittelihalobia* 和 *Parahalobia* 3 个属级分类。

时代与分布 拉丁期—诺利期;世界各地。

<h3 style="text-align:center">勋章海燕蛤(比较种) Halobia cf. insignis Gemmellaro,1882</h3>
(插图 48)

cf. 1896 *Halobia insignis*, de Lorenzo, p. 137, pl. XIII, figs. 1—7, 9.

cf. 1912 *Halobia insignis*, Kittl, p. 113, pl. V, fig. 10.

2 块保存不全的标本。壳顶可能位于壳长前方 1/3 处,尖,伸出铰线;根据壳面主射脊平而颇宽并时常二分或三分似束状,两主射脊间为较宽的凹沟分开等特征,显然是属于 *Halobia hoernesi* 群的,并与 *Halobia insignis* Gemmellaro 相近。

比较 老挝的 *Halobia* cf. *insignis*(Mansuy,1912)有前耳,射脊宽而平,为狭的颇深的凹沟分开。当前标本因保存不佳,凸卷状的前耳没有被观察到,不便做进一步的比较。

插图 48 Halobia cf. insignis Gemmellaro,1882
1. 左壳侧视,×1,登记号:15899,近模;2. 左壳侧视,×1,登记号:15900,近模。

层位与产地 三桥组;贵阳花溪、三桥。

野外编号 Gcba。

<h3 style="text-align:center">扎第海燕蛤属 Genus Zittelihalobia Polubotko,1984</h3>

模式种 *Halobia zitteli* Lindstrioem,1865

时代与分布　拉丁期—诺利期；世界各地。

类皱扎第海燕蛤　*Zittelihalobia rugosoides*（Hsü），1944

（插图 49）

1912 *Halobia* cf. *comata*，Mansuy，p. 130，pl. XXIV，fig. 6.

1922 *Halobia rugosa*，Patte，p. 50，pl. Ⅲ，fig. 8.

1944 *Halobia rugosoides* Hsü，许德佑，陈康，p. 24（目录）.

1974 *Halobia rugosoides*，陈楚震，p. 332，pl. 176，fig. 19.

1976 *Halobia rugosoides*，顾知微等，p. 218，pl. 35，figs. 11—16.

1978 *Halobia rugosoides*，甘修明等，p. 352，pl. 128，fig. 12.

1992 *Halobia rugosoides*，陈金华等，p. 416，pl. 6，figs. 9—12.

non 1994 *Aparimella rugosoides*，Campbell，p. 72，fig. 5（11），扉页图 1.

2014 *Halobia rugosoides*，陈金华，p. 137，figs. 6—26.

成年壳大，易破碎，时成两瓣相连的状态保存。横卵形轮廓，平，两侧甚不相等；前部短，约为后部长度的 1/2；壳顶部特别凸曲高耸，位置在壳长前方约 1/3 处，并稍凸出在铰线之上；铰线长、直，它与壳后边相连构成圆的钝角，前耳平，三角形，与壳体相连处有一浅的凹沟；后三角区狭。

壳面主要为发育不全并时呈波浪状的放射线，大部分放射线细，在后部有少数显得较强；起自高耸壳顶上的放射线细，不显波状，它们止于最后一圈生长皱之内。在另一块标本（插图 49，图 11）的壳面，近腹边有甚细的同缘饰横交波状射线，显示细网状构造；同缘皱仅发育在壳顶部，有 3—5 圈较明显而强，特别是最后一圈时呈凹陷。最大的一块标本长约 55mm，高 31mm。

初年期标本 A（插图 49，图 1—5）半卵形，平；壳顶部稍凸曲，位置在壳长前方约 1/3 处；耳部发育不全。壳面以同缘生长线为主，前半部具弱的或细的放射线。

幼年期标本 B（插图 49，图 6—8）半圆形，两侧甚不等，适度膨曲，长 13mm，高 8.2mm；壳顶位置在壳长前方约 1/3 处。前耳出现。壳面同缘生长线发育，前半部放射线细，近腹边时每每向前弯曲，射饰向后背部逐渐减弱。

成年期小个体（插图 49，图 9，10），横卵形轮廓，两侧甚不对称，壳顶部显得凸曲高耸。三角形区出现；壳面同缘皱在壳顶部发育，放射线波浪状。

比较　这个种是许德佑命名的。在《贵州西南部之三叠纪》（1944）一文 24 页的脚注中，许氏指出这个种的特征是"此新种与 *Halobia rugosa* Gümbel 极为相近，唯其壳面之放射线直通入壳嘴部内为其特点"。在这个种的标签上，许氏又写道"它不同于 *Halobia comata* 的在于它的波浪状的发育不全的褶脊，以及它的强烈高耸的壳顶部"。

云南有 2 种 *Halobia* 与本种相近。一个是 Mansuy（1912）描述的 *Halobia* cf. *comata* Bittner，有大的三角形前耳和宽半圆形轮廓；另一个是 Patte（1922）记述的 *Halobia rugosa*。从其附图上观察，这些标本壳顶部也有微弱的放射线，可能就属于当前种。

Campbell（1994）图示 3，斯瓦尔巴特类（svalbard）的一种 *rugosoides* 标本，他把这个种归于 *Aparimella* 属。据我国此种正模标本的特征，这一种是典型的 *Zittelihalobia* 类型。svalbard 标本显示更强的细射饰和近中部的壳顶，显然不是同一种，更不是 *Aparimella* 属。

层位与产地　赖石科组；贞丰挽澜、龙场。

野外编号　KF106—KF108，KF113，KF114，KF66。

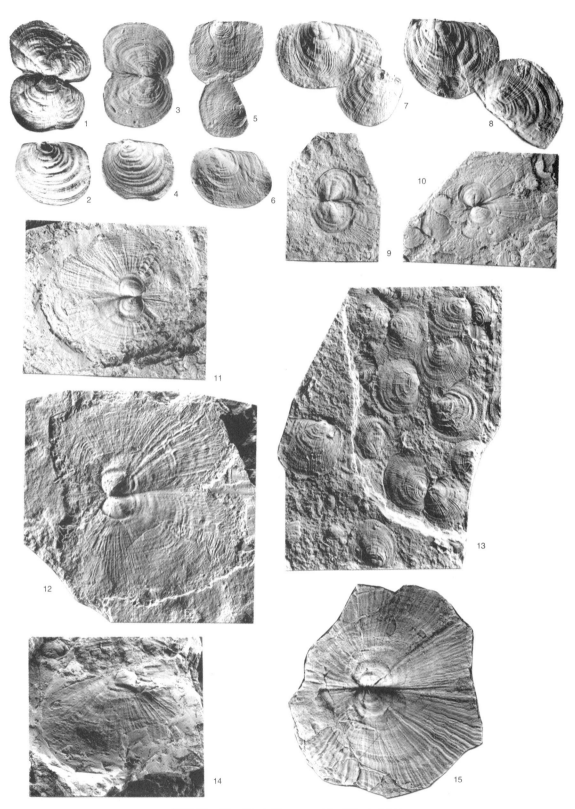

插图 49　*Zittelihalobia rugosoides*（Hsü），1944

1—4. 幼年个体，×2，登记号：16116—16119，近模；5. 幼年个体，×1，登记号：16120，近模；6. 幼年个体，×1，登记号：15929，近模；
7，8. 幼年个体，×2，登记号：15930，15931，近模；9. 成年个体，×1，登记号：15932，近模；10. 成年个体，×1，登记号：15933，近模；
11. 成年个体，×1，登记号：15934，近模；12. 成年个体，×1，登记号：15935，正模；13. 幼年个体，×2，登记号：15936，近模；
14. 左壳侧视，×1，登记号：15937，近模；15. 两壳相连的标本，×1，登记号：15938，近模。

细线扎第海燕蛤（比较种） *Zittelihalobia* cf. *comata* Bittner,1899

（插图 50）

cf. 1899 *Halobia comata* Bittner,p. 46,pl. Ⅶ,fig. 13.

一些保存不好的标本,壳面放射脊起自壳顶,细,有排列成组的趋势并显折曲,其中有少数放射脊较强。根据一块左壳外模的观察,壳半卵形,长 41.5mm,高 32mm,前耳保存不佳。放射脊的形状十分类似于 Krumbeck(1924)的 *Halobia comata* 的标本,彼此间有较宽的凹沟分隔。

比较 斯匹提(Spiti)的 *Halobia* cf. *comata* Bittner(Diener,1908),显示细的放射脊和 1 个折曲带。Bittner(1899)定为 *Halobia* cf. *comata* Bittner 的另一标本,具有甚宽的前耳、拱曲甚强的后三角区和细而略呈波状的射线,可以此区别典型的 *comata*,已被笔者归在 *Halobia gangiensis* Chen 之内(陈楚震,1964)。

Krumbeck(1924)研究帝汶岛的 *Halobia comata* Bittner 时,认为 *Halobia fascigera* Bittner 与 *Halobia comata* Bittner 是同一个种,但 *Halobia fascigera* 的壳饰中具有十分类似于 *Daonella lommeli*(Wissmann)的束状脊。

另外,可资比较的是泰国的 *Halobia* cf. *comata*(Kobayashi,Tokuyama,1959a),这个壳体或多或少倾斜,壳顶位置在铰线长前方 2/5 处,射脊细。

插图 50　*Zittelihalobia* cf. *comata* Bittner,1899
×1,登记号:15948,近模。

层位与产地　小凹组下部;关岭。

野外编号　KF41。

近细线扎第海燕蛤 *Zittelihalobia subcomata*(Kittl),1912

（插图 51）

1912 *Halobia subcomata* Kittl,p. 161,pl. Ⅴ. figs. 1,2.
1974 *Halobia subcomata*,陈楚震等,p. 333,pl. 127,figs. 1,6.
1976 *Halobia subcomata*,顾知微等,p. 211,pl. 37,fig. 4.
1978 *Halobia subcomata*,甘修明等,p. 332,pl. 118,fig. 9.
1992 *Halobia subcomata*,陈金华等,p. 415,pl. 5,figs. 3,6.
2014 *Halobia subcomata*,陈金华,p. 136,Fig. 6(24).

在许德佑的采集中,有一些标本确属于 *Halobia subcomata* Kittl。

壳半圆形,标本的轮廓均不完整,推测它的长稍比高大。壳顶附近稍隆曲,整个壳面显得扁平;壳顶稍凸出于长直的铰线之上,位置近中央略靠前。耳甚狭,宽约 1.3mm,借一弱的凹沟与壳体分界;后三角区狭。

壳面放射脊线发育,它们起自壳顶,细而密,其中有少数射脊较强;在壳顶附近射线有些曲折,中部的射脊有时二分叉。同缘皱纹在壳顶区发育。

比较 当前标本虽然保存不甚完整,但其狭的前耳和射脊的形状,与 *Halobia subcomata* Kittl 的特征是一致的。这个种与 *Halobia comata* Bittner 的区别在于狭的前耳。1924 年,Krumbeck 描述帝汶岛的 *Halobia comata* Bittner 时,认为 *Halobia subcomata* Kittl 的"耳"在同一水平线上,并且他说:"……这个形态在位置上用作 *Daonella* 较 *Halobia* 更为方便。"Krumbeck 趋向于将这个种归属于 *Daonella*。

根据当前标本观察,*Halobia subcomata* Kittl 确有狭的前耳,可清楚地辨别出来。如果以 *Halobia* 与 *Daonella* 前耳存在与否作为区别的特征,那么,*Halobia subcomata* Kittl 这一种是属 *Halobia* 的。顾知微(1957)也指出 *Halobia subcomata* Kittl 的前耳狭小,可能与 *Halobia comata* Kittl 是同一种。但是无论如何,*Halobia comata* Kittl 的前耳是宽的。

插图 51 *Zittelihalobia subcomata*(Kittl),1912

1. 左壳侧视,×1,登记号:15946,近模;2. 右壳侧视,×1,登记号:15947,近模;3. 右壳侧视,×1,登记号:15949,近模。

层位与产地 小凹组下部;关岭。

野外编号 KF39,KF103。

顾氏扎第海燕蛤 *Zittelihalobia kui*(Chen),1962

(插图 52)

1957 *Halobia comatoides*,顾知微,p. 194,pl. 114,fig. 17,non fig. 16.

1962 *Halobia kui* Chen,陈楚震,p. 143,pl. 84,fig. 3.

1974 *Halobia kui*,陈楚震等,p. 332,pl. 176,figs. 2,3.

1976 *Halobia kui*,顾知微等,p. 221,pl. 37,figs. 1—3.

1978 *Halobia kui*,甘修明等,p. 332,pl. 118,fig. 1.

1978 *Halobia comatoides*,甘修明等,p. 332,pl. 118,fig. 3.

1992 *Halobia kui*,陈金华等,p. 416,pl. 6,figs. 5,8.

2005 *Halobia kui*,李旭兵等,p. 44,plate figs. 1—5.

2014 *Halobia kui*,陈金华,p. 416,pl. 6,fig. 4.

在许德佑和当前的标本中,有好些最初命名为 *Halobia comatoides* Yin 的标本,经仔细观察和比较,认为应该属于 *Halobia kui* Chen。

长卵形,平,最大的一块标本长 31.4mm,高 23.3mm;它的前端稍狭圆,后端增宽,最大高度在后部,壳顶区微凸,可惜此处壳面略受破损,故只能推定壳嘴可能略凸出在铰线之上,位置在壳长前方约 1/3 处。前耳大,光滑,与壳面无凹沟分隔。铰线直,比壳长略短。

壳面放射脊宽而平,大致均匀,它们起自壳顶,后于壳高中部以上二或三分后常两两平行成组,两射脊以较宽较平的凹沟分开;壳顶部和后背部放射脊减弱。同缘皱在壳顶区明显。

　　另外一些较小的标本(插图52,图6),壳前后两部分宽度相等,最大高度在中部。壳顶部分较其他壳面显得隆曲,并发育有不规则的同缘皱纹。壳嘴位置在壳长前方约1/3处,稍凸出于长直的铰线上。放射脊宽平,后部放射脊稍折曲。

　　比较　《中国标准化石》的第三册中,有一块定为 *Halobia comatoides* Yin 的贵州标本(该书中194页,图版114,图17)。根据笔者对原标本观察,并与四川峨眉山的 *Halobia comatoides* Yin(1932)模式标本比较,贵州标本的轮廓更不对称,放射脊宽而平,不同于四川的标本,因此,陈楚震(1962)在《扬子区标准化石手册》中,把贵州的一部分标本另创一个新名 *Halobia kui* Chen,以资区别。

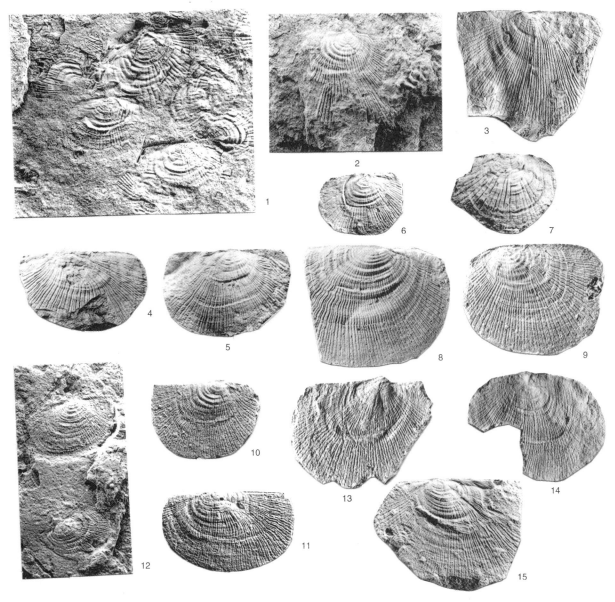

插图52　*Zittelihalobia kui*(Chen),1962

1. 幼年个体,×2,登记号:15939,近模;2. 左壳侧视,×1,登记号:15940,近模;3. 左壳侧视,×1,登记号:15941,近模;

4. 左壳侧视,×1,登记号:15942,近模;5. 右壳侧视,×1,登记号:15943,近模;6. 右壳侧视,×1,登记号:15944,近模;

7. 幼年个体,×1,登记号:15945,近模;8. 右壳侧视,×1,登记号:15950,近模;9. 左壳侧视,×1,登记号:15951,近模;

10. 右壳侧视,×1,登记号:15952,近模;11. 右壳侧视,×1,登记号:15953,近模;12. 左壳和右壳侧视,×1,登记号:15954,近模;

13. 右壳侧视,×1,登记号:15955,近模;14. 左壳侧视,×1,登记号:15956,近模;15. 左壳侧视,×1,登记号:15957,近模。

层位与产地 小凹组;贞丰挽澜、龙场。

野外编号 KF36,KF72,KF106,KA62,KA65。

翼蛤超科 **Superfamily Pterioidea J. Gray, 1847(in Goldfuss, 1820)**

翼蛤科 **Family Pteriidae J. Gray, 1847(in Goldfuss, 1820)**

翼蛤亚科 **Subfamily Pteriinae J. Gray, 1847(in Goldfuss, 1820)**

翼蛤属 **Genus *Pteria* Scopoli, 1777**

属的同物异名,见 Cox et al., 1969, N302—N303。

模式种 *Mytilus hirundo* Linné, 1758

时代与分布 三叠纪—现代;世界各地;热带、暖海。

皱纹翼蛤 ***Pteria rugosa* Chen, 1974**

(插图 53)

1974 *Pteria japodica rugosa* Chen,陈楚震等,p. 331, pl. 175, fig. 25.

1976 *Pteria rugosa* Chen,顾知微等,p. 110, pl. 26, figs. 1, 2.

1978 *Pteria rugosa*,甘修明等,p. 318, pl. 111, fig. 11.

1978 *Pteria declivi forulata* Yin et al.,甘修明等,p. 137, pl. 110, fig. 14.

代表这个种的一共有 2 块标本,均为左壳。

壳中等大,近斜三角形轮廓,后腹部向后延伸到超出耳的长度,壳体部颇隆曲。前耳小,它的下边缘与壳体相接处构成凹曲;后耳沿铰线方向伸展,三角形,大而平,末端尖,其下边缘与壳后端相连处构成圆而深的凹曲。

同缘饰发育成脊,强,突出,排列不规则,近腹边处 2mm 内 4—5 根。

度量(mm)

标本	长度	高度
15816	18.6	18.0
15817	14.5±	14.0

比较 当前种区别克赖因(Krain)的 *Pteria japodica* (Bittner)(1901)的在于同缘饰粗、较不规则。克赖因的种壳面同缘饰细,2mm 间有 8—9 根。贵州另一种 *P. declivi forulata* Yin et Gan(甘修明等,1978)壳面也显示规则同缘脊饰特点,也可归入本种。

插图 53 *Pteria rugosa* Chen, 1974

1. 左壳侧视,×1,登记号:15816,副模;2. 左壳侧视,×1,登记号:15817,正模。

层位与产地 青岩组;贵阳青岩。

野外编号 KA661。

许氏翼蛤(新种) *Pteria hsuei* sp. nov.

（插图 54）

种名用以纪念许德佑先生,他为我国三叠纪地层和古生物研究做出了巨大贡献。

描述标本共有 3 块,都是左壳内模。壳翼蛤型,颇隆曲,两侧甚不等;壳顶位于壳前方约 1/4 处,轴角 $40°—45°$;前耳小而圆,后耳沿铰线方向伸长,三角形,平,其后边缘与壳体间显示浅的凹曲。壳嘴前可见一些粒状主齿,后部铰边出现一个微弱的侧齿。前闭肌痕位于前耳,外套线完整。

度量(mm)

标本	长度	高度
15813	18.0	9.0
15814	7.2	5.0
15815	7.5	6.0

比较 新种在轮廓和耳的形状方面都与 *Pteria miljacensis*(Kittl)(1903)相似,可区别的仅是它的壳体狭窄,高度低。在轮廓上,新种也颇接近 *Pteria mediocalcis*(Hohenstein)(1913),但后者有大的前耳。

插图 54 *Pteria hsuei* sp. nov.

1. 左壳侧视,×1,登记号:15813,副模;2. 左壳侧视,×1.5,登记号:15814,副模;3. 左壳侧视,×2,登记号:15815,正模。

层位与产地 青岩组;贵阳青岩。

野外编号 KA669。

雅氏翼蛤 *Pteria jaaferi* Tamura,1970

（插图 55）

1970 *Pteria jaaferi* Tamura,p.140,pl.25,figs.8—15,text fig.2.

1976 *Pteria guizhouensis* Chen,顾知微等,p.130,pl.25,fig.12.

1978 *Pteria guizhouensis*,甘修明等,p.216,pl.111,fig.1.

壳小,壳体十分膨隆,倾斜,狭;前耳圆,隆曲度比壳体小,有一个浅的凹陷介于二者之间;后耳三角形,但末端十分延长而细尖,下边缘与壳后端构成深的凹湾。铰合区颇宽,自壳嘴下有一斜三角形弹体窝向后方倾斜。

壳面覆有锯齿状同缘饰纹,在壳高约一半处最明显,壳顶附近此饰纹保存佳,致使同缘饰显得粗糙,后耳上覆盖同缘饰,无此类锯齿状饰纹。

度量(mm)

标本	长度	高度
15803	8.8	3.9
15804	11.2	6.0
15805	9.5	5.0

比较 当前标本长尖的后耳和规则的锯齿状同缘饰纹与马来西亚的 *Pteria jaaferi* Tamura(Tamura,1970)相似,因此,后来显示同样特征的贵州标本 *Pteria guizhouensis* Chen(陈楚震,1976)是 *P.jaaferi* Tamura 的次同物异名。

当前标本与 *Pteria cistenensis*(Polifka)(1886)的不同之处是后者壳体甚宽,且壳面具锯齿状饰纹的特征与三叠纪的 *P.aspesa*(Pichler),*P.aculeata*(Bittner)(1901)和 *P.crispata*(Goldfuss)(Schäuroth,1857)

等也相似,但后者后耳末端不细长尖。

在一般轮廓上,当前标本也颇与 *Hoernensia elata* Langehan,1903 相似,区别是前者有三角形弹体窝,而且后耳更为长、尖。

插图 55　*Pteria jaaferi* Tamura,1970
1,2. 左壳侧视,×3,背视,示弹体窝构造,登记号:15803,副模;3. 左壳侧视,×1,登记号:15804,正模。

层位与产地　青岩组;贵阳青岩。
野外编号　KA661,KA669。

弱线翼蛤(比较种)　*Pteria* cf. *tenuilineata*(Assmann),1937
(插图 56)

cf. 1937 *Avicula tenuilineata* Assmann,p. 46,pl. 9,fig. 20.

壳中等大,倾斜,轴角30°—40°,轮廓圆三角形;壳体颇膨隆,可能是受压的关系使壳顶后部形成棱脊,此棱脊向下延伸至壳高一半时即不明显。壳顶钝,位置向前,由于受压,显得扁平,它稍高出铰边。前耳和壳前边破碎,没有保存;后耳大,三角形,与壳体分界明显,但未见有凹沟与之分开。

壳面饰有细的同缘线。

长约 20.14mm,高 18.5mm。

比较　当前标本与 *Pteria tenuilineata* Assmann 比较相似,但后者的后耳与壳体间有狭浅的凹沟。

插图 56　*Pteria* cf. *tenuilineata*(Assmann),1937
左壳侧视,×1,登记号:15809,近模。

层位与产地　青岩组;贵阳青岩。
野外编号　KA661。

尖顶翼蛤　*Pteria kokeni*(Wöhrmann),1907
(插图 57)

1892 *Avicula kokeni*(Wöhrmann),p. 175,pl. Ⅷ,figs. 8,9.

1907 *Avicula kokeni*,Waagon,p. 91,pl. 34,fig. 7,non figs. 6,8.

1926 *Avicula kokeni*,Patte,p. 130,pl. 9,figs. 4—6.

1976 *Pteria kokeni*,顾知微等,p. 130,pl. 26,fig. 7.

1978 *Pteria kokeni*,甘修明等,p. 307,pl. 110,fig. 17.

non 1985 *Pteria kokeni*,张作铭等,p. 64. pl. 19,fig. 17.

当前标本中,仅有 1 块标本可确定是当前种。标本为右瓣,后腹部保存不完整。

翼蛤型,沿着斜轴方向壳稍隆曲,此隆曲壳顶始自处较狭,逐渐向下增宽,但强度减弱;后腹边与后背端可能近于平行。壳顶尖,明显地伸出铰线。前耳短,三角形,向前伸出,与腹边相连处形成浅的凹曲;后耳大,近三角形,平,与壳体分界不很明显,末端因没有很好保存,只从生长线推定为钝角状。后部铰线平直。

壳面有不规则的同缘脊线。

壳长 23.7mm,高 16.5mm。

比较　当前标本与 *Pteria kokeni*(Wöhrmann)的图 9 右壳标本比较,可能后部铰线较长。但 Waagen (1907)的图 7 标本,也和当前标本同样地显示长的后部铰线。

根据 Wilckens(1909)和 Broili(1904)所定的 *P. kokeni* 或 Waagen(1907)所记述的这个种的其他两个图 (figs. 6,8)的标本,已分别被命名为 *Pteria broilii* Wilckens,*Pteria waageni* Wilckens。张作铭等(1985)的图版 19 图 17 记述的四川同种标本具宽的后耳,应合并于 *Pteria yidunensis* Zhang,1985。

插图 57　*Pteria kokeni*(Wöhrmann),1907

左壳侧视,×1,登记号:15806,近模。

层位与产地　把南组第二段;贞丰挽澜。

野外编号　KA87。

雅翼蛤　*Pteria elegans* Chen,1976

(插图 58)

1919 *Avicula* cf. *sturi*, Mansuy,p. 5,pl. Ⅰ,fig. 10.

1976 *Pteria elegans* Chen,顾知微等,p. 130,pl. 26,figs. 11,12.

1977 *Pteria elegans*,张仁杰等,p. 91,pl. 5,fig. 12.

1978 *Pteria elegans*,甘修明等,p. 216,pl. 111,fig. 4.

壳倾斜,左壳膨隆颇强,最大标本长约 30.0mm,高约 20.0mm。壳体区尖狭,但逐渐向后部宽阔,致使壳区呈 *Lingula* 型,壳轴角约 45°。壳顶尖,位置在壳长前方约 1/5 处,并稍凸出于铰线之上。

前耳宽大,三角形,显著地向前伸出,与壳轴间有一浅的凹沟分开,耳的下边缘与腹边相接处有浅凹湾,后耳宽平,长三角形,后端特别伸长而尖,尖端远超出壳体后端,并有一甚深的凹湾与壳体分开。一块右壳标本的外模上,长尖的后耳末端达 12mm。

壳面覆有不规则的同缘线饰,在后耳上,显得细密,壳面显示一些弱的放射褶脊,在后部壳面较清楚。

比较　当前标本所显示的长尖的后耳的壳饰等特征,与越南的 *Pteria* cf. *sturi*(Mausuy,1919)相似,越南标本的后耳有一深湾与壳体分开,呈现细长尖端,可惜那个标本已变形。

当前种后耳末端长尖,类似于 *Pteria sturi* Bittner(1895),但它的前耳宽大,壳面饰有弱的放射饰,且斜度亦较大。此外,Bittner(1898)记录的 *P.* cf. *stoppanii* Tommasi(Bittner,1898)也有宽的前耳,但后耳尖端不及当前标本细长。具有放射饰的德国种 *P. pulchella* Alberti(1864)的后耳不明显与本种区别。

当前种与 Newton 等(1987)记述的 *Arcavicula* sp. 十分类似,但后者具更多较强的放射饰,并显示 *Pteria* 型铰齿。这些具放射壳饰的 *Pteria*——Newton 等(1987,p. 21)指出——可能是一个新属。

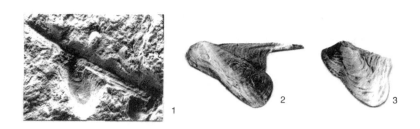

插图 58　*Pteria elegans* Chen,1976

1. 右壳外模,×1,登记号:15801,副模;2. 左壳侧视,×1,登记号:15802,正模;3. 左壳内模,×1.5,登记号:16057,副模。

层位与产地　三桥组;贵阳三桥。

野外编号　GC2,F2-005。

钝翼蛤(比较种)　*Pteria* cf. *obtusa*(Bittner),1895

(插图 59)

1919 *Pteria* cf. *obtusa*,Mansuy,p. 6,pl.Ⅰ,fig. 11.

cf. 1991 *Pteria obtusa*,Vukhuc et al.,p. 42,pl. 6,fig. 14.

　　壳倾斜,薄,前部狭,逐渐向后方扩展,因此,后腹端宽阔,腹边近于直线状。沿着壳轴部膨隆颇强;壳顶狭,尖锐,位置几近顶端。前耳小,钝,与壳体区分不易,后耳甚长,并徐徐没入壳体,与壳体相连处无任何凹曲。

　　壳面饰有不规则的同缘线,在后方壳面显示少数放射状的褶纹。

　　壳长 40mm,高 25mm。

　　比较　当前标本的轮廓、壳顶、两耳的位置和形状与 Mausuy(1919)所记述越南的 *Pteria* cf. *obtusa* 相似;特别与 Mansuy(1919)的图 11a 的标本完全一致。

　　根据 Bittner(1895)的意见,*Pteria obtusa* Bittner 的后耳发育不全,壳面具有强的片状生长线。当前标本和越南标本都没有显示内部构造,因此,根据外貌和各部分比例关系,目前只能认为它类似于 *Pteria obtusa* Bittner。Vukhuc 等(1991)记述的另一个 *P. obtusa* 显示更斜倾的壳体,似乎与原种不符。

插图 59　*Pteria* cf. *obtusa*(Bittner),1895
左壳侧视,×1,登记号:15807,近模。

层位与产地　把南组第二段;贞丰挽澜。

野外编号　KF112。

翼蛤(未定种)　*Pteria* sp.

(插图 60)

　　代表这个种的仅有 2 块左瓣标本。壳甚倾斜,壳面颇隆曲,向后腹边逐渐平坦;腹部区域宽圆形;壳顶区隆曲最强,壳嘴尖狭,略伸出铰线,它的位置近顶端。前耳小,钝;后耳没有完全保存,据标本的残留后耳及其生长线复原推想,它可能很长,与壳面缓缓地汇合而无凹湾。顺着铰边,在壳顶前有一些铰齿痕迹。

  比较 当前标本所显示的耳的形状和腹部宽圆形等特征,除了与 Mansuy 所记述越南纳占(Na Cham)的 *Pteria* cf. *obtusa* 相似外,尚未见其他种可做比较。

插图 60 *Pteria* sp.
1. 左壳内模,×1,登记号:15818;2. 左壳内模,×1,登记号:15819。

层位与产地 三桥组;贵阳三桥。
野外编号 KA10。

尾翼蛤(比较种) *Pteria* cf. *caudata*(Stoppani),1860
(插图 61)

1895 *Avicula* cf. *caudata*,Bittner,p. 73,pl. Ⅷ,figs. 16,17.
1976 *Pteria* cf. *caudata*,马其鸿等,p. 235,pl. 27,fig. 30.
1990 *Pteria* cf. *caudata*,沙金庚等,p. 143,pl. 2,fig. 15.

  这是一块不完整的标本,壳顶和前耳部分已破碎,没有保存,倾斜的壳体略显凸曲,后耳长尖,它的下边缘与壳体间成宽圆形凹曲。

  壳面饰有不规则的同缘线饰。

  比较 当前标本与 Bittner(1895)记载的 *Pteria* cf. *caudata*(Stoppani)相同,可能当前标本后耳下边缘凹曲较宽。Mansuy 所记述越南的 *Pteria* cf. *caudata* by Mansuy(1919)是一块不完整且变形的标本,我们不便做更多的比较。Philippe 记述的 *Pteria* cf. *caudata*(Stoppani)(Philippe,1904),它的前耳稍隆起,后耳具有长直的铰边。

  当前标本也可能与 *Pteria pannonica* Bittner(1901)相似,可惜当前标本不够完整,不允许我们做确切的鉴定。

  类似的标本也见于我国青海玉树(沙金庚等,1990)和云南(马其鸿等,1976)卡尼期地层。

插图 61 *Pteria* cf. *caudata*(Stoppani),1860
右壳侧视,×1,登记号:15808,近模。

层位与产地 三桥组;贵阳三桥。
野外编号 GC6。

三桥翼蛤　*Pteria sanqiaoensis* Chen，1976

（插图 62）

1976 *Pteria sanqiaoensis* Chen，顾知微等，p. 131，pl. 26，fig. 33.

1978 *Pteria sanqiaoensis*，甘修明等，p. 317，pl. 111，fig. 3.

1块保存良好的左瓣内模。壳斜菱形轮廓，壳体膨隆颇强，但徐徐向腹边减弱；后腹部宽，向后伸展，超出后耳之外，最大高度在壳后方。铰线长直；壳顶大，并较明显地伸出在铰线之上，位置在壳长前部约 1/4 处。前耳大，明显地伸出，与壳面分界处显示一个浅的凹曲，致使壳轴更显得膨隆；后耳平，三角形，与壳体以陡的斜坡为界，后边缘近直角，与后腹部相连成约 110°的凹湾。前耳上有一小的突起，可能为前闭肌痕。

壳长 28.5mm，高 16.6mm。

比较　当前种与 *Pteria boeckhi*（Bittner）（1901）最接近，区别在于它有宽的膨隆的壳体。*Pteria hallensis*（Wöhrmann）（1889），*P. laczkoi*（Frech）（1904）以尖的后耳区别于当前种。马来西亚所产 *P.* sp. indet.（Tokoyama，1961）的一般轮廓也与当前种相似，但马来西亚的标本腹边稍呈方形。另外，张作铭等（1985）鉴定的西藏标本 *P.* cf. *sanqiaoensis* Chen 个体颇小，壳体也更向后伸长。

插图 62　*Pteria sanqiaoensis* Chen，1976
左壳侧视，×1，登记号：15805，正模。

层位与产地　三桥组；贵阳三桥。

野外编号　KA10。

道氏蛤亚科　Subfamily Dattinae M. Healey，1908
道氏蛤属　Genus *Datta* M. Healey，1908

模式种　*Datta* Healey，1908

时代与分布　晚三叠世；缅甸、越南、老挝、柬埔寨、中国。

波动道氏蛤　*Datta* cf. *oscillaris* Healey，1908

（插图 63）

cf. 1908 *Datta oscillaris* Healey，p. 63，pl. IX，fig. 9.

cf. 1914 *Datta oscillaris*，Mansuy，pp. 82，83，pl. X，figs. 5，6.

cf. 1969 *Datta oscillaris*，Cox，in Cox et al.，p. 314，fig. c 45-1a，1b.

1974 *Bakevellia arguta* Yin，殷鸿福，p. 47，pl. 5，figs. 5，6；text fig. 18.

1976 *Datta* cf. *oscillaris*，马其鸿等，p. 300，pl. 29，figs. 6，7.

1978 *Bakevellia arguta* Yin，甘修明等，p. 319，pl. 110，fig. 9.

cf. 1985 *Datta rhomboidalis* Guo，郭福祥，p. 147，pl. 21，figs. 14，15.

一些小的内模标本，与缅甸那贲动物群中的 *Datta oscillaris* Healey 十分相似。

壳小，倾斜，近 *Pteria* 型轮廓，沿壳轴方向颇膨隆。前端圆，腹边缓和凸曲，后背似翼，平，与后端构成圆的钝角。铰线直，长度与壳长几近相等。壳顶宽大，位置近顶端，稍伸出铰线。

长 5.3mm，高 3.6mm。

另外，一些较小个体的轮廓显得更为长方，有十分宽圆的后端。

比较　当前标本的轮廓和壳体比例均与缅甸的 *Datta oscillaris* Healey 一致。Mansuy（1914）描述的越南北方的相同种名的标本,壳顶厚大,位置几近顶端,铰线同后边缘线构成钝角,更和当前的标本一致。当前标本和越南的标本、缅甸的同种标本比较,可能壳顶较大。

可惜,当前标本没有保存任何韧带或铰齿构造,还很难确定它们是 *Datta oscillaris* Healey。

殷鸿福(1974)和甘修明等(1978)图示的贵州贞丰的 *Bakevellia arguta* Yin 标本,应归于 *Datta* Healey 属,类似的云南标本,被郭福祥(1985)确定为 *Datta* 属,他正确地描述出了这类标本具有匙形齿。

总之,这些标本不论是壳体比例或是外部特征,都与 *D. oscillaris* Healey 相似。

插图 63 *Datta* cf. *oscillaris* Healey,1908

1. 左壳内模,×3,登记号:16089,近模;2. 左壳内模,×4,登记号:16090,近模。

层位与产地 火把冲组;贞丰挽澜。

野外编号 KA890。

贝荚蛤科 Family Bakevelliidae W. King,1850

贝荚蛤属 Genus *Bakevellia* W. King,1850

模式种 *Avicula antiqua* Münster,1848

注释 这里归于本属的一些标本都不具有剑形轮廓,显示 *Pteria* 型。按 Cox(1940)、Nakazawa(1954) 和 Hayami(1957)的意见,三叠纪双壳类的外形像翼蛤的 *Gervillia* 群,应改用 *Bakevellia* 的属名(Cox,1969;Muster,1995),根据铰齿和闭肌痕构造的不同,Nakazawa(1954)又创立一些属名,如 *Maizuria*,*Neobakevellia*。Nakazawa 的工作,得到 Allasinaz(1964)、Farsan(1972)的支持。在当前研究的材料中大部未见内部构造,现按 Cox(1969)意见仍选用 *Bakevellia* 属名。

时代与分布 三叠纪—古近纪;欧、亚、美、大洋等洲。

优美贝荚蛤(比较种) *Bakevellia* cf. *elegans* Assmann,1915

(插图 64)

cf. 1915 *Gervillia elegans* Assmann,p. 606,pl. 32,fig. 21.

cf. 1937 *Gervillia elegans* Assmann,p. 49,pl. 10,fig. 10

有 2 块标本与西里西亚的 *Gervillia elegans* Assmann 很相似。壳倾斜式三角形,膨隆强,左壳隆曲略较右壳强,右壳略平,显示微不等壳;最大膨隆处在壳体轴线方向,左壳的这种膨隆自壳顶成对角线状向下延至后腹角。壳顶尖,明显地伸出在直的铰线之上。前耳圆,与壳体无清楚的界线;后耳较宽,三角形,它的后边缘直线式向下斜切,没入圆的后端。前闭肌痕小而深。

度量(mm)

标本	长度	高度	厚
15842	31.7	16.0	10.5
15843	32.0	16.0	/

比较 当前标本的后耳后边缘直线式向下斜切,与壳体不成直角,不同于典型的 *Gervillia elegans* Assmann。就轮廓看,当前标本也类似于 *Gervillia exporrecta* Lepsius,但当前标本壳体膨隆强。

1   2   3

插图 64　*Bakevellia* cf. *elegans* Assmann,1915

1. 左壳侧视,×1,登记号:15842,近模;2. 右壳侧视,×1,登记号:15843,近模;3. 左壳侧视,×1,登记号:15844,近模。

层位与产地　松子坎组;遵义。

野外编号　KW212。

壳莱型贝荚蛤装饰亚种　*Bakevellia mytiloides ornata* (Chen),1974

(插图 65)

1974 *Gervillia mytiloides ornata* Chen,陈楚震等,p. 334,pl. 125,figs. 17,18.

1976 *Gervillia mytiloides ornata*,顾知微等,p. 139,pl. 27,figs. 33—35.

1978 *Gervillia mytiloides ornata*,甘修明等,p. 322,pl. 111,fig. 22.

1978 *Bakevellia mytiloides*,徐济凡等,p. 322,pl. 105,fig. 1.

1990 *Gervillia mytiloides ornata*,沙金庚等,p. 147,pl. 2,figs. 26,27.

壳狭长,倾斜式卵形,等壳,适度膨隆,背边直,在壳长后方 2/3 处斜切向下,构成圆的后端;腹边缓和弯曲;壳顶位置甚前,但不近顶端,稍伸出铰线,铰线直,长度约为壳全长的 2/3。前耳小,圆;后耳大,但与壳体无清楚的界线。

壳面饰有不规则的同缘线,但延至后耳同缘线上即发育成脊状,规则地彼此平行排列,并与铰线成约 40°角相交;每两脊状同缘饰由等距的凹沟分开。在后耳部分脊状同缘饰宽,宽度为 0.5mm,两脊间凹沟的宽度相同,5mm 内 6—8 根;在前部,它们变得较细密,5mm 间超过 12 根。

度量(mm)

标本	左壳		右壳	
	长度	高度	长度	高度
15838	/	/	21.00	8.50
15839	16.00	7.00	27.00	9.5
15840	/	/	13.00	6.00
15841	20.02	8.00	/	/

比较　本亚种区别于 *Gervillia mytiloides* Schlotheim 之处在于:壳嘴位置较后,同缘线在后耳发育成脊状。四川峨眉的 *Bakevellia mytiloides* 标本(徐济凡,1978)显示本亚种壳饰特征,可归入本亚种。

1   2   3   4

插图 65　*Bakevellia mytiloides ornata* (Chen),1974

1. 右壳侧视,×1,登记号:15838,副模;2. 左壳侧视,×1,登记号:15839,正模;3. 右壳侧视,×1,登记号:15840,副模;

4. 左壳侧视,×1,登记号:15841,副模。

层位与产地 关岭组;关岭永宁镇。

野外编号 KA49,KA50。

贝莢蛤(未定种) *Bakevellia* **sp. 1**

(插图 66)

在 KA41 和 KA42 编号标本的采集中有一些属于"*Gervillia*"形的标本,无任何内部韧带或铰齿等构造显示出来。壳"*Gervillia*"型,壳顶钝,位近顶端,后壳向后腹角伸展,后腹角圆,凸曲;前耳不清楚,后耳大,与壳体分界不显,与壳后边缘连接构成圆的钝角。

壳面饰有同缘线。

1 块保存较好的标本长 23.4mm,高 16.6mm。

比较 从一般形状来看,当前标本接近"*Gervillia*" *modiolaeformis* Giebel(Schmidt,1928)。但据 Diener(1923)的意见,*Gervillia modiolaeformis* Giebel 可被归并于 *Gervillia mytiloides* Schlotheim 之内。

插图 66 *Bakevellia* sp. 1
1. 左壳侧视,×1,登记号:15845;2. 左壳侧视,×1,登记号:15846。

层位与产地 关岭组;关岭永宁镇。

野外编号 KA41,KA42。

中贝莢蛤 *Bakevellia intermedia* (Mansuy), 1912

(插图 67)

1912 *Gervillia intermedia* Mansuy,p. 120,pl. ⅩⅪ,fig. 11;pl. ⅩⅫ,fig. 1.
1976 *Gervillia intermedia*,顾知微等,p. 140,pl. 27,figs. 39—41.

标本比较丰富,大部分为左瓣。

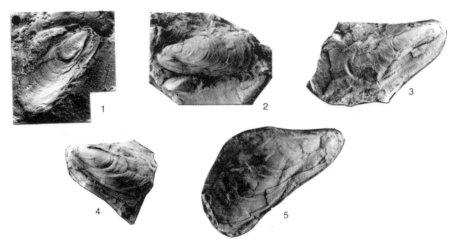

插图 67 *Bakevellia intermedia* (Mansuy),1912
1. 右壳内模,×2,登记号:15851,近模;2. 左壳侧视,×1,登记号:15861,近模;3. 右壳侧视,×1,登记号:15862,近模;
4. 左壳侧视,×1,登记号:15863,近模;5. 右壳侧视,×1,登记号:15864,近模。

壳倾斜近梯形,等壳,两侧甚不相等;沿着壳体轴线部分呈圆形隆曲,此隆曲起自壳顶,后伸至后腹边,上半部通常隆曲较强,徐徐延至下半部减弱。轴角 30°—40°,往往小的个体的轴角较大。壳顶位置甚前,但不近顶端,稍伸出在铰线之上。前耳小,与壳体间有一浅的凹沟为界;后耳呈三角形,狭,末端与壳后端相连处形成 130°—150° 的钝角。在一个较小标本的后部铰边上,距离壳顶约 2.5mm 处,观察到 2 个小的弹体窝,大小相等,二者相距约 1mm。

壳面饰有不规则的同缘皱纹。

层位与产地 把南组第二段;贞丰挽澜。

野外编号 KA87,KF112。

盘贝荚蛤(比较种) *Bakevellia* cf. *paronai* Broili,1904

(插图 68)

cf. 1904 *Gervillia paronai* Broili,p. 190,pl. XXII,fig. 26.

1927 *Gervillia* aff. *paronai*,Reed,p. 232,pl. 18,fig. 33.

1976 *Gervillia* aff. *paronai*,顾知微等,p. 141,pl. 27,fig. 5.

1 块 *Pteria* 型的标本,壳顶下前边缘上部稍凹曲,下部即呈直线倾斜,后部边缘呈弧形弯曲。壳顶位置近顶端。铰线直,长约 11.5mm,短于壳的最大长度。前耳小而圆,有一浅凹与壳体分开;后耳虽大,但与壳体没有清楚的分界。

壳面有少数不规则的同缘皱;前耳和近前腹边部分显示细的同缘线饰。

壳长 14.0mm,高 11.5mm。

比较 当前标本与 Broili(1904)记述的"*Gervillia panonai*"Broili 非常相似,但 Broili 的标本显示 6 个深的弹体窝构造。另外一个类似的标本是欧洲 Raibl 层的"*Gervillia*" cf. *paronai* Broili(Waagen,1907),但那个标本的前腹边直,不倾斜。我国云南思茅的类似标本已由 Reed(1927)描述,显示小圆形前耳与当前标本特征一致。云南火把冲组的 *Gervillia rhomboidalis* Hsü(1940)亦显示弹体窝,具完全菱形的轮廓,可区别于当前的标本。

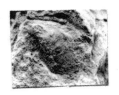

插图 68 *Bakevellia* cf. *paronai* Broili,1904
左壳内模,×1,登记号:15866,近模。

层位与产地 三桥组;贵阳三桥。

野外编号 KA2。

贝荚蛤(未定种 2) *Bakevellia* sp. 2

(插图 69)

1926 *Gervillia* sp. nov. Patte,p. 135,pl. IX,fig. 11,non figs. 12,13.

描述的标本仅有 1 块为左瓣。壳 *Pteria* 形,稍倾斜,适度隆曲。壳前边缘近于垂直,腹边稍弯曲;壳顶附近隆凸最强,壳顶位置靠前。前耳小而圆,后耳大,但与壳体没有清楚的分界,它的后边缘近于垂直。壳的长高近于相等,约 20.1mm。铰合区宽,沿着铰边有两处显得稍凹曲,可能存在横交的韧带槽。

比较 当前标本显示的轮廓,与 Patte(1926)命名为 *Gervillia* sp. nov. 的图 11 标本相似。Patte 认为他的标本接近乌苏里的 *Gervillia* cf. *exporrcta*(Bittner,1899),但区别在于 Patte 的标本斜度稍大,壳顶更

前。Patte(1926)的另外一些标本,如其图 12,13 等,显示壳体较狭。当前标本铰合区似有横交的弹体窝出现,可能不属于 *Pteria*。

Mansuy(1919)描述的 *Avicula* cf. *cortinensis* Bittner,甚倾斜,壳体凸曲强,前耳近角状,后耳不完整,也与当前标本相近,Mansuy 的标本可能壳体凸曲较强。

插图 69 *Bakevellia* sp. 2
左壳内模,×1,登记号:15860。

层位与产地 三桥组;贵阳三桥。
野外编号 KA10。

贝荚蛤(未定种 3) *Bakevellia* sp. 3

(插图 70)

壳斜,轴部呈凸圆形膨隆,此膨隆自壳顶后以对角线方向伸展,至后腹部强度逐渐减弱;后端轮廓宽圆;前耳短小,与壳体间没有清楚的分界;后耳大而平。铰线长直,前部铰边似有齿的痕迹。

比较 当前标本十分类似 Healey(1918)命名的 *Gervillia shaniorum* Healey,她的图版 Ⅱ 图 10 的标本,可能是幼年体。

插图 70 *Bakevellia* sp. 3
左壳,×1,登记号:15858。

层位与产地 火把冲组;贞丰挽澜。
野外编号 KA89。

齿股蛤亚属 Subgenus *Odontoperna* Frech,1891

模式种 *Perna bouei* Hauer,1857

Allasinaz(1964)据 Wöhrmann(1893)、Waagen(1947)和 Bittner(1901)的意见指出本属无效。Cox(1969)认为 *Odontoperna* Frach 模式种的一些标本也缺失纵向后齿,于是把 *Odontoperna* 作为 *Bakevellia*(*Bakevellia*)的同物异名。Muster(1995)也持相同意见,但 Frech 的 *Odontoperna* 显示壳体大而厚重,缺失后齿和前闭肌痕,可资区别。因此,笔者选用 *Odontoperna* 属名。

时代与分布 三叠纪晚期;欧、亚等洲。

菱形贝荚蛤(齿股蛤) *Bakevellia*(*Odontoperna*) *bouei* (Hauer),1857

(插图 71)

1889 *Gervillia bouei*,Wöhrmann,p. 207,pl. Ⅶ,figs. 16—18.
1902 *Gervillia*(*Odontoperna*) *bouei*,Frech,p. 617,text fig.
1925 *Gervillia bouei*,Diener,p. 32,pl. Ⅶ,fig. 9.

1976 *Gervillia*(*Odontoperna*) *bouei*，顾知微等，p. 143，pl. 28，figs. 31，32.
1978 *Gervillia*(*Odontoperna*) *bouei*，甘修明等，p. 323，pl. 111，fig. 19.

在许德佑、陈康 1944 年的采集（KF109）中，有 4 块标本可鉴定为 *Odontoperna bouei*（Hauer）。4 块标本中 1 块保存完整，其余的腹部或背部已破碎。

壳大、厚，斜菱形，适度膨隆；后腹端宽，壳顶区隆曲较显；壳顶强烈地倾向前，尖，稍耸出在铰线之上。前耳短小，末端稍有破坏，与壳体相接处壳面显得有些凹曲；后耳平，长，末端尖锐，与壳体后端相接处形成宽的凹曲。壳面饰有片状生长线。

在一块腹部破失的左壳内模标本上（插图 71，图 2），宽的铰合边上有 3 个矩形的韧带槽。壳嘴前 2 个倾斜而短小的凹陷出现，是主齿的痕迹。

一块更大的左壳标本（插图 71，图 3），它的后耳没有保存，近腹边壳面出现 1 个生长圈。

比较　当前标本据厚壳、斜菱形轮廓和 2 个主齿出现等特征，显然是属于 *Gervillia*（*Odontoperna*）Frech，1891 的，并与模式种 *Gervillia*（*Odontoperna*）*bouei*（Hauer）一致。插图 71 图 3 的标本可能与 *Gervillia*（*Odontoperna*）*bouei obliquior* Bittner（1901）相同，但当前标本背部全部破坏，已无法获得壳轮廓的全貌。

Toula（1909）发表的另一个亚种 *Gervillia*（*Odontoperna*）*bouei weissenbachensis* Toula（1909），具有钝的壳顶，宽三角形，倾斜的轮廓，与当前的标本稍有不同。

就一般轮廓而言，当前种也与 *Perna exilis*（Stoppani）十分接近。Frech（1902）就认为，*Perna exilis* 可能属于 *Odontoperna*。但是 *Perna exilis* 无齿，铰线较短。

插图 71　*Bakevellia*(*Odontoperna*) *bouei*（Hauer），1857
1. 破碎的左壳，×1，登记号：15852，近模；2. 左壳内模，示弹体窝，×1，登记号：15853，近模；3. 左壳侧视，×1，登记号：15854，近模。

层位与产地　把南组第二段；贞丰挽澜。
野外编号　KF109。

类贝荚蛤属　Genus *Bakevelloides* Tokuyama，1959

模式种　*Gervillia hekiensis* Kobayashi et Ichikawa，1952
时代与分布　三叠纪中—晚期；中国、日本。

近雅致类贝荚蛤　*Bakevelloides subelegans* Chen，1976
（插图 72）

1976 *Bakevelloides subelegans* Chen，顾知微等，p. 136，pl. 27，figs. 8，9.
1976 *Bakevelloides subelegans* 马其鸿等，p. 292，pl. 28，fig. 18.
1978 *Bakevelloides subelegans* 甘修明等，p. 321，pl. 111，fig. 13.

有一个保存甚佳的左壳，壳体显示铰齿和韧带构造。

壳大，*Pteria* 型，前腹边缘稍有破损，尚可辨出有短圆的前耳，腹边宽圆；壳体膨隆强，经一陡坡倾斜至后耳，后耳宽，呈三角形，近直角与后端连接，末端呈钝角状。壳嘴尖，内曲十分明显，位置在铰线前方。韧带区颇宽，三角形，上有水平状线纹。弹体窝 4 个，长度大于宽度，第一个距第二个约 2.4mm，第二个和第三个相互靠近，第四个距第三个 4mm。壳嘴下散布有假栉齿状铰齿，可能存在一个后侧齿。后闭肌痕大，卵形。壳饰保存不佳，仅在腹边缘有同缘状生长线。

　　壳长 29.3mm，高 30.1mm。

　　比较　根据韧带的形状和假栉齿等特征，当前标本属于 *Bakevelloides*。当前种的一般形状和膨隆的壳体类似于"*Gervellia*"*elegans* Assmann，区别是它有内曲的壳嘴。与 *Bakevelloides hekiensis*（Kobayashi et Ichikawa），1952，（Nakazawa，1954；Tokuyama，1959）比较，则后耳宽，弹体窝形状狭。

　　Assmann（1915）建立"*Gervellia*" *elegans* Assmann 种时，指出它与 *Gervillia exporrecta* Lepsius 的区别在于壳体强烈膨隆。这个特征也可用作当前的种区别于"*Gervillia*" *exporrecta* Lepsius 的依据。

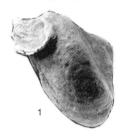

插图 72　*Bakevelloides subelegans* Chen，1976
1，2. 左壳侧视，内视，×1，登记号：15850，正模。

　　层位与产地　青岩组；贵阳青岩。

　　野外编号　KF120。

莢蛤属　Genus *Gervillia* Defrance，1820
鞘形蛤亚属　Subgenus *Cultriopsis* Cossmann，1904

　　模式种　*Gervillia（Cultriopsis）falciformis* Cossmann，1904

　　注释　Cox（1940）指出 *Angustella* Waagen 这个亚属与 *Cultriopsis* 为同物异名，故采用 *Cultriopsis* 一名。但 Ichikawa（1954）认为 *Angustella* 每壳仅有 1 个几乎不发育的主齿和一侧齿，而 *Cultriopsis* 除一主齿外，尚有 2 或 3 侧齿，同时指出两属的地质历程也不一样，即迄今未见 *Angustella* 的侏罗纪种。因此他把 *Angustella* 作为 *Cultriopsis* 的亚属。1957 年，日本的 Hayami（1957）又将 *Cultriopsis* 作为亚属归入 *Gervillia*。

　　从铰齿的类型来看，把 *Angustella* 作为 *Gervillia* 的亚属是合适的。因为狭义的 *Gervillia* 具假栉齿状铰齿和 1 至 2 个延长的侧齿。

　　Cox（1969）在 Moore 主编的《无脊椎古生物学专论》双壳纲中重新把 *Angustella* 作为 *Cultriopsis* 的同物异名，归入 *Gervillia* 属下，作为一个亚属分类单元，这一分类方案后来被全球同行采用（Tamura，1981；郭福祥，1985；Newton et al.，1987；Vukhuc et al.，1991；Müster，1995；Hautmann，2001）。很可能剑形的狭长 *Gervillia* 的铰齿可以发生变异，笔者也采用了 *Cultriopsis* 亚属名。

　　时代与分布　晚三叠世；欧、亚、北美等洲。

小莢蛤（鞘形蛤）　*Gervillia（Cultriopsis）angusta*（Münster），1838

（插图 73）

1838 *Gervillia angusta* Münster，p. 115，pl. CⅩⅤ，fig. 6.

1889 *Gervillia angusta*，Wöhrmann，p. 208，pl. Ⅶ，fig. 19.

1895 *Gervillia angusta*，Bittner，p. 85，pl. Ⅸ，figs. 7—10.

1901 *Gervillia angusta*，Bittner，p. 32，pl. Ⅳ，fig. 18.

1907 *Gervillia angusta*，Frech，p. 67，pl. Ⅷ，fig. 3.

1907 *Gervillia*(*Angustella*) *angusta*，Waagen，p. 170.

1943 *Angustella angusta*，Leonardi，p. 29，pl. Ⅴ，figs. 17，18.

1957 *Gervillia*(*Angustella*) *angusta*，顾知微，p. 195，pl. 115，fig. 1.

1974 *Gervillia*(*Angustella*) *angusta*，陈楚震等，p. 340，pl. 177，fig. 25.

1976 *Gervillia*(*Angustella*) *angusta*，顾知微等，p. 142，pl. 27，figs. 11，12.

1976 *Gervillia*(*Angustella*) *angusta elongata* J. Chen，马其鸿等，p. 294，pl. 28，figs. 41—44.

1976 *Gervillia*(*Angustella*) *angusta*，马其鸿等，p. 293，pl. 28，fig. 45.

1978 *Gervillia*(*Angustella*) *angusta*，甘修明等，p. 322，pl. 111，fig. 20.

1982 *Gervillia*(*Cultriopsis*) *angusta*，Newton et al.，p. 21，fig. 16(13—21).

1995 *Gervillia*(*Cultriopsis*) *angusta*，Müster，p. 81，fig. 62.

non 2006 *Gervillia*(*Cultriopsis*) *angusta*，Yin Jiarun et al.，p. 108，fig. 3(8b，9，10).

已由顾知微(1957)采用在《中国标准化石》中的 *Gervillia*(*Angustella*) *angusta* Münster，没有详细描述，现重新描述如下：

壳轮廓甚为狭长，膨隆；前腹边弧形弯曲，背边直，膨隆的壳体延至壳长约 2/3 处破碎，没有保存。壳嘴凸出于前端，前部壳面亦已破坏不全。前耳没有保存，后耳大，扁平，明显凸出，与壳体分界处有一清楚的耳凹，后耳的后边缘与背边近于正交。

另一块标本小，前部及后部亦有破碎，壳体膨隆，后耳扁平，大，可惜后边缘没有保存。

比较 当前种是 *Gervillia*(*Angustella*) 的模式种，这一种壳极狭长，壳长为中部壳高的 8—12 倍，可惜当前的标本不够完整，不便做更多的比较。Yin Jiarun 等(2006)记述的本种标本产于我国西藏定日，标本显示后翼角呈锐角，不显直角，相似于越南侏罗纪早期的 *G.*(*C.*)*counillani* Hayami(Vukhuc et al.，1991)。

插图 73 *Gervillia*(*Cultriopsis*) *angusta*(Münster)，1838
1. 左壳侧视，×2，登记号：15855，近模；2. 左壳侧视，×4，登记号：15856，近模。

层位与产地 三桥组；贵阳三桥。

野外编号 KF132，KA10。

剑荚蛤(鞘形蛤)(比较种) *Gervillia*(*Cultriopsis*) cf. *ensis* Bittner，1901

(插图 74)

cf. 1901 *Gervillia ensis* Bittner，p. 32，pl. Ⅳ，figs. 19，20.

1976 *Gervillia*(*Angustella*) cf. *ensis*，顾知微，p. 143，pl. 27，fig. 3.

比较 当前标本与匈牙利布空尼的 *Gervillia ensis* Bittner(1901)的标本相似，特别是，与其图 20 的标本或许是同种。当前标本壳体可能较隆凸，根据 Bittner(1901)的叙述，布空尼种的壳平坦。

本种与 *Gervillia*(*Cultriopsis*) 的模式种区别在于"壳大而较宽"。

插图 74　*Gervillia*(*Cultriopsis*) cf. *ensis* Bittner,1901

左壳内模,×1,登记号:15857,近模。

层位与产地　三桥组;贵阳三桥。

野外编号　KA10。

横扭蛤属　Genus *Hoernesia* Laube,1856

模式种　*Mytulites socialis* Schlotheim,1823

时代与分布　三叠纪—侏罗纪;欧、亚等洲。

双分横扭蛤(比较种)　*Hoernesia* cf. *bipartita*(Merian),1853

(插图 75)

cf. 1904 *Hoernesia bipartita* Broili,p. 192,pl, XⅢ,fig. 4.

一些保存不完整的标本,轮廓 *Pteria* 型,倾斜,壳体近凸圆,颇弯曲。前耳大,稍显凸卷状,与壳体轴部间有一浅的凹沟分隔;后耳通常没有保存,形状不明。

壳面饰有同缘线。

比较　当前标本与 Broili 记述的 *Hoernesia bipartita* 的标本最为相近,可区别的是当前标本壳体近凸圆。

插图 75　*Hoernesia* cf. *bipartita*(Merian),1853

1. 左壳侧视,×1,登记号:15867,近模;2. 左壳侧视,×1,登记号:15912,近模。

层位与产地　三桥组、把南组第一段;贵阳三桥、贞丰挽澜。

野外编号　KA76,KA78,GC3。

凸横扭蛤(比较种)　*Hoernesia* cf. *inflata*(Mansuy),1919

(插图 76)

cf. 1919 *Hoernesia inflata* Mansuy,p. 8,pl. Ⅰ,fig. 18.

1927 *Gervillia*(*Hoernesia*) cf. *inflata*,Reed,p. 214,pl. 18,fig. 21.

1976 *Hoernesia* cf. *inflata*,顾知微等,p. 147,pl. 28,fig. 10.

翼蛤型轮廓,壳轴倾斜,膨隆,壳顶部向着铰线扭曲,悬挂于铰线之下;前耳宽圆,与壳体轴部以一浅的凹陷分隔;后耳三角形,平,后边缘已破坏,同壳体连接关系不明。

比较　当前标本接近 *Hoernesia inflata* Mansuy,但后者前耳甚小。Reed(1927)描述的云南的一种 *Hoernesia* cf. *inflata* Mansuy,显示有弹体窝构造和膨凸壳体,两块标本相似。

插图 76 *Hoernesia* cf. *inflata*(Mansuy),1919
左壳侧视,×1,登记号:15868,近模。

层位与产地 把南组第一段;贞丰挽澜。
野外编号 KA77。

浅凹横扭蛤(比较种) *Hoernesia* cf. *crispissima* Patte,1926

(插图 77)

cf. 1926 *Hoernesia crispissima* Patte,p. 137,pl. Ⅳ,fig. 17.
1983 *Bakevellia inaequivalivae* Yin et al. ,p.138,pl. 14,figs. 1,2.
cf. 1991 *Hoernesia crispissima* ,Vuhkuc et al. ,p.98,pl. 6,fig. 18.

有 2 个横长形轮廓的左壳标本,壳体适度隆曲并向上扭曲,壳顶部分保存不够完整,情况不明。前耳可能是圆形的,与壳体没有明显的分界;后耳大,末端通常保存不完整,或者也是圆的,与壳体借一凹沟分开,在后耳上,尚有一颇浅的沟起自壳顶,平分后耳,铰线直。

壳面同缘线饰细密。

比较 根据壳的轮廓和后方凹沟等特征,当前标本十分接近 *Hoernesia crispissima* Patte(1926),但Patte 的标本的壳体内侧甚弯曲。在一般轮廓上,当前标本也与 *Septihoecnesia joannioaustriae* Klipstein(Bittner,1895;Mansuy,1908)相似,但当前标本保存不完整,不便做更多的比较。

杨遵仪等(1983)描述的 *Bakevellia inaequivalivae* Yin et al. 及两个亚种,具不等壳和扭曲的壳体,显然是 *Hoernesia* 属,特征与 *H. crispissima* Patte 一致,都应归入 Patte(1926)的种内。

插图 77 *Hoernesia* cf. *crispissima* Patte,1926
1. 左壳侧视,×1,登记号:15869,近模;2. 左壳侧视,×1,登记号:15870,近模。

层位与产地 三桥组;贵阳三桥。
野外编号 KA13,GC3。

卡息安蛤科 Family Cassianellidae Ichikawa,1958
卡息安蛤属 Genus *Cassianella* Beyrich,1862

模式种 *Avicula gryphaeata* Münster,1858
时代与分布 中—晚三叠世;欧、亚等洲。

简单卡息安蛤 *Cassianella simplex* Chen,1976

(插图 78)

1943 *Cassianella beyrichii*,Hsü,Chen,p.132(目录).

1943 *Cassianella* cf. *avicularis*,Hsü,Chen,p.132(目录).

1976 *Cassianella simplex* Chen,顾知微等,p.145,pl.28,figs.18—25.

1978 *Cassianella simplex*,甘修明等,p.326,pl.112,fig.9.

　　壳小至中等,不等壳,左壳膨隆,右壳扁平,并显示不规则凹陷;壳嘴内曲,悬挂超过铰边,位置在全壳长前方约 1/4 处;前耳高,内卷,在许多个体较小的标本上呈三角形,末端尖锐,与壳体以一凹沟为界;此凹沟在小个体标本上深而清楚,大的个体上则显得较宽。后背部倾斜下落至后耳,后耳边缘圆。右壳前耳明显,向下凹曲,后耳稍伸长,末端尖。

　　铰合区三角形,在右壳此区显露在壳顶之上。斜三角形弹体窝清楚,在右壳上它的尖端指向前方,在左壳上弹体窝自壳顶斜向后方。壳顶部铰合边弹体窝的前端,有一列似栉齿的小齿,后方有一伸长的齿窝。后闭肌痕圆,前肌痕小,颇深,位于前耳边缘。

　　壳面发育有同缘饰。

度量(mm)

标本	左壳		右壳	
	长度	高度	长度	高度
15820	8.0	11.1	/	/
15821	8.8	10.0	/	/
15822	12.7	14.0	/	/
15823	13.7	14.8	/	/
15824	7.8	9.5	/	/
15847	6.6	8.5	/	/
/	/	/	10.7	18.0

　　比较　当前种与卡息安层的 *Cassianella beyrichii* Bittner(1895)接近,区别在于当前种无背沟。

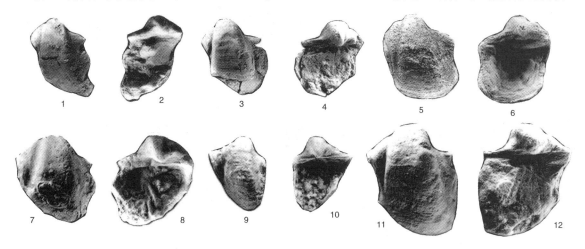

插图 78　*Cassianella simplex* Chen,1976

1,2. 左壳侧视,内视,×2,登记号:15820,副模;3,4. 左壳侧视,内视,×2,登记号:15821,副模;
5,6. 左壳侧视,内视,×1.5,登记号:15822,正模;7,8. 左壳侧视,内视,×1.5,登记号:15823,副模;
9,10. 左壳侧视,内视,×2,登记号:15824,副模;11,12. 左壳侧视,内视,×4,登记号:15847,副模。

　　层位与产地　青岩组;贵阳青岩。

　　野外编号　KF120,KF661,KF661a,KF661c。

厄卡息安蛤沟亚种　*Cassianella ecki sulcata* Chen,1976

(插图79)

1976 *Cassianella ecki sulcata* Chen,顾知微等,p. 145. pl. 28,figs. 11—16.

1978 *Cassianella ecki*,甘修明等,p. 325,pl. 112,fig. 1.

1978 *Cassianella ecki sulcata*,甘修明等,p. 325,pl. 112,figs. 2,3.

近菱形轮廓,膨隆,壳顶弯曲强,前转,向前背部增宽;前耳狭,与壳体以一凹沟为界;壳体后方发育一颇宽的凹沟,自壳顶向后腹边逐渐增宽,致使后耳与壳体间形成弯曲的脊;后耳较大,近呈三角形。铰合区三角形颇宽,壳嘴下有向后倾斜的长三角形弹体窝。

壳面具有同缘线,两同缘线之间显示细放射状装饰,此类壳饰一般保存不佳,仅观察到一块标本的壳顶部。

度量(mm)

标本	左壳	
	长度	高度
15825	约7.2	约8.2
15826	约5.8	约8.0
15827	约6.5	约8.4

比较　当前标本的后背部出现凹沟,以此区别于 *Cassianella ecki* Böhm(1904)。由于它的背部出现凹沟及壳面显示细短放射装饰,也类似于 *Cassianella tenuistria* Münster(Goldfuss,1838);但根据 Schmidt(1928)的意见,*Cassianella ecki* Böhm 和 *Cassianella tenuistria* Münster 是同物异名。一般说来,*Cassianella tenuistria* Münster 具有 *Cassianella gryphacata* Münster 的轮廓。

当前标本壳面同缘线间的放射装饰,也存在于 *Cassianella ecki* Böhm(1904),*Cassianella tenuistria* Münster(Goldfuss,1938)和 *Cassianella ampezzana* Bittner(1895)等种。根据笔者对标本的观察,认为此类放射装饰的显示,可能是壳外层风化脱落而露出柱状层的结果。

插图79　*Cassianella ecki sulcata* Chen,1976

1,2. 左壳侧视,内视,×2,登记号:15825,正模;3,4. 左壳侧视,内视,×2,登记号:15826,副模;

5,6. 左壳侧视,内视,×2,登记号:15827,副模。

层位与产地　青岩组;贵阳青岩。

野外编号　KF120,KA661。

双凹卡息安蛤　*Cassianella subcislonensis* Hsü et Chen,1943

(插图80)

1943 *Cassianella subcislonensis* Hsü et Chen,p. 136.

1974 *Cassianella subcislonensis*,陈楚震等,p. 334,pl. 175,figs. 1,3.

1976 *Cassianella subcislonensis*,顾知微等,p. 144,pl. 28,figs. 1—3,5.

1978 *Cassianella subcislonensis*,甘修明等,p. 325,pl. 112,fig. 8.

1978 *Cassianella angusta*,甘修明等,p. 324,pl. 112,figs. 10,11.

在许德佑和陈康最初的采集中,代表这个种的有4块标本;在笔者后来的补充材料内,又有2块标本与许氏的种一致。标本都是左瓣。

壳小至中等,隆曲;壳嘴位置向前,内曲,悬挂于铰合区上;壳体中部凹陷,凹陷的两侧边凸起似脊。两耳借前后凹沟与壳体分界,前凹沟宽,后凹沟狭,较浅,有时不显。前耳高,较小,后耳较大。壳面同缘饰规则,细致。铰合区颇宽,三角形;壳嘴下发育一个斜三角形的弹体窝。

度量(mm)

标本	左壳	
	长度	高度
15828	约 11.7	约 11.7
15829	约 9.4	约 9.6
15830	约 10.8	约 10.7
/	约 12.3	约 13.8
/	约 5.6	约 6.0
/	约 9.6	约 9.4

比较 当前种颇类似于 *Cassianella cislonensis* Pelifka,1886,但其两耳与壳体均以凹沟分开。

插图 80 *Cassianella subcislonensis* Hsü et Chen,1943
1,2. 左壳侧视,内视,×2,登记号:15828,副模;3,4. 左壳侧视,内视,×2,登记号:15829,副模;
5,6. 左壳侧视,内视,×2,登记号:15830,正模;7. 壳饰,×5;8,9. 左壳侧视,内视,×2,登记号:15831,副模。

层位与产地 青岩组;贵阳青岩。
野外编号 KF120。

青岩卡息安蛤 *Cassianella qingyanensis* Chen,1974

(插图 81)

1974 *Cassianella qingyanensis* Chen,陈楚震等,p. 334,pl. 175,figs. 7—10.
1978 *Cassianella qingyanensis*,甘修明等,p. 325,pl. 112,fig. 4.

壳小至中等,壳体膨隆宽圆;壳嘴顺着卷曲壳体的同一轴向内曲,悬挂于铰合区之上,位于中央。两耳三角形,与铰合边部成锐角相连,末端很尖,同壳体相接处既无凹沟也无棱脊。同缘饰在壳面保存不佳。铰合区三角形,宽。在内模标本上,可见深的前闭肌痕。

保存最佳的一块标本长、高均为 10mm。

比较 当前种以尖的两耳和隆凸的壳体为特征。它最类似于 *Cassianella ampezzana* var. *praecursor* Frech,1904,但后者具有放射壳饰。

云南的 *Cassianella* cf. *gryphaeata*(Münster)(Reed,1927),在一般轮廓上也与当前种接近,但是云南标本的前耳与壳体间有凹沟出现。

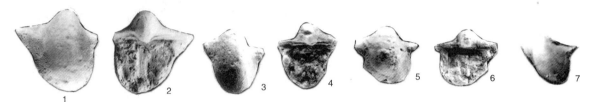

插图81 *Cassianella qingyanensis* Chen,1974

1,2. 左壳侧视,内视,×2,登记号:15832,正模;3,4. 左壳侧视,内视,×2,登记号:15833,副模;

5,6. 左壳侧视,内视,×2,登记号:15834,副模;7. 左壳内模,×2,登记号:15835,副模。

层位与产地　青岩组;贵阳青岩。

野外编号　KF120,KA661C,KA657,KA658。

类卷嘴卡息安蛤　*Cassianella gryphaeatoides* Hsü et Chen,1943

(插图82)

1943 *Cassianella gryphaeatoides* Hsü et Chen,p. 136.

1974 *Cassianella gryphaeatoides*,陈楚震等,p.334,pl.175,figs.1—4.

1976 *Cassianella gryphaeatoides*,顾知微等,p.144,pl.28,figs.33—36.

1978 *Cassianella gryphaeatoides*,甘修明等,p.326,pl.112,fig.7.

　　壳小,形似 *Pteria*,壳体隆曲甚显,向腹部逐渐增宽,壳顶弯曲,悬挂超过铰边。壳嘴长,明显地偏向前方。壳体前端以一宽深的凹沟与前耳分界,后背部形成陡坡下落至后耳。前耳高,颇卷曲,外边缘与铰边以圆角相连,随后较直地同壳体连接。大多数标本的后耳已破碎,在一个标本上尚可见后耳较大,末端似乎是圆的。铰合区宽,三角形,壳嘴下有一斜三角形弹体窝。

度量(mm)

标本	长度	高度
15836	约7.8	约9.3
15837	约7.8	约8.9
/	约8.3	约8.6

　　比较　许德佑(1943)指出这个种不同于 *Cassianella gryphaeata* Bittner 的是其壳嘴方向更前,背部形成陡坡下落至后耳。因此,当前种在水平方向观察时,出现与 *Cassianella gryphaeata* Bittner 完全不同的外形轮廓。

插图82 *Cassianella gryphaeatoides* Hsü et Chen,1943

1,2. 左壳侧视,内视,×2,登记号:15836,正模;3,4. 左壳侧视,内视,×2,登记号:15837,近模。

层位与产地　青岩组;贵阳青岩。

野外编号　KA661,KA654,KF120。

平卡息安蛤　*Cassianella beyrichi* **Bittner,1895**

（插图 83）

1895 *Cassianella beyrichi* Bittner,p. 54,pl. Ⅵ,figs. 16—21.

1904 *Cassianella beyrichi*,Broili,p. 170,pl. ⅩⅨ,figs. 9,10.

1927 *Cassianella beyrichi*,Reed,p. 241,pl. ⅩⅨ,fig. 5.

1974 *Cassianella beyrichi*,陈楚震等,p. 341,pl. 127,fig. 6.

1976 *Cassianella beyrichi*,顾知微等,p. 144,pl. 28,figs. 28,30.

1978 *Cassianella beyrichi*,甘修明等,p. 326,pl. 112,fig. 6.

　　壳纵卵形,甚膨隆,并强烈地卷曲;壳顶平坦,弯曲悬挂于铰线之下;前耳近三角形,与壳体分界处发育有沟状耳凹,后耳破碎没有保存。一个小的凸起显著的前肌痕位于前部。

插图 83　*Cassianella beyrichi* Bittner,1895
左壳内模,×1,登记号:15849,近模。

层位与产地　把南组第一段;贞丰挽澜。

野外编号　KA81。

小横扭蛤属　**Genus *Hoernesiella* Gugenberger,1934**

模式种　*Hoernesiella carinthiaca* Gugenberger,1934,S. D. by Cox,1969

时代与分布　三叠纪;欧、亚等洲。

许氏小横扭蛤(新种)　*Hoernesiella hsuei* **sp. nov.**

（插图 84）

　　种名用以纪念许德佑先生,他是我国三叠纪双壳类研究的奠基人。

　　1块小的左壳标本,狭,壳的上方向前扭曲,致使壳嘴超过于右壳顶之上;壳体拱曲,近中部有一深而明显的背沟。两耳尖,后耳尖三角形,稍拱曲,借背沟与壳体分开;前耳已破损,可能很长;铰线直。

　　比较　当前新种与模式种的不同之处是其背沟狭,两耳长尖程度弱。

插图 84　*Hoernesiella hsuei* sp. nov.
1,2. 左壳内模,背视,×1,登记号:15859,正模。

层位与产地　三桥组;贵阳三桥。

野外编号　KF132。

丁蛎科　**Family Malleidae Lamarck,1818**
等盘蛤亚科　**Subfamily Isognomoninae Woodring,1925**
等盘蛤属　**Genus *Isognomon* Lightfoot,1786**
等盘蛤亚属　**Subgenus *Isognomon* Lightfoot,1786**

模式种　*Ostrea perna* Linné,1767

时代与分布　三叠纪—现代;世界各地。

类菱形等盘蛤(等盘蛤?)　*Isognomon*(*Isognomon*?) *rhomboidalia*(Hsü),1940

(插图 85)

1940 *Gervillia rhomboidalia* Hsü,p. 250,pl. Ⅰ,fig. 15.

1974 *Gervillia rhomboidalis*,陈楚震等,p. 340,pl. 179,fig. 20.

1976 *Gervillia rhomboidalis*,顾知微等,p. 141,pl. 27,fig. 2.

中等大小,斜菱形;前边缘上部约有 1/3 长内凹曲颇强,但下部近于直,近前腹端稍凸曲;后边缘缓和凸曲,明显地与前边缘近平行。壳顶稍尖,位置近顶端;壳顶附近凸曲较显著。前耳没有很好保存,可能是小而圆的;后耳的后部虽有些破碎,但大,与壳体无清楚分界。

铰线直,长度与壳长近于相等。有 4 个小的韧带槽显示,呈长方形,第一个与第二个的间距为 2.5mm,其余的均以约 2mm 的距离彼此分开;前两个韧带槽的宽度小于 1mm,后两个较大,约 1mm。

壳长 13.2mm,高 24.6mm。

比较　当前标本与许德佑(1940)描述的 *Gervillia rhomboidalis* Hsü 的特征都相同。笔者仍把当前的标本鉴定为 *G. rhomboidalis* Hsü。当前种根据形态和韧带槽的特征来看,很可能属于狭义的 *Isognomon*(*I.*),至于许氏记述的"倾斜的侧齿",可能是壳边的印痕,现存疑地把这个种归入 *Isognomon*(*I.*)。

插图 85　*Isognomon*(*Isognomon*?) *rhomboidalia*(Hsü),1940
右壳内模,×1,登记号:15865,近模。

层位与产地　火把冲组;贞丰龙场、贞丰龙头山。

野外编号　F5-5596。

古等盘蛤(等盘蛤)(比较种)　*Isognomon*(*Isognomon*) cf. *vetustum*(Goldfuss),1838

(插图 86)

cf. 1838 *Perna vetusta* Goldfuss,p. 98,pl. CⅧ,fig. 11.

cf. 1928 *Perna vetusta*,Schimdt,p. 153,fig. 323.

壳薄,近方形轮廓,适度隆曲,壳顶和铰边稍有破坏。前腹边直,至壳高一半处圆弧形,然后没入宽圆的腹边,后部边缘稍有凹曲,但此边缘的下部近腹边处也是圆的。壳顶位置靠前,可惜已稍有破碎,不能观察它的全貌。铰边可能是直的,近于壳长。

壳面饰有不规则的生长线和同缘线。

壳长 45mm,高 32mm。

比较　当前标本的形状与 *Perna vetustum* Goldfuss 趋近一致。可惜未见韧带构造,暂时把它鉴定为

Isognomon cf. *vetustum*(Goldfuss)。根据文献记载,这个种只出现在壳灰岩统上部。

插图 86　*Isognomon*(*Isognomon*) cf. *vetustum*(Goldfuss),1838
左壳外视,×1,登记号:15874,近模。

层位与产地　竹杆坡组(?);平坝郝下。

野外编号　Ⅵ-1028f。

三桥等盘蛤(等盘蛤)　*Isognomon*（*Isognomon*）*sanqiaoensis* Chen,1976

(插图 87)

1976 *Isognomon*（*Isognomon*）*sanqiaoensis* Chen,顾知微等,p. 149,pl. 28,figs. 40,41.

1978 *Isognomon*（*Isognomon*）*sanqiaoensis*,甘修明等,p. 327,pl. 112,fig. 21.

在 KA10 编号标本的采集中有 2 块标本可以归于当前种。壳 *Myalina* 型,适度隆曲,前边缘直,至壳高之半处圆弧形弯曲,致形成圆的腹边并向后伸展超出铰线的长度。后部边缘稍凹曲。壳顶尖,位置近前。壳顶前侧较陡。铰合区宽,铰边直,有 6 个横交的长方形弹体窝出现:2 个位于壳顶前面,彼此靠近;壳顶后的 4 个彼此以 3mm 宽的等距分开,每个长约 2mm,宽 1mm,比壳顶前的 2 个宽。

在 1 块较小的标本上,后部边缘与腹边一起形成凸圆形轮廓。

比较　根据壳的轮廓和韧带构造,当前标本是属于 *Isognomon* 的。当前种在一般轮廓和弹体窝数目等特征上,十分类似于"*Perna*" *exiles*(Stoppani)(Frech,1907),但弹体窝呈长方形。

匈牙利布空尼的 *Isognomon loezyi*(Frech,1907),在轮廓上也与本种接近,但 Frech 的种前边缘具明显的供足丝伸出的卵形凹口。

当前种与分布在德国南部的 *P. vetustaum* Goldfuss,1844 的区别是其弹体窝数目少,德国种有 12 个弹体窝。

插图 87　*Isognomon*（*Isognomon*）*sanqiaoensis* Chen,1976
1. 左壳内模,×1,登记号:15871,副模;2. 左壳内模,×1,登记号:15875,正模。

层位与产地 三桥组;贵阳三桥。

野外编号 KA10。

无齿股蛤属 Genus *Waagenoperna* Tokuyama, 1959(＝*Edentula* Waagen, 1907)

模式种 *Edentula lateplanata* Waagen, 1907

时代与分布 中—晚三叠世;欧、亚洲。

燕形无齿股蛤 *Waagenoperna aviculaeformis* Chen, 1974

(插图88)

1974 *Waagenoperna aviculaeformis* Chen,陈楚震等,p. 340,pl. 177,fig. 26.

1976 *Waagenoperna aviculaeformis*,顾知微等,p. 149,pl. 28,figs. 38,39.

1978 *Waagenoperna aviculaeformis*,甘修明等,p. 328,pl. 112,figs. 16,17.

1985 *Waagenoperna luxiensis* Guo,郭福祥, p. 149,pl. 23,figs. 6,7.

有2块左壳标本,1块标本显示7—8个弹体窝。

壳卵形,倾斜,适度膨隆,膨隆程度向后腹部逐渐减弱,变得平坦;前部狭,逐渐向后部扩展增宽,呈宽圆形,最大高度在后部,长约为高的2倍。腹边近直,但在后腹稍弯曲,徐徐没入后部边缘;铰边直,于壳长约2/3处下成直线斜切,斜切的长度略短于铰边长。壳顶钝,位置近顶端,稍伸出于铰边上,顺着斜方向膨隆较强,顶轴角约40°。前耳在当前标本上不清楚;后耳大,狭长。近壳顶一侧狭,渐渐向后背部稍扩展,然后徐徐没入壳的主区。沿着铰边有7—8个垂直铰边的弹体窝出现。弹体窝间的距离已不易分辨,可能是不等的,至少最后两个弹体窝的间距是不相等的。

壳面同缘饰近片状,壳下半部同缘饰显得有些不规则,有3个较宽的生长圈出现。

度量(mm)

标本	左壳	
	长度	高度
15872	40.0	22.0
15873	41.0	23.6

比较 骤然一看,当前标本在轮廓或耳的形状方面与 *Pteria seisiana*(Broili, 1904)或 *Mysidioptera aviculaeformis*(Broili, 1904)十分相似,但当前标本具有7—8个弹体窝构造,显然不是 *Pteria* 和 *Mysidioptera*。

在一般轮廓上,这一种以后部斜切的轮廓,可以区别于南部阿尔卑斯的 *Waagenoperna lateplanata*(Waagen, 1907),*W. planata*(Broili, 1904),*W. cf. planata*(Waagen, 1907)和 *W. castellii*(Wittenburg, 1908)。郭福祥(1985)描述的云南 *W. luxiensis* Guo 显示壳体较短,可归入本种。

插图88 *Waagenoperna aviculaeformis* Chen, 1974

1. 左壳内模,×1,共生有 *Castatoria kweichowensis* Ku,登记号:15872,正模;2. 左壳侧视,×1,登记号:15873,副模。

层位与产地 把南组第二段;贞丰挽澜、安龙。

野外编号 KF112,L1。

海扇目　**Order Pectinida J. Gray,1854**

海扇亚目　**Suborder Pectinidina J. Gray,1854**

海扇超科　**Superfamily Pectinoidea Rafinesque,1815**

海扇科　**Family Pectinidae Rafinesque,1815**

海扇亚科　**Subfamily Pectininae Rafinesque,1815**

凹日月海扇属　**Genus *Crenamussium* Newton,1987**

模式种 *Crenamussium concentricum* Newton,1987

时代与分布 三叠纪;欧、亚、北美等洲。

凹日月海扇(未定种)　*Crenamussium* sp.

(插图 89)

仅有 1 块右壳标本。壳纵卵形,后端稍破坏,未保存;前端稍向前伸展,致形成后斜轮廓。壳面颇膨隆,壳顶部由于受压,显得有些扁平。

两耳明显。后耳已破碎,未保存,但与壳体间以浅而明显的耳凹分开;前耳发育,长方形,约 6mm,上边缘破碎。足丝凹口深,宽。

壳长 31.5mm,高 36.0mm。

比较 当前标本以右壳颇膨隆、长的前耳和深的足丝凹口为特征,相似于 *Pleuronectites* 和 *Crenamussium* 两属的种,但当前标本的右壳显示十分膨隆,与 *Pleuronectites laevigatus* Schlotheim(Salomon,1900;Schmidt,1928)和 *P. beurichii* Tornquist,1899 等种可资区别。

日本卡尼期的 *Pleuronectites hirabaensis* Amano(1955)右壳面显现披针形区域(lauceotate area),与当前的标本不同。

当前标本的足丝宽深,类似于匈牙利、意大利和西里西亚的 *Pecten balatonicus* Bittner,1901,这一种后来被不同学者先后订正为 *Chlamys*(Kiparisova,1938)或 *Pleuronectites*(Allasinaz,1972)。Newton 等(1987)把这一欧洲种归在 Newton 建立的 *Crenamussium* 属内。无论如何 *Pecten balatonicus*(Bittner)显示狭的壳体和壳面较粗的同缘线饰。Newton 等(1987)描述的美国标本 *Crenamussium concentricum* Newton 显示较大的壳体,与当前标本相似,但 *C. concentricum* Newton 的壳面呈现细的同缘线和不深的足丝凹口。

总之,当前标本更接近 *Crenamussium* 属,限于标本的数量和保存不佳,暂不定种名。

插图 89　*Crenamussium* sp.

右壳内模,×1,登记号:16041。

层位与产地　三桥组；贵阳三桥。

野外编号　F2-003a。

套海扇亚科　**Subfamily Chlamysinae Teppner,1922**

前套海扇属　**Genus *Praechlamys* Allasinaz,1972**

模式种　*Pecten*(*Chlamys*) *inaequialternans* Parona,1889

时代与分布　三叠纪；欧、亚、美等洲。

细致前套海扇　*Praechlamys schroeteri*（Giebel），1856

（插图 90）

1856 *Pecten schroeteri* Giebel, p. 23, tab. Ⅱ, fig. 12.

1915 *Pecten reticulatus*, Asswann, p. 598, pl. 31, figs. 17, 18, 20, 21.

1928 *Pecten* (*Chlamys*) *schroeteri*, Schmidt, p. 159, fig. 341.

1937 *Pecten schroeteri*, Assmann, p. 55, pl. Ⅱ, figs. 11—16.

1972 *Chlamys*(*Praechlamys*) *schroeteri*, Allasinaz, p. 225.

1974 *Chlamys schroeteri*, 陈楚震等, p. 335, pl. 135, fig. 23.

1976 *Chlamys schroeteri*, 顾知微等, p. 160, pl. 29, figs. 22—24.

1976 *Chlamys schroeteri*, 马其鸿等, p. 303, pl. 31, figs. 16, 17.

1976 *Chlamys shanglanensis* J. Chen, 马其鸿等, p. 302, pl. 31, fig. 22.

1978 *Chlamys schroeteri*, 甘修明等, p. 356, pl. 119, figs. 9, 10.

1978 *Chlamys schroeteri*, 徐济凡等, p. 146, pl. 116, fig. 30.

1979 *Chlamys schroeteri*, 张作铭等, p. 255, pl. 72, fig. 11.

1983 *Chlamys schroeteri shanglanensis*, 杨遵仪等, p. 141, pl. 14, fig. 23.

壳中等大小，海扇形，等壳，略微隆曲，长比高大；一块大的左壳（插图 90，图 1）前边缘和前耳稍破碎，壳顶角近 90°，两耳明显，三角形，与壳体以浅的耳凹分界。较小的左壳（插图 90，图 2）壳体较凸，壳顶区隆曲最大，前耳比后耳大，具有较深的前耳凹。右壳前耳矩形，前缘圆弧形，之下有深的足丝凹口，凹口边缘尚见 4 个栉齿凸起的丝梳；后耳与左壳类似，比前耳小。

壳面发育数目众多的放射脊，主放射脊圆，厚度均一，每两个主放射脊间，有时生 1 或 2 条次一级的较细的射线，它们的强度较弱。壳中部以下细的同缘线有时横跨放射脊，致在此处的放射脊上形成细小突起。耳上饰有同缘线。一块大的右壳的后耳尚显示微弱的放射饰。

度量(mm)

标本	左壳		右壳	
	长度	高度	长度	高度
16011	15.0	20.0	/	/
16012	6.6	7.1	/	/
16013	/	/	8.9	9.3

比较　当前标本在轮廓、两耳形状和壳面装饰等方面都与 *Pecten schroeteri*（Giebel）相似。但与 Giebel（1856）的这个种原始图影比较，当前标本仅个体较小。但 Assmann 记述的西里西亚 *Pecten schroeteri* 也是较小的个体。

当前标本也与 Tommasi（1911）描述的南阿尔卑斯的 *Chlamys*(*Praechlamys*) 的各种，如 P. repossi, P. anceps, C. (P.) brugnatelli, P. notai, P. paronai 等相似，尤其是与 P. anceps 相似。相似点在于一般轮廓和壳面放射脊排列的情况，但 Assmann（1937）认为 Tommasi 的那些种均在 C. (P.) schroeteri Giebel 变异范围之内。我国云南剑川的 *Chlamys shanglanensis* J. Chen（马其鸿等, 1976）也与本种相似，可归入本种。

插图 90　*Praechlamys schroeteri*（Giebel），1856

1. 左壳侧视，×1，登记号：16011，近模；2. 左壳侧视，×2，登记号：16012，近模；3. 右壳侧视，×2，登记号：16013，近模。

层位与产地　青岩组；贵阳青岩。

野外编号　KA699。

贵阳前套海扇　*Praechlamys guiyangensis*（Chen），1976

（插图 91）

1976 *Chlamys guiyangensis* Chen，顾知微等，p. 161，pl. 30，figs. 1，2.

1978 *Chlamys guiyangensis*，甘修明等，p. 355，pl. 119，fig. 29.

壳呈卵形轮廓，平，高大于长，前背边稍凹曲，后背边直，此两边在壳顶处连接成约 80° 的角。壳顶尖，位近中央，稍凸出于铰线。铰线直，在壳顶前的长度为 9mm，壳顶后的铰线短，约 6mm 长。两耳明显，平。前耳近长方形，向前伸出，前边缘直，下边缘有一脊，与壳体以一深的耳凹分界，前耳下方有一深的足丝凹口，有 5 个丝梳孔可清楚地看到。后耳三角形，后边缘直。

壳面饰有粗细不等的放射脊，有分叉或间生的，在中部有少许放射脊较强而粗。前耳上有少数弱的放射线，后耳仅有同缘线，放射饰缺失。

度量（mm）

标本	长度	高度
16014	23.0	26.0
16015	30.0	35.0

比较　当前种与日本的 *Chlamys mojsisovicsi* Kobayashi et Ichikawa（Ichikawa，1949，1954a）在轮廓、两耳形状、壳面放射饰等方面都十分接近，但后者壳面有明显的同缘线，右壳前耳无放射脊，而后耳有放射脊。

乌苏里地区海滨省的 *Chlamys similis* Kiparisova，1954 也与当前标本类似，但据 Tokuyama（1960）的意见，Kiparisova 的 *Chlamys similis* 缺乏麟片状的同缘线，与 *Chlamys mojsisovicsi* 是同一个种。

当前标本右壳的后耳没有放射饰，以此可区别于 *Pecten*（*Aequipecten*）*buruticus* Böhm in Krumbeck（1913）；布空尼（Bakony）的 *Pecten transdanubialis* Bittner（1901）的后耳也缺乏放射饰，但有圆的轮廓和更细的放射饰，不同于当前种。

Tommsi（1911）所记述的南阿尔卑斯山的各种 *Pecten* 海扇与当前的 *P. guiyangensis*（Chen）也有些相似，但据 Assmann（1937）的意见，这些 *Pecten* 种均可归入 *Chlamys schroeteri*（Gieber）。当前种与南阿卑斯的各种套海扇（Tommsi，1911）比较，显示十分发育的前耳，后来都被 Allasinaz（1972）归入 *Chlamys*（*Praechlamys*）Allasinaz，1972。

插图 91　*Praechlamys guiyangensis*(Chen),1976

1. 左壳侧视,×1,登记号:16014,副模;2. 右壳侧视,具丝梳孔,×1,登记号:16015,正模。

层位与产地　三桥组;贵阳三桥。

野外编号　KA10。

贵阳前套海扇射脊亚种(新亚种)　*Praechlamys guiyangensis radiata* **subsp. nov.**

(插图 92)

1 块大的右瓣标本,中部以下的壳体已破碎没有保存。

新亚种不同于 *P. guiyangensis*(Chen)的是其后耳有放射线出现。

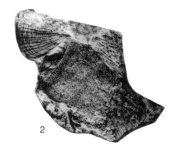

插图 92　*Praechlamys guiyangensis radiata* subsp. nov.

1,2. 右壳内模,外模,×1,登记号:16016,正模。

层位与产地　三桥组;贵阳三桥。

野外编号　KA8。

假髻蛤超科　Superfamily Pseudomonotoidea Newell,1938

细弱海扇科　Family Leptochondriidae Newell et Boyd,1995

细弱海扇属　Genus *Leptochondria* Bittner,1891

模式种　*Pencten aeolicus* Bittner,1891

注释　本属仅见于三叠纪,一些作者如 Nakazawa 和 Newell(1968)、甘修明等(1978)、Newell 和 Boyd (1995)等把本属引用于二叠纪,二叠纪的 *Leptochondria* 属名已由李玲(1995)改为新属 *Orienthopecten* Li, 但 Fang Zongjie 等(2009)否认李玲的属名。

时代与分布　三叠纪;欧、亚等洲。

平等细弱海扇(比较种)　*Leptochondria* **cf.** *michaeli*(Assmann),1915

(插图 93)

cf. 1915 *Pseudomonotis*(?) *michaeli* Assmann,p. 596,pl. 35,figs. 10,11.

cf. 1937 *Pecten michaeli*, Assmann, p. 57, pl. 11, figs. 12, 20.

cf. 1962 *Pecten michaeli*, 范嘉松, p. 138, pl. 4, fig. 15.

cf. 1972 *Leptochondria michaeli*, Allasinaz, p. 220.

cf. 1976 *Leptochondria michaeli*, 顾知微等, p. 159, pl. 29, fig. 36.

cf. 1978 *Asoella michaeli*, 徐济凡等, p. 333, pl. 107, fig. 25.

在 KA52 编号的标本中,有一块是与 *Leptochondria michaeli* Assmann 相似的。壳顶部分没有保存,近圆形轮廓。壳面饰有众多的放射脊,首级射脊较强,约 2 倍于次一级射线,较细的次一级放射饰通常插入在两首级放射脊之间,但在前部分的同样间距内,有时插入细射线 2—3 根。同缘线细密。

比较 根据壳的轮廓和装饰,当前标本与祁连山的同种名的标本相似(范嘉松,1962),因为祁连山的标本也是第二级放射饰较弱。同典型的 *L. michaeli* 比较,后者的两级放射脊显示同样的强度。

插图 93 *Leotochondria* cf. *michaeli*(Assmann),1915

左壳侧视,×2,登记号:16029,近模。

层位与产地 关岭组;关岭永宁镇。

野外编号 KA52。

关岭海扇属(新属) Genus *Guanlingopecten* gen. nov.

模式种 *Eumorphotis*(*Asoella*) *paradoxica* Chen,1974

壳小,纵卵形,背边短,两耳不等,左前耳近方形,后耳不明显,似 *Eupecten* 形,右前耳短圆,足丝凹口浅,壳饰简单至多级式放射脊。

讨论 新属包括小个体的由 Diener(1923)改属的 *Velopecten*,即后来改为 *Leptochondria*(Cox,1969;Allassinaz,1972;Newell,Boyd,1995;甘修明,殷鸿福,1978)的一部分种,以及我国 *Asoella illyrica* 群(陈楚震等,1974;顾知微等,1976);Cox(1969)、Newell 和 Boyd(1975)对 *Leptochondria* 的定义,包括了两种类型:一类是 Bittner(1895)的模式种,左两耳近等,左瓣放射饰,右瓣光滑;另一类是两瓣放射饰,左瓣两耳不等,后耳不明显。这些特征是与 *Leptochondria* 模式种 *Pecten aeolicus* Bittner 不同,显然不是 *Leptochondria* 属,因此,笔者把它确定为一个新属 *Guanlingopecten* gen. nov. 。

这个类群包括 *Pecten*(*Velopecten*) *albteri* Goldfuss(Diener,1923;Kiparisova,1938),俄罗斯乌苏里小个体 *Velopecten* 群,斯洛伐克 Krain 的 *Pseudomonotis illyrica* 群(Bittner,1901a),Bittner 和许德佑的我国湖北的 *P. illyrica* 群[即顾知微等(1976)的 *Asosella*]。美国的 *Leptochondria shoshonensis* Waller et Stanley(2005)具两瓣不明的后耳,不是 *Leptochondria*,亦应归入当前新属内。

Asoella 的壳体长高相等,宽凸的壳顶,右瓣光滑,当前新属很容易与其区分。

时代与分布 三叠纪早—中期;欧、亚、北美洲。

奇异关岭海扇 *Guanlingopecten paradoxica*(Chen),1974

(插图 94)

1912 *Pseudomonotis* cf. *illyrica*, Mansuy, p. 120, pl. 21, fig. 10.

1974 *Asoella paradoxica* Chen, 陈楚震等, p. 331, pl. 175, figs. 24, 32.

1976 *Eumorphotis*(*Asoella*) *paradoxica*, 陈楚震, p. 188, pl. 31, figs. 12—15.

1976 *Asoella* cf. *illyrica*. 顾知微等, p. 189, pl. 31, figs. 16—18.

1978 *Leptochondria paradoxica*, 甘修明等, p. 343, pl. 116, figs. 5, 6.

1978 *Leptochondria* cf. *illyrica*,甘修明等,p.343,pl.116,fig.8.

1978 *Leptochondria* cf. *subillyrica*,甘修明等,p.344,pl.116,fig.9.

1978 *Leptochondria* cf. *hupehensis*,甘修明等,p.344,pl.116,fig.7.

描述的材料中,共有近10块标本,可以归于当前种。绝大多数为左壳,仅有1块右壳。

壳小,宽卵形轮廓,长与高相等或近于相等;左壳颇隆凸,通常保存在页岩中的壳较平,最大凸度在高一半以上;壳顶部隆凸显著,致成前后平缓的坡,并渐渐没入平的两耳部分;壳顶颇宽圆,位置近中,但微靠前。铰边直,长度比壳长略短。

左前耳小,近方形,与壳体间无清楚的界线,自铰边经前耳部分至前端似成一直线;后耳钝形,它的后边缘如 *Eopecten* 的后耳那样,显示圆弧形斜切状,与壳体无明显的分界。

左壳面饰有细的放射线,共两级,40—55根,首级射线较粗,第二级射线通常规则地间生于两首级射线之间,但它们的长度不一,一般很少超过壳高的一半。耳部放射线更细,未见有两级的。同缘线细密,布满壳体,与放射线相交,在射线上呈现细粒状凸起,特别在耳部,此类装饰尤为显著。

右壳的前耳大而圆,向前伸出,上面具有凹陷,向壳顶部分变狭,这一凹陷约占前耳的一半;足丝凹口颇浅而狭。右壳壳面饰同左壳,但前耳上仅有同缘饰,壳顶附近有几圈同缘皱。

幼年个体近圆形,长同高约2.0mm,隆曲,壳面具有稀疏的放射饰纹。

度量(mm)

标本	左壳		右壳	
	长度	高度	长度	高度
15983	6.4	6.4	/	/
15984	9.5	9.5	/	/
15985	/	/	6.0	6.0
15986	6.7	6.7	/	/
15987	7.6	8.0	/	/
15988	10.4	11.0	/	/

比较 当前标本在轮廓和壳饰方面十分接近云南的 *Pseudomonotis* cf. *illyrica* Bittner(Mansuy,1912)标本,只是云南的标本可能有更密的放射饰。*Eumorphotis illyrica* Bittner 有多级细密的放射饰,*Eumorphatis subillyrica* Hsü(1937)具有近圆的外形,均可与当前种区别。

当前种可能不属于 Tokuyama(1959)建立的 *Asoella*。不过,与 *Asoella* 的模式种比较,当前的标本膨隆程度较小,左壳壳顶不肥大,但两耳的形状和壳的轮廓彼此十分接近。

插图94 *Guanlingopecten paradoxica*(Chen),1974

1. 左壳侧视,×3,登记号:15983,副模;2. 左壳侧视,×3,登记号:15984,副模;3. 右壳侧视,×3,登记号:15985,副模;

4. 左壳侧视,×3,登记号:15986,正模;5. 左壳侧视,×2,登记号:15987,副模;6. 左壳侧视,×2,登记号:15988,副模;

7. 左壳侧视,×2,登记号:15989,副模。

层位与产地　关岭组;关岭永宁镇。

野外编号　KA44,KA46,KA47。

老挝关岭海扇(比较种)　*Guanlingopecten* cf. *laosensis*(**Mansuy**),**1912**

(插图 95)

cf. 1912 *Pseudomonotis laosensis* Mansuy,p. 46,pl. Ⅸ,fig. 8.

　　1块保存不佳的标本,壳顶凸圆,壳面具有数目众多的放射棱脊,并插入有次一级的放射脊。根据它的轮廓和壳面饰,当前标本与老挝的"*Pseudomonotis*" *laosensis* Mansuy 或"*Pseudomonotis*" *convexa* Mansuy 相似。但当前的标本保存不好,难以进一步确定。

插图 95　*Guanlingopecten* cf. *laosensis*(Mansuy),1912
左壳侧视,×1.5,登记号:15994,近模。

层位与产地　关岭组;晴隆。

野外编号　KF82。

琴式关岭海扇　*Guanlingopecten illyrica*(**Bittner**),**1901**

(插图 96)

1901 *Pseudomonotis illyrica* Bittner,p. 227,pl. Ⅶ,figs. 13,14.

1923 *Pseudomonotis*(*Eumorphotis*) *illyrica*,Dinner,p. 41.

1937 *Pseudomonotis*(*Eumorphotis*) *illyrica*,Hsü,p. 372,pl. Ⅱ,figs. 13a,13b.

1957 *Eumorphotis illyrica*,顾知微,p. 198,pl. 117,figs. 5—8.

1959 *Eumorphotis*(*Asoella*) *illyrica*,Tokuyama,p. 2.

1974 *Asoella illyrica*,陈楚震等,p. 281,pl. 176,figs. 9,12.

1976 *Eumorphotis*(*Asoella*) *illyrica*,顾知微等,p. 188,pl. 31,figs. 30—32.

1977 *Eumorphotis*(*Asoella*) *illyrica*,张仁杰等,p. 53,pl. 7,figs. 13,18.

1978 *Asoella paradoxica*,徐济凡等,p. 333,pl. 107,figs. 26,27.

1978 *Asoella qianjiangensis* Xu,徐济凡等,p. 333,pl. 107,figs. 29,30.

1982 *Eumorphotis* (*Asoella*) *illyrica*,李金华等,p. 40,pl. 5,fig. 18.

2005 *Leptochondria illyrica*,Waller et al. ,p. 35.

　　描述的材料中,代表这个种的一些标本保存均不够完好。

　　描述的为一块左壳。前腹边已破碎,没有保存,轮廓纵卵形,高约10.4m,颇膨隆,最大隆曲在壳高一半以上;壳顶颇圆,位置稍靠前,并稍凸出在铰线之上。虽然当前标本的铰线保存不够完全,但从另一个较小的标本上观察,是直的。铰线长度约为壳全长的3/4。

　　描述标本的两耳因保存不佳,情况不明;从另一块标本观察,前耳减缩不发育,后耳近三角形,但与壳体无清楚的界线。

　　壳面饰有许多清楚的放射脊线和同缘线,根据放射脊线的强度,它们显示不规则的3—4级:细的第三或第四级射线在腹边最清楚,第二级射线通常延伸超过壳高2/3;同缘饰细密,布满整个壳面,在一定距离间,时或出现1或2个较强的生长线饰。

　　比较　当前标本通常在形状和壳饰方面均与 Bittner(1901)的种相似,不同的是当前标本的个体较小,壳面放射脊线数目少。但这些不同的特征也同样在许德佑(1937)的湖北的同种标本上显示出来。湖北的标本长9mm,高11mm。Bittner 的种有 4 或 5 级放射棱脊。顾知微(1957)的四川威远的标本具有 3 或 4 级不规则的放射棱脊。从以上引证的材料来比较,当前的标本可以归于 *Eumorphotis illyrica*(Bittner)。而这一种,Takuyama(1959)改为 *Asoella* 属,而殷鸿福(甘修明等,1978)、Waller 等(2005)把这一种归入 *Leptochondria*。

插图 96　*Guanlingopecten illyrica*(Bittner),1901
1. 左壳侧视,×2,登记号:15992,近模;2. 左壳侧视,×3,登记号:15993,近模。

层位与产地　竹杆坡组,关岭永宁镇竹杆坡;狮子山组,遵义凤凰山。
野外编号　KA54,AAT25。

近琴式关岭海扇(比较种)　*Guanlingopecten* cf. *subillyrica*(Hsü),1937

(插图 97)

cf. 1937 *Pseudomonotis*(*Eumorphotis*)*subillyrica*(Hsü),p. 371,pl. Ⅱ,figs. 9,11.

cf. 1974 *Asoella subillyrica*,陈楚震等,p. 331,pl. 176,figs. 16,18.

cf. 1976 *Eumorphotis*(*Asoella*)*subillyrica*,顾知微等,p. 189,pl. 31,figs. 24—27.

cf. 1982 *Eumorphotis*(*Asoella*)*subillyrica*,丁伟民等,p. 246,pl. 173,fig. 19.

　　1 块近圆形轮廓的左壳,长 4.5mm,高 5.0mm,膨隆强。壳顶圆,位于壳长 1/3 处,并稍凸出在铰线之上。前耳不发育,向着壳顶部分以一个陡坡与膨隆的壳体分界,后耳较大,但与壳体无清楚的界线。
　　壳面饰有 3 级放射棱线,排列较规则,通常壳高一半以下射线较粗,同缘线细密。
　　比较　根据当前标本近圆的轮廓和排列较规则的射线等特征,与许德佑的 *Eumorphotis subillyrica* 相似。

插图 97　*Guanlingopecten* cf. *subillyrica*(Hsü),1937
左壳侧视,×4,登记号:15991,近模。

层位与产地　竹杆坡组;关岭永宁镇竹杆坡。
野外编号　KA45。

湖北关岭海扇(比较种)　*Guanlingopecten* cf. *hupehica*(Hsü),1937

(插图 98)

1937 *Pseudomonotis* sp. nov. aff. *pygmaea*,许德佑,p. 370,pl. 2,figs. 10a,10b.

cf. 1937 *Pseudomonotis hupehica* Hsü, 许德佑, p. 300.

1 块保存不佳的标本,长 14mm,高 13mm;轮廓近圆形,颇隆曲;壳顶圆,稍向前弯曲,前后两侧形成缓和的坡并逐渐过渡至耳部;耳的形状因标本保存欠佳,尚不明了,但根据生长线弯曲情况推测,前耳可能是缩小的。

壳面具有众多细的放射棱线,往往呈不规则的 3 级。生长线饰间隔宽。

比较 根据当前标本的一般轮廓和壳饰等特征,它接近 *Pseudomonotis hupehica* Hsü(Hsü,1937;陈楚震等,1974)或 *Pesudomonotis convexa* Mansuy(1912),但后两种有更膨隆的壳体和凸圆的壳顶。

插图 98 *Guanlingopecten* cf. *hupehica*(Hsü),1937
左壳侧视,×1,登记号:15991,近模。

层位与产地 竹杆坡组;关岭永宁镇竹杆坡。

野外编号 KA54。

不等蛤目 **Order Anomioidina J. Gray, 1854**

不等蛤下目 **Hyporder Anomoidei J. Gray, 1854**

不等蛤超科 **Superfamily Anomioidea Rafinesque, 1815**

不等蛤科 **Family Anomiidae Rafinesque, 1815**

拟窗蛤属 **Genus "*Placunopsis*" Morris et Lycett, 1853**

模式种 *Placunopsis fibrosa* Laube, 1867

注释 Tood 和 Palmer(2002)注意到欧洲的已归属到三叠纪 *Placunopsis* 属的标本未见足丝孔,因此拒绝在三叠纪使用 *Placunopsis* 属名,建议将那些三叠纪的 *Placunopsis* 归属于 Prospondylidae 科。本书暂加引号于 *Placunopsis*,以示区别。

时代与分布 三叠纪—侏罗纪;欧、亚等洲。

"拟窗蛤"(未定种) "*Placunopsis*" sp.

(插图 99)

当前标本中,有 2 块是属于"*Placunopsis*"的。壳椭圆形,上部较狭,逐渐向腹部扩大;高略大于长,扁平,壳顶附近有一凹陷,可能为固着痕。

壳面饰有众多细密的同缘线,放射线微弱,不发育,仅在放大镜下尚能观察到。

壳长 1.00mm,高 1.15mm。

插图 99 "*Placunopsis*" sp.
右壳侧视,×2,登记号:15982。

比较　当前标本在轮廓上似 Assmann(1915,1937)描述的 *Placunopsis ostracina* Schlotheim 或 *Placunopsis plana Giebel*(Assmann,1915,1937),但前一种轮廓和膨隆程度变化甚大,且无放射饰,后一种细的放射饰发育。根据圆的壳形和壳面饰,当前标本与拉蒙(Ramon)地区的 *P.* cf. *ostracina*(Schlotheim)(Lerman,1961)相似。

层位与产地　关岭组、竹杆坡组;关岭永宁镇、竹杆坡。

野外编号　KA48,KA54。

前海菊蛤超科　**Superfamily Prospondyloidea Pchelintseva,1960**

前海菊蛤科　**Family Prospondylidae Pchelintseva,1960**

前海菊蛤亚科　**Subfamily Prospondylinae Pchelintseva,1960**

反向蛎属　**Genus *Enantiostreon* Bittner,1901**

模式种　*Enantiostreon hungaricum* Bittner,1901

　　Seilacher(1954) 指出本属的一些种如 *E. cristadifformis*(Schlotheim) 可以左或右瓣固着生活,于是他把这类标本的种归入 *Alectryonia*(＝*Lopha*) 属。笔者认为 *Enantiostreon* 属的壳面饰呈射脊状,而 *Lopha* 的壳饰呈放射褶状,可供区别。

时代与分布　中—晚三叠世;欧、亚等洲。

双形反向蛎　***Enantiostreon difforme*(v. Schlotheim),1823**

(插图 100)

1838 *Ostrea difformis*,Goldfuss,p. 2,pl. LXXIII,fig. 1.

1838 *Ostrea complicata*,Goldfuss,p. 5,pl. LXXIII,fig. 3.

1863 *Terquemia*(*Ostrea*) *complicata*,Langenhall,pl. X,figs. 10—14.

1880 *Terquemia difformis*,Nötling,p. 322,pl. XIII,fig. 2.

1899 *Ostrea*(*Terquemia*) *difformis*,Loczy,p. 145,pl. X,figs. 18,19.

1915 *Enantiostreon difforme*,Assmann,p. 591,text fig. 1;pl. XXX,figs. 17—19.

1974 *Enantiostreon difforme*,陈楚震等,p. 335,pl. 175,figs. 13—15.

1976 *Enantiostreon difforme*,顾知微等,p. 230,pl. 39,figs. 8—16.

1978 *Enantiostreon difforme*,甘修明等,p. 359,pl. 119,figs. 1—3.

1978 *Enantiostreon spondyloides*,甘修明等,p. 359,pl. 119,figs. 5,6.

1991 *Enantiostreon difforme* Vuhkuc et al. ,p. 73,pl. 10,figs. 3—5.

　　中等大小,壳形有变化,通常为纵卵形至圆三角形,高度大于长度;壳顶部狭,腹边缘逐渐向两侧增宽。壳顶附近固着面光滑,固着面长 11—11.5mm,高 7mm;其余壳面发育近屋顶状稍圆的放射脊,偶有分叉,主放射脊共计 14—16 根;腹内边缘齿状凹曲。

　　铰合区三角形,三角形弹体窝尚清楚。一块较大标本(插图 100,图 4)的铰合区后方有一个圆形突起。闭肌痕圆,位置近后方。

度量(mm)

标本	长度	高度	长/高
16068	12.9	19.6	0.65＋
16069	15.8	18.8	0.81
16070	7.7	8.6	0.87

　　比较　这个种的变异颇大,根据 Frech(1907) 的叙述,这个种的壳面射脊数为 14—16 根,因此他企图从壳面的射脊多少来区分这个种的变异;另一方面 Assmann(1915) 则把此类射脊有变化的类型都归于 *E. difforme* 一种。因此,笔者把当前的标本归为这个种似乎是无疑问的。甘修明等(1978)记述的另一种同产地和层位的 *E. spondyloides* 标本,壳饰简单,显然是 *E. difforme* 类型,现合并于 *E. difforme* 之内。

Seilachor(1954)把 *E. cristadifforme*(Schlotheim)(=*E. difforme*)归入 *Lopha* 属,因为此种可以左或右瓣固着,但是 *Enantiostreon difforme*(Sch)壳饰呈放射脊状,不是 *Lapha* 属的射褶壳饰。

插图 100　*Enantiostreon difforme*(v. Schlotheim),1823
1,2. 右壳侧视,内侧,×1,登记号:16068,近模;3,4. 右壳侧视,内侧,×1,登记号:16069,近模;
5. 右壳侧视,×1.5,登记号:16070,近模。

层位与产地　青岩组;贵阳青岩。
野外编号　KF120,KA661c。

壳顶反向蛎(比较种)　*Enantiostreon* cf. *umbonatum* Gruber,1932

(插图 101)

cf. 1932 *Enantiostreon umbonatum* Gruber,pl. 14,figs. 1,2.
cf. 1928 *Enantiostreon umbonatum*,Schmidt,p. 28,fig. 361a.
1943 *Enantiostreon difforme*,Hsü et Chen(partly),p. 132.(listed).
1976 *Enantiostreon* cf. *umbonatum*,顾知微等,p. 230,pl. 39,fig. 17.
1978 *Enantiostreon* cf. *umbonatum*,甘修明等,p. 359,pl. 119,fig. 4.

标本的壳顶部已破碎,固着痕近圆形,十分宽大,近边缘部发育短的放射脊,腹内边缘显示齿状凹曲。

比较　在许德佑和陈康的 KF120 编号的标本中,有一块标本与当前种相似。*Enantiostreon umbonatum* Gruber 以稍向外并缓缓向前旋转的壳顶为特征。当前标本虽然壳顶部没有保存,但根据它近圆形轮廓和十分宽大的固着痕推测,似乎与 Schmidt(1928)抄录的原始模式标本的图影一致,因此,笔者相信当前的标本与 *Enantiostreon umbonatum* Gruber 相似。

插图 101　*Enantiostreon* cf. *umbonatum* Gruber,1932
右壳侧视,×1.5,登记号:16071,近模。

层位与产地　青岩组;贵阳青岩。
野外编号　KF120。

燕海扇下目　Hyporder Aviculopectinoidei Staroboqatov,1992
异海扇超科　Superfamily Herteropectinoidea Beurlen,1954
复套海扇科　Family Antijaniridae Hautmann,2011
复套海扇属　Genus *Antijanira* Bittner,1901

模式种　*Pecten hungaricus* Bittner,1901

Newell 和 Boyd（1995）未叙述把 *Antijanira* Bittner，1901 和 *Amphijanira* Bittner，1901 两属作为 *Leptocondria* Bittner，1891 的同物异名的理由。Bittner 的两属属于海扇类的有明显特征的有效属名。（Hertlein，1969；Allasinaz，1972；Hautmann，2011）

时代与分布 三叠纪；欧、亚等洲。

多饰复套海扇 *Antijanira multiformis* Chen，1974
（插图 102）

1974 *Chlamys（Antijanira）multiformis* Chen，陈楚震等，p. 347，pl. 177，fig. 4.

1976 *Chlamys（Antijanira）multiformis*，顾知微等，p. 164，pl. 30，figs. 13，14.

1978 *Chlamys（Antijanira）multiformis*，甘修明等，p. 356，pl. 119，figs. 13，14.

代表这个种的标本共有 2 个左瓣，保存得不十分好。标本的后耳部分已破碎，没有保存。

壳近卵圆形，适度膨隆，长大于高；壳顶没有完整保存，但根据此区隆凸程度判断，壳顶可能凸出在铰线之上。前耳平，三角形，与壳体无明显的分界，后耳部已破碎，情况未明。

壳面覆有粗的首级放射脊 6 根，此类放射脊上时显瘤节状；两首级放射脊间有 6—8 根次一级细弱放射脊。近前后部，放射脊大都细，强度均一，一直分布到耳上。

比较 当前标本的轮廓和壳面具有 6 根粗的首级放射脊的特征，是和 *Antijanira* 的特征符合的。但是，后者首级放射脊间仅发育 3 根次一级的放射脊。根据这个特征，当前的种不同于模式种（Bittner，1901b）和这个属的其他各种。

熊岛的 *Pecten（Bittnerella）damesi* Böhm（1903）在轮廓上也与当前种相似，但熊岛种壳面放射脊呈 134323431 或 134343234331 排列，可资区别。

插图 102 *Antijanira multiformis* Chen，1974

1. 左壳侧视，×1，登记号：16017，正模；2. 左壳侧视，×1，登记号：16018，副模。

层位与产地 三桥组；贵阳三桥。

野外编号 KA2。

耳纹复套海扇（比较种） *Antijanira* cf. *auristriata*（Münster），1841
（插图 103）

1895 *Pecten* cf. *auristriatus*，Bittner，p. 165，pl. ⅩⅨ，figs. 23—26.

1904 *Pecten* cf. *auristriatus*，Broili，p. 173，pl. ⅩⅨ，fig. 22.

1972 *Antijanira auristriatus*，Allasinaz，p. 231.

在当前的采集中，仅获得 2 块标本。

壳中等大小,海扇形,不斜,隆曲平缓;壳顶位置近中央,壳顶褶颇圆。前后两耳明显,后耳三角形,以一浅的耳凹与壳体分界,前耳比后耳大,矩形,向前伸出但不超出壳体前边缘,它的前边缘圆,前耳凹浅;前耳之下具深的足丝凹口。

　　壳面覆盖有 6 根明显的放射脊,其中 5 根分布在壳中部,相互间以同样约 1mm 的间距分开,最后一根较远离,距第五根约 3mm,位于后方;一些不发育的放射脊在壳前方隐约显示。细致的同缘线饰在前两耳上发育;前耳上有 3 根放射脊横交同缘饰。另一个小的左壳壳面饰有 10 根放射脊,壳中部 2 根在主放射脊内,间生 1 根次一级放射脊。

　　壳长 9.3mm,高 11.5mm。

　　比较　当前标本的轮廓、耳的形状和耳上装饰,最类似于 Bittner(1985) 和 Broili(1903) 描述的 *Antijanira auristriatus* Münster,但 Bittner 的标本壳面显示数目较多的射脊(约 10 根);Broili(1903) 的标本可能更接近当前的标本,其简短的描述和其附图 22 的那个标本壳中间也排列 5 根放射脊,但壳体较小。

　　另一个 *A.* cf. *auristriatus* Münster(Bittner,1901) 是一个左壳,壳面具有更多的褶脊,每 2 个主放射脊内,有 3 个次一级放射脊,可能接近于典型的 *A. auristriatus*(Münster),符合 *Antijanira* 属的定义。

　　越南的“*Pecten*” cf. *auristriatus* Münster(Mansuy,1921) 也具有长的前耳和三角形后耳,但 Mansuy(1921) 没有对标本壳饰做描述,所附图影又模糊不清,尚难判断它的壳饰。

　　根据当前标本两耳的形状、壳饰和深的足丝凹口特征,笔者相信它是属于 *Antijanira* 属的。

插图 103　*Antijanira* cf. *auristriata*(Münster),1841
右壳侧视,登记号:16010,近模。

　　层位与产地　青岩组;贵阳三桥。
　　野外编号　KA669。

对套海扇属　Genus *Amphijanira* Bittner,1901(＝*Bittnerella* Böhm,1903)
　　模式种　*Pecten janirula* Bittner,1895
　　时代与分布　三叠纪;欧、亚等洲。

细对套海扇？　*Amphijanira*? *gracilis*(Chen),1976
(插图 104)

1976 *Chlamys*(*Antijanira*?) *gracilis* Chen,顾知微等,p.164,pl.30,fig.15.
1978 *Chlamys*(*Antijanira*?) *gracilis*,甘修明等,p.357,pl.119,fig.25.

　　一块纵卵形的标本,适度隆曲,壳顶部及后耳均已破碎,没有保存。前耳(?)尚能辨别,向前伸出,致与壳前边缘间显示浅的凹曲。

　　壳面饰有众多的放射脊,中部的一根特别粗,宽约 1mm,把壳面的放射脊分隔成对称的两部分,前部放射脊间尚可见有较粗的首级放射脊 4 根,后部见到 2 根;两首级放射脊间有 4—6 根细放射脊发育。

　　比较　当前标本的壳面放射脊排列十分类似于熊岛的 *Amphijanira damesi*(Böhm)(1903),但后者的放射脊可分出 134323431 或 134343234331 的形式,第四级不规则。1972 年 Allasinaz 把 *Bittnerella* 作为 *Amphijanira* 的异名。

　　根据壳面放射脊装饰的排列特征,笔者把当前标本改订为 *Amphijanira*。它的壳面中部有 1 根粗的放射脊,把其余的放射脊分隔成对称的两部分,区别于 *A.? landana*(Bittner)。

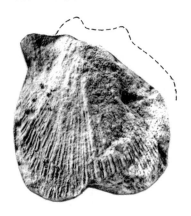

插图 104　*Amphijanira? gracilis*(Chen),1976
左壳侧视,×1,登记号:16028,正模。

层位与产地　三桥组;贵阳三桥。
野外编号　KA8。

锉蛤下目　**Hyporder Limoidei R. Moore,1952**
锉蛤超科　**Superfamily Limoidea Rafinesque,1815**
锉蛤科　**Family Limidae Rafinesque,1815**
锉蛤亚科　**Subfamily Liminae Rafinesque,1815**
古锉蛤属　**Genus *Palaeolima* Hind,1903**

模式种　*Pecten simplex* Phillips,1836
时代与分布　石炭纪—三叠纪;欧、亚、北美和大洋洲。

双形古锉蛤(比较种)　*Palaeolima* cf. *distincta*(Bittner),1901
(插图 105)

cf. 1901 *Lima distincta* Bittner,p. 58,pl. Ⅷ,fig. 20.

仅有 1 块小的标本,长 3.5mm,高 5.3mm,卵形,壳体隆曲较缓,壳顶部已破碎;两耳小,与壳体分界不显。

壳面覆盖有细圆的放射脊,约 27 根,彼此以狭于放射脊宽度的凹沟分开;近前后部边缘处,放射脊强度减弱,且不明显。

比较　当前标本稍不同于布空尼的 *Palaeolima distincta* Bittner 的是壳面放射脊凸起低,不及布空尼的种那样高耸。

另一个与当前标本可以比较的是 "*Lima*" *dunkeri* Assmann(1937),但这个种放射脊光锐,壳体隆曲不及当前标本强。

插图 105　*Palaeolima* cf. *distincta*(Bittner),1901
左壳侧视,×4,登记号:16032,近模。

层位与产地 青岩组;贵阳青岩。

野外编号 KA699。

锐脊古锉蛤(比较种) *Palaeolima* cf. *acuticostata*(Assmann),1937

(插图106)

cf. 1937 *Lima acuticostata* Assmann, p. 51, pl. 10, figs. 19, 20.

1978 *Palaeolima acuticostata*,甘修明等, p. 363, pl. 120, fig. 12.

壳卵形,壳顶部狭,向前后两侧增宽,腹边宽圆,耳部保存不佳,前耳小,平,铰线短。壳嘴尖,壳顶部较膨曲。壳面放射棱脊发育;呈尖棱状,放射棱脊的宽度自壳顶开始向腹边逐渐增大,总数约20根,棱脊彼此间被狭的凹沟分隔开。

比较 当前标本的轮廓和壳饰的形状,近似于西里西亚的 *P. dunkeri*(Assmann, 1937),但后一种的放射棱脊可能更尖锐。甘修明等(1978)图示的同产地同种的标本,以壳面放射脊间沟与放射脊宽度相等,而且放射脊尖锐程度较小与当前标本一致。现一并作为比较种。

插图106 *Palaeolima* cf. *acuticostata*(Assmann),1937
左壳侧视,×1,登记号:16040,近模。

层位与产地 青岩组;贵阳青岩。

野外编号 KF116。

斜锉蛤亚科 Subfamily Plagiostominae Kasum-Zade,2003
斜锉蛤属 Genus *Plagiostoma* Sowerby,1814

模式种 *Plagiostoma gigantea* Sowerby,1814

时代与分布 中生代;欧、亚等洲。

近疹斜锉蛤(比较种) *Plagiostoma* cf. *subpunctata* d'Orbigny,1849

(插图107)

1901 *Lima*(*Plagiostoma*) aff. *subpunctata*, Bittner, p. 98, pl. Ⅷ, fig. 19.

1922 *Lima* cf. *subpunctata*, Patte, p. 52, pl. Ⅲ, fig. 11.

1929 *Lima*(*Plagiostoma*) aff. *subpunctata*, Patte, p. 40, pl. Ⅲ, fig. 13.

壳倾斜卵形,适度隆曲,腹边宽圆,弯曲,强烈地不对称,并向前方伸展凸曲。前壳顶脊近于直,向前腹边伸展,与铰轴成30°—40°角,此脊之前有一狭长凹曲的假小月面(pseudo-lunule)。壳顶颇尖,但很少伸出短的铰线。两耳小,但易明显地分辨:前耳较小,通常垂直壳面;后耳三角形,较前耳稍大。

壳面饰有不规则的同缘线,近壳中部,有一些发育不显的放射线出现。

比较 根据当前标本的轮廓、两耳和有前壳顶脊等特征来看,它是属于 *Plagiostoma* 的。类似于相同轮廓的标本,许多作者如 Bittner(1901)、Mansuy(1908)、Diener(1913)和 Patte(1922,1929)等都把它们归于 *Plagiostoma subpunctata* 这一种群之内。

当前标本近似于我国云南的 *Lima* cf. *subpunctata*(Patte,1922)的在于有近直的前边缘,但云南标本壳小。Bittner 图示的布空尼的 *Lima*(*Plagiostoma*) aff. *subpunctata*(Bittner,1901),在轮廓和耳的形状方面可能最接近当前标本,可惜那个标本没有文字描述。

Diener(1913)鉴定为 *Lima* aff. *subpunctata* 的一些标本,壳面具有许多细致的射线,没有显示疹点装饰。另外一个相似的是越南的同种标本(Mansuy,1908),显示有清楚的后耳,但出现许多细的射线。

此外,要指出的是 Salomon(1895)记述的 *Lima*(*Plagiostoma*) *subpunctata*,标本中除了其图 9 是抄录 Münster 的原始图影外,其余的标本都十分像 *Mysidioptera* 属,这一情况早经 Bittner(1895)指出。

当前标本也接近壳面光滑或带细射线的斜卵形的 *Lima*(*Plagiostoma*) *praecursor* Qünstedt(1856),或者类似印尼诺利克阶的 *Lima* aff. *praecursor*(Krumbeck,1913),但当前的材料保存不好,尤其是壳饰的真实情况不明,很难与这些标本做较多的比较。根据一般轮廓,当前标本也接近于小亚细亚的 *Lima*(*Plagiostoma*) *mysica* Bittner,1891,但那一种的前后部有弱的细射线。

插图 107 *Plagiostoma* cf. *subpunctatum* d'Orbigny,1849
1. 左壳内模,×1,登记号:16042,近模;2. 右壳内模,×1,登记号:16043,近模。

层位与产地 三桥组;贵阳三桥。
野外编号 KA1,KH2,KH7,GC3。

光滑斜锉蛤 *Plagiostoma laevigatum* Yin et Gan,1978

(插图 108)

1927 *Lima*(*Plagiostoma*) cf. *nuda*,Reed,p. 229,pl. 18,fig. 31.

1976 *Plagiostoma* cf. *nudum*,顾知微等,p. 328,pl. 40,fig. 7.

1978 *Plagiostoma laevigata* Yin et Gan,甘修明等,p. 365,pl. 121,figs. 27,28.

1978 *Plagiostoma commania* Yin,甘修明等,p. 365,pl. 121,figs. 6,7.

插图 108 *Plagiostoma laevigatum* Yin et Gan,1978
1. 左壳内模,×1,登记号:16045,近模;2. 右壳内模,×1,登记号:16046,近模。

仅有 2 块标本。壳方卵形,适度隆曲,长与高近相等,约 25mm,腹边宽圆,稍向前伸展,并逐渐向壳顶部收缩。前壳顶脊明显,与铰线约成 40°角,向下伸展至壳高一半处。壳顶凸圆,位置近中央但靠前;铰线短;前耳小,与壳体区分不显,后耳较大,三角形。

壳面近腹边显示一些不规则的同缘线饰。

比较 当前标本的轮廓、两耳和短的铰线,类似于云南的 *Plagiostoma* cf. *nudum* Parona(Reed,1927;顾知微等,1976)的标本已由甘修明等(1978)建立新种 *P. laevigata* Yin et Gan。他们描述的同层位同产地的另一种 *P. commania* Yin 与 *P. laevigata* Yin et Gan 没有不同特征,应为同物异名,本书合并为一种。

云南的同名标本 *Plagiostama* cf. *nuda*(Reed,1927),亦与当前标本相似,但云南标本的个体小,壳面饰有强的同缘脊。

层位与产地 三桥组;贵阳三桥。

野外编号 KA2。

斜锉蛤(未定种 1) *Plagiostoma* sp. 1
(插图 109)

1 块大的保存不佳的标本,倾斜卵形,长 63mm;壳面膨隆颇强。根据壳体轮廓,它十分类似于 *Plagiostoma striatum lineata*(Schlotheim)(Goldfuss,1834—1840),可是当前标本的壳面没有任何放射线显示。

插图 109 *Plagiostoma* sp. 1
右壳内模,×1,登记号:16044。

层位与产地 关岭组;晴隆。

野外编号 KA115a。

斜锉蛤?(未定种 2) *Plagiostoma*? sp. 2
(插图 110)

1 块标本,横卵形轮廓,长 12.4mm,高 8mm;前后两端圆,徐徐没入稍呈弧形的腹边,壳顶宽钝,位置在壳长前方 1/3 处。壳面同缘线颇清楚。壳嘴下铰合区中央显示一个近三角形的弹体窝,位置稍倾斜。

比较 当前标本的外部轮廓类似于越南的 *Unionites minima* Mansuy(1919),但它显示弹体窝构造,显然不是 *Unionites*。据弹体窝的形状,帝汶岛的 *Plagiostoma subpunctoides* Krumbeck(1924),尤其是图 12 显示弹体窝的标本与当前标本接近,但该种有疹点壳饰。

当前的标本归在 *Plagiostoma* 属尚有困难,它的弹体窝构造是属 *Plagiostoma* 的,而外部轮廓横卵形,无耳,不属 *Lima* 型轮廓。鉴于材料太少,暂时把当前的标本确定为 *Plagiostoma*?。

插图 110　*Plagiostoma*? sp. 2

1. 左壳内模,×2,登记号:16048;2. 同一标本放大,示弹体窝,×3。

层位与产地　把南组第二段;贞丰挽澜。

野外编号　KA82。

斜锉蛤?（未定种 3）　*Plagiostoma*? sp. 3

（插图 111）

1 块破碎的标本,个体甚大,上半部没有保存,壳面覆有众多平的放射脊。

比较　当前标本与 *Plagiostoma striatum* (Schlotheim)可能接近,但标本破碎,不能做进一步的鉴定。

插图 111　*Plagiostoma*? sp. 3

外模标本,×1,登记号:16047。

层位与产地　青岩组;贵阳青岩。

野外编号　KA665。

闭镜蛤属　Genus *Mysidioptera* Salomon,1895

模式种　*Mysidioptera ornata* Salomon,1895

时代与分布　三叠纪;欧、亚等洲。

曲线闭镜蛤　*Mysidioptera incurvostriata* (v. Gümbel),1861

（插图 112）

1889 *Lima incurvostriata*,Wöhrmann,p. 202,pl. Ⅵ,figs. 10,11.

1895 *Mysidioptera incurvostriata*,Bittner,p. 191,pl. ⅩⅫ,figs. 11,12.

1901 *Mysidioptera incurvostriata*,Bittner,p. 64,pl. Ⅱ,figs. 9,12.

1904 *Mysidioptera incurvostriata*,Broili,p. 180,pl. ⅩⅩ,figs. 17,18.

1907 *Mysidioptera incurvostriata*,Frech,p. 69,pl. ⅩⅢ,fig. 4.

1919 *Mysidioptera* cf. *incurvostriata*,Mansuy,p. 4,pl. Ⅰ,fig. 5.

1927 *Mysidioptera* cf. *incurvostriata*,Reed,p. 221,pl. ⅩⅧ,fig. 23.

1976 *Mysidioptera incurvostriata*,顾知微等,p. 239,pl. 40,figs. 8,9.

1978 *Mysidioptera incurvostriata*,甘修明等,p.362,pl.40,figs.14,15.

壳中等—大,近卵形,壳面适度膨隆,高大于长;壳嘴下的前边缘上部稍凹曲,此凹曲边缘止于壳高约1/2处;下部前边缘呈圆弧形弯曲,并于圆形的腹边结合,虽然一些标本的后边缘已破碎不全,但还可以观察到后边缘呈圆弧形。铰边短,约为壳长的1/2,直;壳嘴尖,位置在壳背顶端。

壳面放射脊发育明显,通常宽圆形,有时轻微地弯曲,放射脊间距不相等。生长同缘线发育不佳,有的标本仅在腹边缘部分可被观察到。

最大的一块标本长53mm,高56mm。

比较 Reed(1927)所记我国云南 *Mysidioptera* cf. *incurvostriata*(Gümbel)标本仅保存左壳的前半部,壳面覆盖有低圆的放射脊,近前边缘的放射脊强,更为高耸。越南的 *Mysidioptera* cf. *incurvostriata*(Gümbel)(Mansny,1919)亦保存不佳,壳面显示许多不等距的放射脊,它们颇明显,圆,有时轻微弯曲。当前标本前边缘上部凹曲的形状,与云南的标本颇为一致。

插图 112 *Mysidioptera incurvostriata*(v. Gümbel),1861
1. 右壳内模,×1,登记号:16051,近模;2. 右壳内模,×1,登记号:16052,近模。

层位与产地 三桥组;贵阳三桥。

野外编号 KA2,GC6,KA10。

差棱闭镜蛤 *Mysidioptera inaequicostata* Chen,1976

(插图 113)

1976 *Mysidioptera inaequicostata* Chen,顾知微等,p.238,pl.40,fig.5.

1978 *Mysidioptera inaequicostata*,甘修明等,p.361,pl.120,fig.3.

1 块右壳标本,锉蛤型轮廓,适度隆曲,长 28mm,高 39mm;壳顶下前壳边缘向内凹曲,约占壳高的1/3,形成深曲的小月面,然后近垂直地下降,腹边前部有些破碎,后部呈弧形弯曲与后边缘相连,后边缘中部近直,几乎与前边缘平行,于背部徐徐同铰边成圆的钝角连接。铰边直,长度比壳长稍短。壳嘴颇尖,位于近前端,壳顶周围隆曲最显。

壳面覆盖有众多的放射脊,前部壳面有 10 根宽平的放射脊,近腹边每根宽约 1.3mm,并为同样宽度的浅平凹沟所隔开;后部壳面放射脊 12—13 根,强度减弱,较细,并略微弯曲,尤其近背边的一些放射脊更是如此。壳的前边缘部分可能存在十分细的放射线饰。

比较 当前种以壳面不等的放射脊区别于在轮廓上类似的 *Mysidioptera emimilae* Bittner(1900),*Mysidioptera similis* Bittner(1901)和 *Mysidioptera multicostata* Bittner(1901),后 3 种前边缘通常发育成耳。

Mysidioptera elongata Broili(1904)和 *Mysidioptera fassaensis* Saloman(1895)也与当前种相似,但 *Mysidioptera fassaensis* 以规则而弯曲的放射脊往来不绝为特征。

当前标本的铰合器构造没有观察到,无论如何,以不具有清楚的壳顶脊可区别于 *Plagiostoma* 属所有种的标本。

插图 113　*Mysidioptera inaequicostata* Chen,1976
左壳侧视,×1,登记号:16053,正模。

层位与产地　三桥组;贵阳花溪。

野外编号　GC6。

法薩闭镜蛤　*Mysidioptera fassaensis*(Saloman),1895

(插图 114)

1895 *Mysidioptera fassaensis*,Bittner,p. 196,pl. XXI,figs. 8—10.

1915 *Mysidioptera fassaensis*,Assmann,p. 607,pl. 32,figs. 22,23.

1937 *Mysidioptera fassaensis*,Assmann,p. 53,pl. II,figs. 4,5.

1块小的 *Lima* 型的壳,后背边保存不完整,可能是直的;壳嘴尖,前腹边凹曲;首级放射线起自壳顶,通常略显弯曲,总数约 20 根,近腹边时有弱的次一级放射线间生。

比较　当前标本可能与原定为 *Mysidioptera fassaensis*(Saloman)的标本接近,但后者壳面往往出现生长圈。根据轮廓,当前种也类似于 *Mysidioptera cainalli costata* Bittner(1895)。可惜,当前标本仅有 1 块,保存又不佳,不能做更多的比较。

插图 114　*Mysidioptera fassaensis*(Saloman),1895
左壳侧视,×2,登记号:16050,近模。

层位与产地　把南组第二段;贞丰挽澜。

野外编号　KF109。

雷氏闭镜蛤(比较种)　*Mysidioptera* cf. *laczkoi* Bittner,1901

(插图 115)

cf. 1901 *Mysidioptera laczkoi* Bittner,p. 66,pl. III,figs. 9—11.

代表这个种的仅有 1 块标本,壳卵形,长 11mm,高 12mm,颇膨隆,壳顶下前方稍向内凹曲,铰线短直,仅为壳长的1/4。壳顶圆,向前凸出,位置近顶端。

壳面放射线细,数目众多,在前后部减弱。一些同缘生长线在壳下部可以看到。

比较 当前标本在一般轮廓上接近布空尼的*Mysidioptera laczkoi* Bittner(1901),但布空尼的种放射饰更细,并常为生长层改变方向。而且当前标本的铰线更短,这也是与有关种不同的。

插图115 *Mysidioptera* cf. *laczkoi* Bittner,1901
左壳侧视,×1.5,登记号:16049,近模。

层位与产地 三桥组;贵阳三桥。
野外编号 KA7。

疹孔闭镜蛤 *Mysidioptera punctata* Chen,1974
(插图116)

1974 *Mysidioptera punctata* Chen,陈楚震等,p. 335,pl. 175,fig. 28.
1976 *Mysidioptera punctata*,顾知微等,p. 238,pl. 39,figs. 37—39.
1978 *Mysidioptera punctata*,甘修明等,p. 361,pl. 120,figs. 18,19.

描述标本共有5块,其中3块左壳,2块右壳。壳中等—大,*Lima*形,等壳,尚膨隆;前边缘形成陡坡,弧形弯曲,上部向前伸出,似耳。铰边短直,逐渐没入圆的后缘。壳嘴尖,前转,凸出在铰边之上。

壳面兼有同缘饰和放射饰,前部放射脊明显,其中第10—11根很强,逐渐向前壳坡变细,自壳顶(或后背部)至壳高一半处,放射饰细,发育不显。每2根放射脊间发育有细的疹点。同缘饰在壳下部显著。

度量(mm)

标本	左壳		右壳	
	长度	高度	长度	高度
16054	/	/	24.2	32.4
16055	10.8	12.0	/	/
16056	39.9	42.2	/	/

比较 当前种以壳面的每两根放射饰之间发育有细的疹点的特征区别于*Mysidioptera vixcostata* Stoppam。

插图116 *Mysidioptera punctata* Chen,1974
1. 右壳侧视,×1,登记号:16054,正模;2. 左壳侧视,×1,登记号:16055,副模;3. 左壳侧视,×1,登记号:16056,副模。

层位与产地 青岩组;贵阳青岩。

野外编号 KA661,KA665,KA669。

小步蛤属 Genus *Badiotella* Bittner,1895

模式种 *Badiotella schaurothiana* Bittner,1895

时代与分布 中—晚三叠世;欧、亚等洲。

贵州小步蛤 *Badiotella guizhouensis* Chen,1974

(插图 117)

1974 *Badiotella guizhouensis* Chen,陈楚震等,p. 347,pl. 157,fig. 10.

1976 *Badiotella guizhouensis*,顾知微等,p. 239,pl. 40,figs. 1—4.

1978 *Badiotella guizhouensis*,甘修明等,p. 361,pl. 120,fig. 17.

1978 *Plagiostoma altilunula* Yin,甘修明等,p. 365,pl. 121,fig. 26.

1985 *Mysidioptera kaiyuanensis* Guo,郭福祥,p. 163,pl. 125,figs. 1,2.

描述的标本共 4 块,其中 3 块为内模。壳大,圆三角形轮廓,适度膨隆,两侧近于相等,长高约相等;壳顶部尖狭,向前后两侧边缘逐渐扩展,形成宽圆形的腹边;前部边缘发育成脊,稍凹曲,向下伸展止于壳高约 1/2 处,此脊成为小月面的外界;盾纹面清楚,深凹。

壳面覆有尖锐的放射脊 18—20 根,强度均一,仅靠近前部边缘的少数放射脊较细。近腹边有 1 个生长圈出现。

有一块标本(插图 117,图 1)的壳顶部可能略变形,显得向后扭曲。另一块标本(插图 117,图 3)壳面放射脊尖锐高耸,共 14 根,近前部边缘有 3 根较弱。

度量(mm)

标本	左壳	
	长度	高度
16058	31.5	31.5
16060	42.5	42.5

插图 117 *Badiotella guizhouensis* Chen,1974

1. 左壳内模,×1,登记号:16060,副模;2. 左壳内模,×1,登记号:16059,副模;3. 左壳侧视,×1,登记号:16111,副模;

4. 左壳内模,×1,登记号:16058,正模。

比较 当前标本的铰合区构造没有保存,根据深凹的小月面和壳的轮廓,暂把它鉴定为 *Badiotella*。

当前种与 *Badiotella schaurothiana* Bittner(1895)的区别是其壳大,长高约相等,Bittner 的种近圆形,前边缘更圆。

与当前种最接近的是 *Badiotella excellens* Philippe(1904),但后者壳体狭,壳顶十分尖,后边缘发育成耳。Tommasi(1911) 记载的 *Badiotella excellens* Philippe(Tommasi,1911) 有更大的壳体,具 18 根放射脊,但壳体保存不完整。

甘修明等(1978)记述的同产地和同层位的 *Plagiostoma altilunula* Yin 的标本在壳形或在壳饰方面,与当前种相似。

云南的另一种 *Mysidioptena kaiyuanensis* Guo,没有特征可与当前种区别。因此,笔者把上述 2 种作为次同物异名并入本种内。

层位与产地　三桥组;贵阳三桥、清镇鸭塘寨。

野外编号　KA10,Ⅵ−1015f。

光海扇亚目　Suborder Entoliidina Hautmann,2011

光海扇超科　Superfamily Entolioidea Teppner,1922

光海扇科　Family Entolioidae Teppner,1922

光海扇亚科　Subfamily Entoliinae Teppner,1922

光海扇属　Genus *Entolium* Meek,1865

模式种　*Pecten demissum* Phillips as sensu Quenstedt,1933

郭福祥(1988)建立的 *Bupecten* Guo,1988,作为特征的"似牛耳状高凸在铰边之上的两耳"是其剪切图影或修理标本时失误所致。所以 *Bupecten* 属是 *Entolium* Meek 的次同物异名(Fang Zongjie et al.,2009)。

时代与分布　中生代;欧、亚、美等洲。

关岭光海扇?(新种)　*Entolium? guanlingense* sp. nov.

(插图 118)

种名 guanlingense 来自新种标本的产地——贵州永宁镇关岭村。

描述的材料中,仅有 1 块标本,它的前耳上部已破碎。壳纵卵形,高稍大于长;扁,仅在壳顶周围略隆曲;壳顶位置中央,不凸出在铰线之上;铰线短直,长约 5.4mm。前耳分界清楚,前耳上部已破碎,后耳平,呈三角形,它的后边缘圆,两耳的大小可能是相等的。

壳面装饰除同缘线外,还呈现小的凹凸点状饰纹,组成似 *Eocamptonectis* 属壳面饰纹。两耳光滑,仅见同缘线。

壳长 10.61mm,高 11.3mm。

插图 118　*Entolium? guanlingense* sp. nov.

左壳内模,×3,登记号:15995,正模。

比较 当前新种的标本,以壳面有小凸点状装饰为特征。壳饰方面最类似于意大利翁布里亚(Umbria)的 *Entolium? amerinum*(Sirna,1968;Allasinaz,1972)和 Marmolada 的 *Filopecten? rosaliae*(Salomon)(Allasinaz,1972)。但是意大利的标本显示明显且粗的同缘褶饰。*Filopecten* Allasinaz,1972 应是 *Entolium*属的同物异名。以上 *Entolium* 属 3 种中同见上述的壳饰,可能这些标本代表了一个新属特征,但有待进一步研究。本书依 Allasinaz(1972)的意见,仍存疑地将它们归入 *Entolium*。

层位层位 关岭组;关岭永宁镇。

野外编号 KA50。

耸耳光海扇?(比较种) *Entolium? cf. kellneri*(Kittl),1903

(插图 119)

cf. 1903 *Pecten*(*Entolium*)*kellneri* Kittl,p. 709,text fig. 36.

cf. 1972 *Entolium kellneri*,Allasinaz,p. 290,pl. 36,fig. 6.

1976 *Entolium* cf. *kellneri*,顾知微等,p. 209,pl. 34,fig. 4.

1978 *Entolium* cf. *kellneri*,甘修明等,p. 354,pl. 118,fig. 16.

在许德佑(1944)的标本中,有 1 块保存不佳的标本非常接近 *Pecten*(*Entolium*)*kellneri* Kitll。壳纵卵形,腹边没有保存,适度隆曲;两耳尖锐,高耸在铰边之上。

讨论 郭福祥(1985)建立的 *Bupecten* Guo 和 *B.*(*Linobupecten*)Guo,1985 显示放射壳饰和上耸双耳。1988 年他又发表上耸双耳和壳面光滑的 *Bupecten* Guo(1988)。这两个属都有 *Entolium* 壳形,显然*Linobupecten* 应是 *Entolioides* Allasinaz,1972 的次同物异名,而 *Bupecten* 的高耸双耳是原作者剪切化石图片不当而造成的。因此,*Bupecten* 是 *Entolium* 的次同物异名(Fang et al.,2009),*Entolium* 可能用于 *kellneri* 种的属名。

插图 119 *Entolium? cf. kellneri*(Kittl),1903
左壳侧视,×1,登记号:15997,近模。

层位与产地 赖石科组;贞丰龙场。

野外编号 KF106。

小光海扇 *Entolium minor* Chen,1976

(插图 120)

1976 *Entolium minor* Chen,顾知微等,p. 209,pl. 34,fig. 11.

1978 *Entolium minor*,甘修明等,p. 354,pl. 119,fig. 12.

壳轮廓圆形,长高相等,或长稍大,两侧相等。腹边宽圆形,徐徐没入前后两侧,构成圆形轮廓;轴角120°—130°,壳顶尖凸;两耳三角形,相等,边缘圆,铰边短而直,长度仅为壳长的 1/3。

自壳顶向前后两侧的下方伸展一对凹沟,沟浅,易于看到。

在一块小的标本的后耳近铰边(插图 120,图 2)处,有一条凸出的铰带脊(cardinal crura)。

壳面覆有细致的同缘线。

标本	左壳	
	长度	高度
15998	24.0	23.0
15999	15.0	15.0

比较　当前标本最接近于我国云南的 *Entolium subseclltum* Reed(1927)，但云南种的铰线近于壳长的 1/2，轮廓横向伸展，而当前标本有圆的轮廓，铰线短。

在外形上，阿尔卑斯地区 Raibl 层的 *E. hallensis* Wöhrmann(1899) 和 *Pecten schlosseeri* Wöhrmann (1899)也与当前种有些相似，但后两种通常壳高大于长，壳形在纵向扩展。

在美国俄勒冈(Oregon)发现的 *Pecten(Entolium) ceruleus* Smith(1927)，以甚深的内脊凹沟为特征，不同于当前种。

插图 120　*Entolium minor* Chen,1976
1. 左壳侧视，×1，登记号：15998，正模；2. 左壳侧视，×1，登记号：15999，副模。

层位与产地　三桥组；贵阳三桥。
野外编号　KA11。

圆光海扇　*Entolium rotundum* Chen,1974

(插图 121)

1935 *Pecten* sp. aff. *P. tenuistriatus* var. *schlotheimi*,Patte,p. 29,pl. Ⅲ,figs. 17,18.

1974 *Entolium tenuistriatum rotundum* Chen,陈楚震等,p. 374,pl. 177,figs. 28,29.

1976 *Entolium tenuistriatum rotundum*,顾知微等,p. 209,pl. 34,figs. 35—39.

1976 *Entolium tenuistriatum rotundum*,文世宣等,p. 54,pl. 12,fig. 1.

1978 *Entolium tenuistriatum rotundum*,甘修明等,p. 354,pl. 118,figs. 10,13.

有很丰富的标本。壳圆形轮廓，长与高近于相等，壳体较凸的标本通常高略大于长；壳体中部膨隆较强。壳顶位于中央，两侧下落颇陡，因此与两耳分界明显。自壳顶前后有一对浅的凹沟向前后腹边伸展，通常止于壳高约一半处。两耳发育，大而平，三角形，耳边缘圆，微耸起在铰边之上；左壳前耳稍小；铰边直，约为壳长之半或 1/3，沿铰边有一小的齿脊出现。

壳面放射饰平，数目众多，中部混杂有倾斜分叉呈角状散开的饰脊；腹边缘射脊排列齐整；射脊间凹曲细而浅，剖面呈方形，宽度约为射脊宽的 1/3。同缘生长线在高度一半以下最清楚。两耳上有时可见细的放射线。

度量(mm)

标本	长度	高度
16002	38.0	37.0
16003	33.0	34.5

比较　当前种具有圆形轮廓，可与 *Entolium tenuistriatum* (Muster)区别。Patte(1935)的标本的轮廓

破损不全,但根据壳中部混杂有倾斜分叉呈角状散开的饰脊,当前标本应该和 Patte 的标本为同一种(他的标本也采自三桥的同样层位)。

1972 年 A. Allasinaz 曾经以 E. filosum(Hauer)的壳饰等特征建立 Filopecten 属,陈楚震 1979 年 7 月 4 日在访问意大利米兰大学时,观察了原始标本,认为所谓"filosus 构造"也见于石炭纪、二叠纪的 Pernopecten 的一些种,因此 Filopecten 壳饰是一种假壳饰。此类假壳饰也出现在 Pleuronectites 属(Hagdorn,1995;Waller,Stanley,2005)。由此得出 Filopecten 是 Entolium 的同物异名。

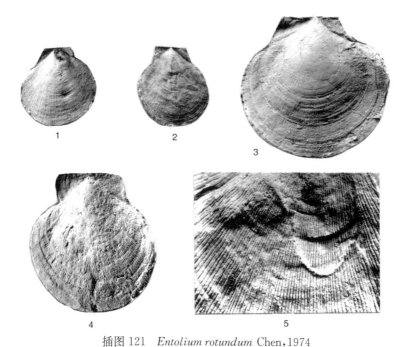

插图 121　*Entolium rotundum* Chen,1974

1. 左壳侧视,×1,登记号:16000,副模;2. 左壳侧视,×1,登记号:16001,副模;3. 左壳侧视,×1,登记号:16002,正模;
4. 左壳侧视,×1,登记号:16003,副模;5. 示壳饰,×5。

层位与产地　三桥组、把南组;贵阳三桥、花溪,贞丰挽澜。
野外编号　KA8,GC3,GC6,GC6a,KA78,KA81,KA82,KF132。

平凡光海扇(比较种)　*Entolium* cf. *quotidianum*(Healey),1908
(插图 122)

cf. 1908 *Pecten*(*Syncyclonema*) *quotidianus* Healey,p. 46,pl. Ⅶ,figs. 4—11.
1927 *Pecten*(*Syncyclonema*) cf. *quotidianus*,Reed,p. 228,p. ⅩⅨ,fig. 7.
cf. 1972 *Filopecten quotidianum*(Healey) Allasinaz,p. 226.
cf. 1976 *Entolium quotidianum*,顾知微等,p. 210,pl. 34,figs. 14,15.

1 块保存不佳的标本,纵卵形轮廓,长 16.5mm,高 18.2mm;壳嘴后(?)侧见一凹沟通向腹部。两耳没有保存,情况未明。壳面饰有弱的分叉散开的放射线。

Allasinaz(1972)把这一种归在他建立的 *Filopecten* Allasinaz,1972,主要依据壳面曲折放射纹饰结构。这类结构也可见于 *Entolium* 或 *Pernopecten*,*Protoentolium*,*Pleuronectites* 属,很可能这是反映在壳钙质外层的假壳饰结构(Hagdon,1995)。因此,笔者仍将其归入 *Entolium*。

插图 122　*Entolium* cf. *quotidianum*(Healey),1908

左壳内模,×1,登记号:16009,近模。

层位与产地　火把冲组;郎岱荷花池。

野外编号　KL180。

光海扇(未定种 1)　*Entolium* sp. 1

(插图 123)

1 块保存不好的标本,壳近圆形,壳嘴前(?)有一凹沟向腹边射出,两耳均已破碎。

比较　根据壳的轮廓和腹边凹沟的出现,当前标本是属于 *Entolium* 的,而且十分类似于我国云南上三叠统的 *E. subsecutus* Reed(1972),但云南标本的轮廓更横向伸展。在一般外貌上,越南的"*Pecten*" cf. *ussuricus* Bittner(Mansuy,1916)亦与当前标本有相似之处,越南的标本长高约相等,据对它的附图的观察,其也有内脊出现。Bittner(1899)对"*Pecten*" *ussuricus* 的最初描述,没有提到出现内脊的特征。

插图 123　*Entolium* sp. 1

不完整的左壳(?)内模,登记号:16008。

层位与产地　三桥组;贵阳三桥。

野外编号　KA2。

近斧形光海扇　*Entolium subsecutum*(Reed),1927

(插图 124)

1927 *Pecten*(*Snycyclonema*) *subsecutus* Reed,p. 219,pl. 17,fig. 12.

1976 *Entolium subsecutum*,顾知微等,p. 210,pl. 34,fig. 16.

1976 *Entolium subsecutum*,文世宣等,p. 54,pl. 12,fig. 4.

1976 *Entolium subsecutum*,马其鸿等,p. 307,pl. 29,figs. 23—25.

1985 *Entolium subsecutum*,张作铭等,p. 88,pl. ⅩⅩⅪ,fig. 5.

1 块保存不够完整的标本,腹部均已破碎,没有保存。壳面膨隆显得不均一,可能是受压的关系;壳顶部隆凸较强,逐渐向腹边方向变得曲凹。三角形的两耳近于相等,前耳(?)或许稍大,耳的边缘圆。在壳顶前后处,一对与铰边近平行的耳铰带脊出现,在标本上观察到的为 1 对凹沟。三角形的弹体窝已显得有些磨损,位置在铰边中间。

插图 124 *Entolium subsecutum* (Reed), 1927
左壳内模,×1.5,登记号:16004,近模。

层位与产地 把南组第二段;贞丰挽澜。
野外编号 KA88。

光海扇(未定种 2) *Entolium* sp. 2
(插图 125)

2块保存不全的标本,壳顶部分已破损。壳顶似适度隆曲;放射饰纹中混杂的斜向折曲常交成角状的饰纹。

根据当前标本保存的壳面装饰判断,其与 *Entolium tenuistriatum* (Münster)相似,但保存的标本实在太破损,不能做更多的比较。

插图 125 *Entolium* sp. 2
破损标本,×1,登记号:15996。

层位与产地 竹杆坡组;关岭永宁镇竹杆坡。
野外编号 KA54。

近大耳光海扇(新种) *Entolium submaganeauritum* sp. nov.
(插图 126)

有较多海扇形的标本,与 *Entolium magneauritum* (Kittl)相近。壳小、纵卵形、等壳,膨隆较缓,仅在壳顶区域稍隆曲,长高相等,或高稍大于长;壳顶位于近背缘中央,稍伸出在铰线之上,壳顶角90°—100°,壳顶两侧颇陡,形成斜坡。铰线直,约为壳全长的2/3。两耳发育,近三角形,平;前耳较后耳大,显示十分浅的足丝凹曲,后耳的后边缘圆,与铰边结合成钝角,两耳与壳体间以浅的耳凹分开,右壳的足丝凹口浅,左壳足丝凹曲微弱。

壳面及两耳均发育有同缘装饰。

插图 126 *Entolium submaganeauritum* sp. nov.

1. 左壳侧视,×2,登记号:16019,正模;2. 左壳侧视,×2,登记号:16020,近模;3. 左壳侧视,×3,登记号:16021,近模;
4. 左壳侧视,×4,登记号:16022,近模;5. 左壳侧视,×4,登记号:16023,近模;6. 右壳侧视,×2,登记号:16024,近模;
7. 左壳侧视,×4,登记号:16025,近模;8. 左壳侧视,×4,登记号:16026,副模;9. 左壳侧视,登记号:16027,副模。

度量(mm)

标本	左壳		右壳	
	长度	高度	长度	高度
16019	10.0	10.0	/	/
16020	9.0	9.0	/	/
16021	6.9	7.0	/	/
16022	6.0	6.0	/	/
16023	3.0	3.3	/	/
16024	/	/	6.0	6.5
16025	3.8	4.1	/	/
16026	3.4	3.8	/	/
16027	3.8	4.0	/	/

比较 当前新种与前南斯拉夫的 *E. maganeauritum*(Kittl)最接近,唯一可资区别的是前南斯拉夫的种具有圆的轮廓。类似的标本还在乌苏里地区有发现,已由 Kiparisova(1938)命名为 *Pecten*(*Chlamys*)*kryschtofowichi* Kiparisova。它们的壳体较当前新种更狭高,纵向延伸,壳面同缘饰细致。这些标本似可与 Hayami(1957)指出的壳面光滑的 *Camptonectes* 群比较。

当前标本在总体轮廓上也与 *Pecten mentzeliae* Bittner(1902)类似,但后者壳面有细的放射线饰。

层位与产地 青岩组、关岭组;贵阳青岩、关岭永宁镇。

野外编号 KA667,KA45。

类光海扇科 Family Entolioidesidae Kasum-Zade,2003

类光海扇亚科 Subfamily Entolioidesinae Kasum-Zade,2003

类光海扇属 Genus *Entolioides* Allasinaz,1972

模式种 *Pecten zitteli* Wöhrmann et Koken,1892

时代与分布 三叠纪;欧、亚等洲。

双形类光海扇　*Entolioides difformis*(Chen),1974

（插图 127）

1974 *Pleuronectites difformis* Chen,陈楚震等,p. 335,pl. 175,figs. 20,21.

1974 *Pleuronectites difformis*,陈楚震,p. 165,pl. 29,figs. 33—35,37,38.

1978 *Pleuronectites difformis*,甘修明等,p. 345,pl. 117,figs. 1,2.

1982 *Pleuronectites difformis*,李金华等,p. 37, pl. 5,figs. 1,2.

　　壳纵卵形—近扇形,两瓣稍不等,但长高相等。

　　左瓣适度膨隆,后方壳面自壳顶伸展至凹沟,止于后部壳高约1/2处。壳顶位置近中,稍伸出在铰线之上,中央通常稍凹陷;顶轴角约90°。铰线直,其长约为壳长1/2。两耳明显,三角形,平;右前耳略大,前边缘圆,与壳体间有浅的耳凹为界,足丝凹曲浅;后耳小,后边缘圆,以浅的耳凹与壳体分界。不规则的细弱放射饰布满整个左壳面,数目众多。近前后侧边缘放射饰缺失。两耳饰有同缘线。

　　右瓣平,前端圆,稍向前伸展。两耳明显:后耳三角形,后边缘斜切,借浅的耳凹与壳体分界;前耳长,略向前伸展,凹深,之下有一浅的足丝凹口。壳面饰有不规则的同缘线,覆盖在两耳的同缘线细。

　　个体小的右瓣(插图127,图7)通常前耳较短,足丝凹口浅。

　　另外一块右瓣标本(插图127,图6),长28mm,高22.4mm,长度大,大于高度,近扇形轮廓,壳面也显得隆曲,轴角近90°。

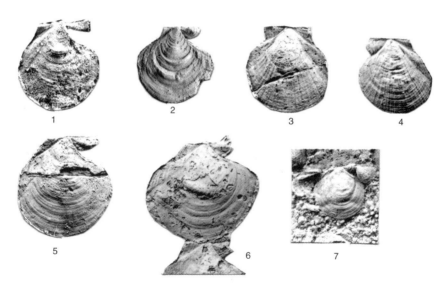

插图 127　*Entolioides difformis*(Chen),1974

1. 右壳侧视,×2,登记号:16033,副模;2. 右壳侧视,×1,登记号:16034,副模;3. 左壳侧视,×1,登记号:16035,副模;

4. 左壳侧视,×1,登记号:16036,副模;5. 右壳侧视,×1,登记号:16037,正模;6. 右壳侧视,×1,登记号:16038,副模;

7. 右壳幼年个体侧视,×1,登记号:16039,副模。

度量(mm)

标本	左壳		右壳	
	长度	高度	长度	高度
16033	/	/	12.7	12.7
16034	/	/	18.0	18.0
16035	19.3	19.3	/	/
16036	18.0	18.0	/	/
16037	/	/	23.5	23.5

　　比较　当前标本具近等边的外形,右壳面光滑,左壳面显示放射饰等特点,可能是 *Entolioides* Allasinaz,1972,不是 *Pleuronectites* 属。在外形和壳饰方面,当前种最类似俄罗斯乌苏里的 *Pecten ussuricus* Bittner(Bittner,1899a,b；Kiparisova,1938；Kiparisova et al.,1954),这一种后来由 Allasinaz(1972)归入他建立的 *Scythentolium*。但当前标本显示右前耳较大。另一个相似的种是美国内华达的 *Entolioides utahensis* (Meek)(Newell,Boyd,1975),美国种显示强的放射脊饰和较小的右前耳。无论如何,当前种左壳面众多细弱的放射壳饰和较大的右前耳,可资区别。

当前标本显示,幼年和成年壳的壳形和前耳可以发生变化。1974 年,陈楚震忽视这一点而误将其归为 *Pleuronectites* 属。

层位与产地 关岭组；关岭永宁镇。

野外编号 KA42。

近半类光海扇(亲近种) *Entolioides* aff. *subdemissus*(Münster in Bittner),1895

(插图 128)

1895 *Pecten* cf. *subdemissus*,Bittner,p. 195,pl. XIX,fig. 28.

aff. 1972 *Entolioides subdemissus*,Allasinaz,p. 298,pl. 37,figs. 10,13；pl. 38,fig. 13.

1 块为纵卵形轮廓的标本,扁,仅壳顶部适度隆曲,壳顶两侧有 1 对凹沟通向腹边,前一凹沟较明显；后耳三角形,平,前耳未保存。壳面饰有弱的放射线。另一块标本(插图 128,图 1)上,细的放射线比较清楚。

比较 当前保存不完整标本的轮廓和壳饰,类似于 Bittner(1895)描述的"*Pecten*" cf. *subdemissus*。根据 Allasinaz(1972)意见,*Pecten subdemissus* Münster 应归于 *Entolioides* Allasinaz,1972 之内。它区别于 *Entolium* 的是左壳具放射饰,稍不等瓣,铰边直。

插图 128 *Entolioides* aff. *subdemissus*(Münster in Bittner),1895
1. 左壳侧视,×4,登记号:16030,近模；2. 左壳侧视,×4,登记号:16031,近模。

层位与产地 把南组第一段；贞丰挽澜。

野外编号 KA79,KA82。

近半类光海扇(比较种) *Entolioides* cf. *subdemisium*(Münster),1841

(插图 129)

1914 *Pecten* (*Amussium*) cf. *subdemisium*,Mansuy,p. 69,pl. VIII,figs. 1,3.

1920 *Pecten*? sp. aff. *P. subdemisium*,Mansuy,p. 37,pl. V,fig. 6.

1926 *Pecten* cf. *subdemisium*,Patte,p. 149,pl. X,figs. 3,4.

non 1927 *Pecten*(*Entolium*) cf. *subdemisius*,Reed,p. 189,pl. 7,fig. 26.

cf. 1943 *Amussium* (*Entolium*) *subdemisium*,Leonad,p. 23,pl. 2,figs. 16,17.

cf. 1966 *Entolium subdemisium*,Allasinaz,p. 665,pl. 45,figs. 5,8.

cf. 1972 *Entolioides subdemisium*,Allasinaz,p. 298,pl. 37,figs. 10—13；pl. 38,figs. 1—3.

non 1976 *Entolium* cf. *subdemisium*,顾知微等,p. 209,pl. 34,fig. 19.

non 1985 *Entolium subdemisium*,张作铭等,p. 89,pl. XXXI,fig. 23.

一些保存不佳的标本,纵卵形轮廓,有时显得稍不对称,高大于长。自壳顶开始有一对弱的凹沟射向前后两端和腹边。两耳部分稍有破坏,但尚可辨别是近角状的,几近相等,有一陡的小斜面与壳体分开。铰线直,壳面光滑。壳顶上方出现一个三角形的弹体窝。

度量(mm)

标本	长度	高度
16005	12.5	13.6
16006	10.0	13.0
16007	11.5	14.0

比较 当前标本的一般轮廓特征与 Mansuy(1914,1920)和 Patte(1926)记载的越南和老挝的 *Entolium* cf. *subdemisium*(Münster)相似。不过,Mansuy(1914)描述的其图 3 的越南标本,显得壳大,近圆形;1920 年他记载的老挝标本,有近椭圆形延长的外形。

我国云南的 *Entolium* cf. *subdemisium*(Reed,1927)长高近于相等。另一块由张作铭等(1985)图示的我国西藏芒康的同名标本,都可归入鲁益钜(1981)建立的 *Entolium qinghaiensis* Lu,而另一块由 Diener (1908)描述的 *Entolium* cf. *subdemisium*(1908)标本,壳平,铰线直,两耳相等,耳边缘近直,并向铰边适度聚合。Diener 的标本也可能与当前标本相同。

插图 129　*Entolioides* cf. *subdemisium*(Münster),1841

1. 左壳内模,×1.5,登记号:16005,近模;2. 破碎的标本(?),×1.5,登记号:16006,近模;3. 左壳内模,×1.5,登记号:16007,近模。

层位与产地 三桥组;贵阳三桥。

野外编号 KA7,KA10,KA11,KA13。

三角蛤目　Order Trigoniida Dall,1889
三角蛤超科　Superfamily Trigonioidea Lamarck,1819
三角蛤科　Family Trigoniidae Lamarck,1819
三角蛤亚科　Subfamily Trigoniinae Lamarck,1819
同缘褶蛤属　Genus *Elegantinia* Waagen,1907(＝*Lyriomyophoria* Kobayashi,1954)

模式种　*Lyriodon elegans* Dunker,1849

Cox(1969)、Newell 和 Boyd(1975)认为当前属是 *Gruenewaldia* Wöhrmann,1899 的次异名,因此选用 *Lyriomyophoria* Kobayashi,1954,但 *Elegantinia* Waagen,1907 壳体不膨凸,无放射饰,后部外脊不显棱状且呈斜切状,主齿光滑,可资区别。

Kobayashi(1954)的属 *Lyriomyophoria* 是 *Elegantinia* 属的次异名已经各国学者指出(Kobayashi,Tamura,1968;顾知微等,1976;Boyd,Newell,1999)。

分布时代　三叠纪;欧、亚洲。

优美同缘褶蛤　*Elegantinia elegans*(Dunker),1849

(插图 130)

1851 *Lyriodon elegans* Dunker,p. 300,pl. ⅩⅩⅩⅤ,fig. 1.
1889 *Myophoria elegans*,Frech,p. 135,pl. Ⅺ,fig. 5.
1898 *Myophoria elegans*,Philippi,S. 168,tab. 6,fig. 9.

1899 *Myophoria elegans*,Loczy,p. 149,pl. Ⅸ,fig. 12.

1900 *Myophoria elegans*,Benecke,p. 128,pl. Ⅺ,fig. 2.

1912 *Myophoria elegans*,Rütenstrums,S. 227,tab. 8,figs. 13—17.

1915 *Myophoria elegans*,Assmann,p. 622,pl. XXXIV,figs. 21,22.

1928 *Myophoria elegans*,Schmidt,p. 193,fig. 455.

1934 *Myophoria elegans*,Hsü,Chen,p. 132(目录).

1935 *Myophoria elegans*,Leonardi,1935,p. 40,pl. 2,fig. 7.

1961 *Myophoria elegans*,Leonardi,p. 17,pl. Ⅰ,fig. 8.

1969 *Lyriomyophoria elegans*,Cox,N. 475,fig. D63-9.

1972 *Elegantinia elegans*,Farsan,p. 176,pl. 44,figs. 9—11.

1974 *Myophoria elegans*,陈楚震等,p. 330,pl. 175,figs. 5,6,11,12.

1974 *Myophoria elegans*,殷鸿福,p. 23,pl. 1,figs. 1,2.

1976 *Myophoria*(*Elegantinia*) *elegans*,顾知微等,p. 46,pl. 21,figs. 1—9.

1977 *Myophoria*(*Elegantinia*) *elegans*,张仁杰等,p. 11,pl. 1,figs. 20,21.

1978 *Myophoria*(*Elegantinia*) *elegans*,甘修明等,p. 376,pl. 123,figs. 6—8.

1979 *Myophoria*(*Elegantinia*) *elegans*,张作铭等,p. 232,pl. 39,figs. 22,27,28,30—32.

1983 *Elegantinia elegans*,杨遵仪等,p. 130,pl. 12,figs. 10,11.

1983 *Elegantinia* ex. gr. urd.,杨遵仪等,p. 130,pl. 12,fig. 8.

1991 *Elegantinia elegans*,Vukhuc et al.,p. 88,pl. 11,figs. 14—16.

在当前标本中,这个种的标本最丰富,但内模多。有的标本保存甚佳,分离的左右瓣显示清楚的铰齿构造。

近菱形轮廓,膨隆,等壳,壳高大于长;前端宽圆,与腹边圆弧形连接,腹边的后部近于直,至后腹角处形成小凹湾,然后伸出与后端以近直角相连接。壳顶位置近前端,壳嘴内曲,略前转,自壳顶发育一浑圆的外脊延至后腹边,形成稍凸出的后腹角,此外脊前有一凹沟,相互平行伸展,延至后腹角没入与后腹角相连的小凹湾。水管区陡,狭,中间略显凹陷,内脊棱状,显微弧形弯曲,构成盾纹面的边界。

壳面同缘脊发育,通常在壳高中部以下约有 15 条最为显著,壳顶附近同缘饰细,不明显地发育成脊。同缘脊间距离相等,延至外脊前凹沟内,有些有时做 1 次分叉,因此脊的数目多,且变得较细。水管区同缘脊细,且不规则。在外模上,外脊尖棱状结构十分明显。

小月面不显,盾纹面卵形深。在大的标本上,盾纹面伸长几近壳高的一半,后端与壳后端边缘接合处略凹曲。

Myophorid 形至三角形铰齿,每壳两主齿。右壳 3a 三角形,微分叉,3b 较长,片状很强,延伸向后,此两齿近直角相交;介于 3a,3b 有三角形齿窝;3a 前有一深而小的齿窝;左壳 4a 尖,小而强,突起较高;主齿 2 三角形,厚。

前闭肌痕大,颇深;后肌痕未观察到。

度量(mm)

标本	左壳		右壳		厚度
	长度	高度	长度	高度	
15715	9.4	11.7	9.4	11.2	7.7
/	5.5	6.1	5.5	6.1	4.0
15725	5.4	6.0	/	/	/
/	/	/	7.8	8.0	/
15727	/	/	6.2	7.4	/
/	4.0	4.3	/	/	/
/	6.2	5.0	/	/	/
/	6.0	5.4	/	/	/

比较 这个种和 *Myophoria inflata* Emmirich 最相似,但区别是后一种壳面同缘脊在外脊上有时分叉

2 次或 3 次。

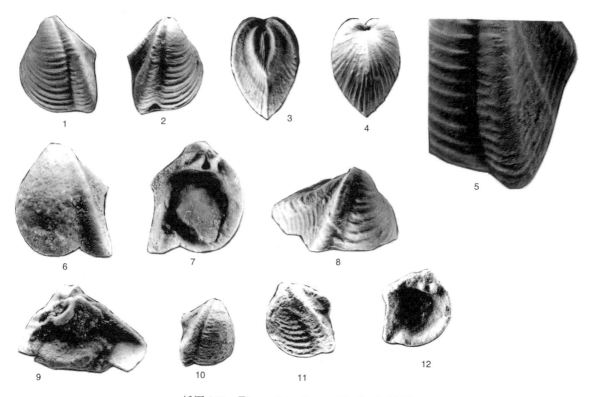

插图 130 *Elegantinia elegans*(Dunker),1849

1—4. 同一标本左壳、右壳、前视、后视,×2,登记号:15715,副模;5. 壳面装饰,×5;6,7. 左壳侧视、内视,×4,登记号:15725,近模;
8,9. 右壳侧视、内视,×4,登记号:15726,近模;10. 右壳侧视,×2,登记号:15727,近模;11,12. 左壳侧视、内视,×4,登记号:15848,近模。

层位与产地　青岩组;贵阳青岩。

野外编号　KF120,KA661,KA661a,KA661c,KA654,KA668,KA670。

雅致同缘褶蛤　*Elegantinia venusta*(Chen),1974

(插图 131)

1974 *Myophoria venusta* Chen,陈楚震等,p. 336,pl. 177,figs. 19,20.

1976 *Myophoria*(*Elegantinia*)*venusta*,顾知微等,p. 46,pl. 21,figs. 10—13.

1978 *Myophoria*(*Elegantinia*)*venusta*,甘修明等,p. 376,pl. 123,fig. 11.

在当前 KF109,KA88,KA86,KA83 各编号标本的采集中,可以鉴定为当前种的,有丰富的标本,大部分是右瓣。

中等大小,三角形轮廓,适度膨隆,前端较圆,并徐徐没入弧形弯曲的腹边,后腹角前显示一下凹小湾,后背边弧形。自壳顶后发育一个十分尖锐的外脊向后腹角伸展,紧邻外脊前方壳面下凹,构成颇深的凹沟,此凹沟起自壳顶时较狭,逐渐向腹边增宽,至腹边此凹沟与腹边小湾相接。水管区新月形,甚陡,几乎与壳面正交。

壳顶颇弯曲,有些前转,位置在壳长前方约 1/3 处。壳面发育有细而等距的同缘线,有 50 根以上,往往延伸至外脊前的凹沟中消失。在一些小标本的壳面上,同缘线发育似脊状,较大一些的标本数目减少。水管区光滑。

度量(mm)

标本	左壳		右壳	
	长度	高度	长度	高度
15728	10.1	9.0	/	/
15729	/	/	13.2	10.8
15730	/	/	10.0	9.0
15731	/	/	6.3	5.5
15732	/	/	8.5	7.2

比较 当前标本虽然没有见到铰合构造,但根据前转的壳嘴、外脊、壳面同缘饰等特征推断,其是属于 *Elegantinia* 的。最接近的种是越南南方的 *Myophoria annamitica* Saurin(1941),但当前标本显示陡的、新月形的水管区,而且越南种在同缘脊之间插入甚细的同缘线。小亚细亚的 *Myophoria microsiatica* Bittner (1891)通常在轮廓上也接近当前种,但小亚细亚的种外脊前无明显的凹沟显示。另外一个同当前标本相似的种是熊岛的 *Myophoria urd* Böhm(1903),但熊岛的种壳面同缘脊约 20 个,有时为宽平的凹沟分开。

帝汶岛的个体甚小的 *M. myophoria* sp. ind. aff. *M. decussata*(＝*Gruenewaldia decussata*)(Krumbeck,1924),伴随外脊亦有一清楚的凹沟,可惜水管区没有保存,与当前的标本不能做更多的比较。

Nakazawa(1960)主张选用 *Elegantinia* 一名代表壳主区具有同缘脊的 *Myophoria* 群。当前标本没有保存铰齿构造,故不能做更多的讨论。

插图 131　*Elegantinia venusta*(Chen),1974

1. 左壳和右壳侧视,×1.5,登记号:15728,副模;2. 右壳侧视,×1.5,登记号:15729,正模;3—5. 右壳侧视,×1.5,登记号:15730—15732,副模。

层位与产地　把南组;贞丰挽澜。

野外编号　KA88,KA86,KA83,KF109。

美祢三角蛤亚科　Subfamily Minetrigoninae Kobayashi,1954(＝Costatoriidae Newell et Boyd,1975)

脊褶蛤属　Genus *Costatoria* Waagen,1906

模式种　*Donax costatus* Zenker,1833,S. D. by Nakazawa,1960

注释　Newell 和 Boyd(1975)创立 Costatoriidae 科,*Costatoria* 是建科属。但是 Fleming(1982,1987)认为射脊饰 Costatoriidae 科是 Minetrigoniidae 的同物异名。Boyd 和 Newell(1999)表示放弃所建科。1997 年,Damborenea 和 Gonzalez-Leén(1997)把 *Costatoria* 改置在 Minetrigoniidae 科,但没有评论。

笔者认为 *Costatoria* 成年个体的主齿显横沟纹,无铰板,类似三角蛤类(trigonid)的齿型,因而接受 Damborenea 等的意见。

时代与分布　三叠纪;世界各地。

贵州脊褶蛤　*Costatoria kweichowensis* Ku,1957

(插图 132)

1957 *Myophoria kweichowensis* Ku,顾知微,p. 181,pl. 110,figs. 4—7.

1962 *Myophoria kweichowensis*,陈楚震,p. 145,pl. 86,figs. 2—4.

1974 *Myophoria kweichowensis*,陈楚震等,p. 336,pl. 177,figs. 11,17.

1976 *M.*(*Costatoria*)*kweichowensis*,陈楚震,p. 44,pl. 20,figs. 40—44.

1978 *M. (Costatoria) kweichowensis*，甘修明、殷鸿福，p. 378，pl. 123，fig. 20.

代表这个种的有较多的标本，均保存为内模。

壳中等大小，等壳，前端圆，较凸曲，后背部伸长如翼，前腹边规则地弧形弯曲至壳长 1/3 处，向内弯曲颇深，致使后腹边轮廓显得特别凹曲。水管区颇陡，狭长，后边缘新月形，与腹边相交成圆锐角。壳嘴内曲，位于壳长前方约 1/5 处。小月面卵形。

壳主区有尖锐耸起的棱脊 5 根，最前一根微弱，最前两根颇为靠近，略向前弯曲，最后一根（外脊）自壳顶向后倾斜并特别高耸伸长而远离壳顶。棱脊间凹曲稍深，间距宽而不等，自前端向后棱脊间距逐渐扩大，外脊与第四根间距最宽阔，约占壳长的 1/5。残留在内模上的外壳表面上，可见到细而密的同缘线。

内模上，前闭肌痕的位置处有一强的裂口，显示为闭肌痕旁的撑铰器。

幼年体长 6.5mm，高 3.2mm。

度量(mm)

标本	左壳		右壳	
	长度	高度	长度	高度
15694	/	/	30.0	21.0
15695	28.0	18.0	/	/
15696	43.0	28.0	/	/
15913	59.0	/	/	/
15914	/	/	33.3	21.0
15915	/	/	18.0	12.0

比较　当前种的特征是，壳主区有尖锐耸起的棱脊 5 根，最后一根尤为高耸远伸。后背部伸长如翼，后腹边轮廓凹曲颇深。与本种类似的 *Myophoria kefersteini* Münster 虽具有较延伸的后边缘，但仅有 1 至 2 根棱脊出现在壳主区。

根据当前种出现的放射脊数目，可将其归于四棱脊的 *Myophoria* 群（Gruppe der vielrippige Myophorien）。

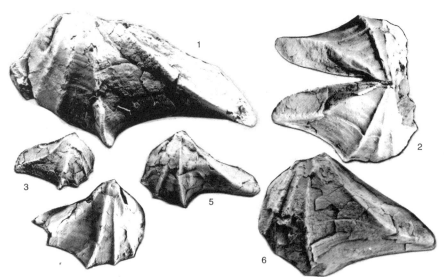

插图 132　*Costatoria kweichowensis* Ku，1957

1. 左壳侧视，×1，登记号：15913，正模；2. 两壳相连的个体，×1，登记号：15914，副模；3. 右壳侧视，×1，登记号：15915，副模；
4. 右壳侧视，×1，登记号：15694，副模；5. 左壳侧视，×1，登记号：15695，副模；6. 左壳侧视，×1，登记号：15696，副模。

层位与产地　把南组；贞丰挽澜、兴仁。

野外编号　KF112，KA82，KA83，KA85。

双饰脊褶蛤 *Castatoria goldfussi*（v. Alberti），1830

（插图133）

1830 *Trigonia goldfussi* Alberti in Ziethen，p. 94，pl. 71，fig. 4.

1838 *Lyrodon goldfussi*，Goldfuss，p. 199，pl. CXXXVI，fig. 3v

1861 *Myophoria goldfussi*，Seetach，p. 607，pl. XIV，fig. 19.

1895 *Myophoria goldfussi*，Bittner，p. 103，pl. XI，figs. 24—27.

1904 *Myophoria goldfussi*，Frech，p. 47，text figs. 66—69.

1909 *Myophoria goldfussi*，Rühenstrunk，p. 206，pl. VIII.

1926 *Myophoria goldfussi*，Patte，p. 170，pl. II，figs. 10—13.

1960 *Myophoria goldfussi*，Nakazawa，p. 54.

1966 *Costatoria*（*Costatoria*）*goldfussi*，Allasinaz，p. 690，pl. 50，figs. 7—10.

1972 *Costatoria*（*Costatoria*）*goldfussi*，Farsan，p. 175，pl. 44，figs. 7，8.

1975 *Costatoria goldfussis*，Newell and Boyd，p. 153，Fig. 94-C，94-D.

1976 *Myophoria*（*Costatoria*）*goldfussi*，顾知微等，p. 41，pl. 20，fig. 12.

1978 *Myophoria*（*Costatoria*）*goldfussi*，甘修明等，p. 377，pl. 123，figs. 12，13.

1991 *Costatoria goldfassi*，Vukhuc et al.，p. 85，pl. 10，figs. 24—26.

　　代表这个种的仅有一个左壳。三角形轮廓，稍隆曲，两侧不相等。前边缘宽圆，后部斜切。外脊高耸明显，水管区三角形。壳顶破碎，位置靠前端。壳面盖有17根放射脊，中部10根较强，高耸，有相等的间距，在外脊前的2根间距略狭；前部的7根短，细而弱，同时排列较密。水管区有5根细的放射线。壳面细的同缘线在中部与放射脊相交，在放射脊上显示细粒状突起。

　　壳长18.0mm，高16.0mm。

　　比较　当前标本的轮廓、放射脊、带射脊的水管区等特征与"*Myophoria*" *goldfussi* Alberti 相似。但标本个体似乎较大。

　　云南的"*Myophoria*" cf. *goldfussi* Alberti（Patte，1922）标本具有延长的轮廓，同典型的 *M. goldfussi* 种比较，个体大，稍长，后背边弯曲，而且水管区无放射饰显示。

　　Mansuy（1908）记述的"*Myophoria*" *goldfussi* 个体小，标本保存不佳，令人难以判断它们能否归属于当前种。

插图133　*Castatoria goldfussi*（v. Alberti），1830

左壳侧视，×1，登记号：15698，近模。

　　层位与产地　三桥组；贵阳三桥。

　　野外编号　F2—001d。

双饰脊褶蛤满苏亚种 *Costatoria goldfussi mansuyi* Hsü，1940

（插图134）

1912 *Myophoria radiata*，Mansuy，p. 121，pl. XXII，figs. 2a—2d，non figs. 2e—5.

1940 *Myophoria mansuyi* Hsü，p. 257.

1961 *Myophoria goldfussi lipisensis* Tokuyama，p. 179，pl. XXVII，figs. 7，8，11，12.

1968 *Costatoria singapuensis* Kobayashi et Tamura，p. 102，pl. 13，figs. 1—3.

1968 *Costatoria pahangensis* Kobayashi et Tamura，p. 98，pl. 13，figs. 10—13.

1968 *Costatoria chegarperahensis* Kobayashi et Tamura, p. 100, pl. 13, figs. 14—27.

1974 *Myophoria goldfussi mansuyi*, 陈楚震等, p. 329, pl. 175, figs. 29, 30.

1976 *Myophoria(Costatoria) goldfussi mansuyi*, 顾知微等, p. 41, pl. 20, figs. 15—23.

1976 *Myophoria(Costatoria) goldfussi mansuyi*, 马其鸿等, p. 198, pl. 2, figs. 4—6.

1978 *Myophoria(Costatoria) goldfussi mansuyi*, 甘修明等, p. 377, pl. 123, figs. 9, 10.

1978 *Myophoria(Costatoria) goldfussi mansuyi*, 徐济凡等, p. 356, pl. 113, figs. 6, 10.

1982 *Myophoria(Costatoria) goldfussi mansuyi*, 丁伟民, p. 223, pl. 173, figs. 11, 12.

1990 *Costatoria goldfussi mansuyi*, 沙金庚等, p. 174, pl. 14, fig. 6.

1991 *Costatoria chegarperahensis*, Vukhuc et al., p. 83, pl. 10, fig. 21.

1991 *Costatoria goldfussi mansuyi*, Vukhuc et al., p. 85, pl. 10, figs. 27—29.

当前描述的标本中,这个种较丰富。壳小至中等大小,横卵形至近三角形轮廓。前端丰满凸圆,且徐徐以缓和半圆形弯曲与腹边相连,后部倾斜,后末端与腹边连接形成圆锐角。

壳顶显著,其后有一外脊向下发射伸至后腹角。水管区三角形,时为1—2条弱的放射线或凹沟分成2—3个新月形部分,在有些标本上,水管区尚见有细致的同缘线饰。

壳面饰有放射棱脊,前部一些通常较弱,首级射脊6—9根;第二级射脊插入形式出现两种类型:在一般较小的标本上(插图134,图2—4),第二级射脊规则地插入两首级射脊之间,在一较大的个体上,第二级射脊有时或在后部或在中部插入,插入数目亦不固定,自1根至数根。当前最大的一个标本(插图134,图6),仅在后方插入1根第二级射脊。插入的次一级射脊不伸达壳顶,一般伸长超过壳高的一半。

度量(mm)

标本	左壳		右壳	
	长度	高度	长度	高度
15699	11.0	8.0	/	/
15700	/	/	11.4	10.0
15702	/	/	7.5	6.0
15703	/	/	9.5	7.0
15704	21.7	16.4	/	/
15705	16.5	12.7	/	/
15706	17.9	12.0	/	/

比较 当前标本所显示的特征,如壳的轮廓、水管区的形状和壳面装饰等,都与Mansuy(1912)定为 *Myophoria radiata* Loczy的越南标本相似。根据许德佑(1940)的意见,Mansuy所定的那些标本出现规则插入第二级射脊的特征,因此许氏把包括Mansuy所定在内的我国云南标本另创立一个新名称 *Myophoria mansuyi* Hsü。Tokuyama(1961)研究马来西亚的一些三叠纪双壳纲化石时,也发现与Mansuy所定 *Myoporia radiata* 相同的标本,因此他认为,Mansuy的标本或马来西亚的标本有清楚带脊的水管区,可以归入 *Myophoria goldfussi* 种内,但据上述特征,另建立一亚种 *Myophoria goldfussi lipisensis* Tokuyama。此外,Kobayashi 和 Tamura(1968)也认为马来西亚和新加坡的 *Costatoria* 类标本壳面放射饰间生程度不同,另外命名 *Costatoria singapuensis*,*C. pahanensis* 和 *C. chegarperahensis*。

上述越南、我国云南、马来西亚和新加坡标本的特征,确是彼此相同的,仅马来西亚的标本较不规则地插入射脊。据对当前标本的研究,笔者认为,马来西亚、新加坡等标本的某些差别,是幼年个体至成年个体在生长时期所显示的差异,不能作为种间的区别。Tokuyama(1961)没有见到许德佑(1940)的论文,他另创的 *Myophoria goldfussi lipisensis* Tokuyama(1961)显然是许德佑的 *Myophoria mansuyi* Hsü 的同物异名。Kabayashi 和 Tamura(1968)所定的3种也应包括在当前亚种之内。

正如Tokuyama指出的,Mansuy所定的 *Myophoria radiata* Loczy的水管区带有射脊,不同于具光滑水管区的 *Myophoria radiata* Loczy(1899),可作为 *Myophoria goldfussi* 的一个变种。笔者十分赞同Tokuyama(1961)的意见,但因许氏创名在前,选用 *Myophoria goldfussi mansuyi* Hsü 这个名称。

插图 134　*Costatoria goldfussi mansuyi* Hsü，1940

1. 左壳侧视，×2，登记号：15699，近模；2. 右壳侧视，×1.5，登记号：15700，近模；3. 左壳侧视，×3，登记号：15701，近模；
4. 右壳侧视，×2，登记号：15702，近模；5. 右壳侧视，×2，登记号：15703，近模；6. 左壳侧视，×1，登记号：15704，近模；
7. 左壳侧视，×1，登记号：15705，近模；8. 左壳侧视，×1，登记号：15706，近模。

层位与产地　关岭组、松子坎组；关岭、晴隆、遵义。

野外编号　KF75，KA46，KA51，KW135，KW138。

许氏脊褶蛤　*Costatoria hsuei*（Chen），1962

（插图 135）

1962 *Myophoria hsuei* Chen，陈楚震，p. 142，pl. 83，fig. 10。

1976 *Myophoria*（*Costatoria*）*radiata hsuei*，顾知微等，p. 44，pl. 20，figs. 27—31.

1978 *Myophoria*（*Costatoria*）*hsuei*，甘修明等，p. 378，pl. 123，fig. 18.

中等大小，三角形轮廓，颇膨隆。前端丰满地凸圆，较陡，与腹边构成十分圆滑的宽弧形，此弧线与向后伸长的后部连接，并近直线向上，致形成水管区三角形的边缘。水管区光滑，无放射状装饰。壳顶尖，稍前转。外脊尚显，起自壳顶后向下伸至后腹角。

在内模标本上，壳顶前有一裂口，为壳内的撑铰器的位置。近邻此裂口，有一卵形前闭肌痕。

壳面饰有 9—13 条放射脊，通常强度约一，彼此间距相同。

在一块较小的标本上（插图 135，图 6），紧邻前闭肌痕之下近腹边有一凸起的外套线随着腹边弯曲，延向后端。

度量（mm）

标本	长度	高度	厚度
15707	18.0	14.5	9.0
15708	19.5	17.2	9.7
15710	19.0	13.0±	/
15711	15.1	11.9	/
15712	14.1	12.6	8.4
15713	12.4	11.0	6.0
15714	17.8	13.5	7.0

比较　当前标本与 *Myophoria radiata* Loczy 相似，区别在于后部更延长，放射脊数目少，外脊较弱。

关于 *Myophria radiata* Loczy 这个种，Frech（1911）曾怀疑过它的可靠性，他指出：“*Myophoria radiata* Loczy 与同样保存在德国考依波白云岩（Keuper dolomit）的 *Myophoria goldfussi* 标本，外形相似可致混乱。”接着又在同一页的脚注中写道：“中国的类型以变种的特征资料来区分，仅放射脊和外脊（kante）有显明加强。”Patte（1926）研究越南北部的各种 *Myophoria* 时，认为 *Myophoria radiata* Loczy 是 *Myophoria goldfussi* Ziethen 的变种,区别在于 *Myophoria radiata* Loczy 缺失插入间生的射脊。

但是,*Myophoria radiata* Loczy 的水管区呈新月形,光滑而平,外脊显著棱脊状,缺失间生插入的放射脊;*Myophoria goldfussi* 的水管区具有放射线(Bittner,1895;Philippe,1904;Rübenstrunk,1909;Hohenstein,1913;Schmidt,1928),同时外脊与外脊前第一根放射脊有显著的距离。

鉴于以上的不同特征,*Myophoria radiata* Loczy 和 *Myophoria goldfussi* Alberti 可以被区别开来,它们仍可成为独立的两种。

在一般轮廓、放射装饰等方面,当前种也接近于 *Myophoria goldfussi* Alberti,但区别在于当前标本的水管区光滑,呈新月形。马来西亚的 *Myophoria malayensis* Newton(1900)的描述过于简略,从所附图版观察,似乎也有光滑的水管区,但它的前端凸圆度低,壳面有次一级的放射脊插入,两者可资区别。

插图 135 *Costatoria hsuei*(Chen),1962
1,2,4—8. 左壳侧视,×1,登记号:15707—15714,副模;3. 左壳侧视,×1,登记号:15709,正模。

层位与产地 关岭组、松子坎组;关岭、晴隆、遵义。

野外编号 KF82,KA48,KW312。

马来亚脊褶蛤 *Costatoria malayensis*(Newton),1900

(插图 136)

1900 *Myophoria malayensis* Newton,p. 134,pl. Ⅻ,fig. 15.

1944 *Cardita* cf. *globiformis*,许德佑、陈康,p.32(名单)。

在 KF132 编号标本的采集中,一些壳面具有放射脊且显示外脊和水管区的标本,可以被鉴定为 *Costatoria*。壳圆三角形,甚膨隆,前边缘宽圆。外脊不十分显著,但比主区放射脊粗。水管区三角形,平,或显示一条浅的放射状凹陷。壳顶钝圆,位置在前方。

壳主区具有 10—12 根高耸的放射脊,左前部的一些放射脊短,强度减弱,偶尔插入较小的放射脊。放射脊间距不规则,通常中部以前的间距宽。

在另一块标本上(插图 136,图 1)可观察到近三角形铰齿和齿窝的痕迹。

度量(mm)

标本	左壳	
	长度	高度
15719	13.3	11.0
15735	14.0	11.0

比较 Newton(1900)建立 *Myophoria malayensis* Newton 时,描述十分简单,仅指出"具有颇薄和高耸的放射脊,偶尔插入小的射脊"。根据图版观察和比较,当前标本的轮廓、隆曲程度和放射脊的形式,都与 Newton 的种一致。

当前种不同于 *Costatoria goldfussi*（Alberti）的是其水管区缺失放射饰。*Cardita globiformis*（Alberti）水管区缺失放射饰。*Cardita globiformis* Böttger（1880）的轮廓近方，壳顶凸圆，位置更前。当前标本有外脊和水管区，是 *Costatoria* 的特征。

插图 136 *Costatoria malayensis*（Newton），1900

1. 左壳侧视，×1，登记号：15718，近模；2. 左壳侧视，×1，登记号：15719，近模；3. 左壳侧视，×2，登记号：15720，近模。

4. 左壳侧视，×1，共生有 *Gervillia*（*Cultriopsis*）*angusta* Münster，登记号：15735，近模。

层位与产地　三桥组；贵阳三桥。

野外编号　KF132。

小脊褶蛤　*Costatoria minor* Chen,1976

（插图137）

1914 *Myophoria* cf. *napengensis*, Krumbeck, p. 248, pl. XⅦ, fig. 12.

1976 *Myophoria*（*Costatoria*）*minor* Chen, 顾知微等, p. 43, pl. 20, figs. 25, 26.

1978 *Myophoria*（*Costatoria*）*minor*, 甘修明等, p. 377, pl. 123, fig. 16.

壳略显四边形轮廓，小，甚不等边，后背边弯曲。壳面弯曲程度强，膨隆，弯曲最急处在壳下部。外脊不甚显著，水管区平，三角形。壳顶位置十分邻近前边缘。

壳面饰有低矮的和狭的放射脊10—11根，它们起自壳顶后部，顺着壳面的弯曲略显出弯曲，并向腹边伸展。中部的7根放射脊较强，近前边缘的一些放射脊短。放射脊间距不相等，通常宽的在1mm左右。两放射脊之间在腹边形成凹曲。

度量（mm）

标本	左壳		右壳	
	长度	高度	长度	高度
15722	15.5	11.0	/	/
15723	/	/	17.3	12.5
15724	/	/	8.5	8.0

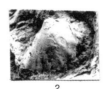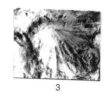

插图137 *Costatoria minor* Chen,1976

1,2. 右壳侧视，×1.5，×1，登记号：15721，15723，副模；3. 左壳侧视，×1，登记号：15722，副模；4. 右壳侧视，×2，登记号：15724，正模。

比较　当前标本所显示的特征，同印度尼西亚的 *Myophoria* cf. *napengensis* Healey（Krumbeck，1914）

一致。它不同于 *Myophoria napengensis* Healey(1908)的是壳小,射脊间距离不相等。

层位与产地　三桥组;贵阳三桥。

野外编号　KA2,KA10,GC3。

扇褶蛤亚属　**Subgenus *Flabelliphoria* Allasinaz,1966**

模式种　*Myaphoria harpa* Münster,1838

这是一类方形轮廓的 *Costatoria* 类。近等壳,左瓣略凸曲。具放射脊饰,在右瓣呈直线状,左右瓣呈疣粒状和波状。

时代与分布　三叠纪;欧、亚等地。

前钩脊褶蛤(扇褶蛤)多饰亚种　*Costatoria*(*Flabelliphoria*)*proharpa multiformis* Chen,1976

(插图 138)

1943 *Myophoria harpa*,Hsü,Chen,p.132(目录)。

1976 *Myophoria*(*Costatoria*)*proharpa multiformis* Chen,顾知微等,p.44,pl.21,figs.16—19.

1978 *Myophoria*(*Costatoria*)*proharpa multiformis*,甘修明等,p.377,pl.123,fig.17.

壳小,两侧不等,等壳,圆形,长度与高度几近相等。适度隆曲,最大隆曲位于壳高一半处。前边缘十分圆,腹边缘弯曲宽阔,延向后与水管区边缘成锐角相接,并由此以直线向上,同短直的后背边构成钝角。壳顶不明显地凸出在铰线之上,位置在壳全长前部的 1/3 处,壳嘴稍前转,内曲。

主区覆盖有 9—11 根放射棱脊,近前部放射脊较细弱而紧密,向后部放射脊间隙逐渐增宽,此间隙在腹边构成颇深的凹曲。外脊明显,水管区有一颇不明显的凹沟,外边缘有一内脊构成盾纹面的界线,小月面狭长而深。

细密的同缘饰线横交主区放射棱脊后延至水管区,水管区没有放射饰。

度量(mm)

标本	长度	高度	厚度
15716	0.72	0.71	0.48
15717	0.76	0.76	/

比较　当前亚种区别于 *Myophoria proharpa* Frech(1904)的是主区放射棱脊较多(9—11 根),后者通常为 6 根。当前亚种也类似于 *Myophoria harpa* Münster,*Myophoria costata* var. *subrotunda* Bittner,但前一种左壳较右壳隆曲,两壳稍不等;后一种有甚圆的水管区后边缘。

插图 138　*Costatoria*(*Flabelliphoria*)*proharpa multiformis* Chen,1976

1,2,4. 左壳侧视、侧视、前视,×2,登记号:15716,正模;

3. 左壳侧视,×2,登记号:15717,副模。

层位与产地　青岩组;贵阳青岩。

野外编号　KF120。

凸脊褶蛤(扇褶蛤)(比较种)　*Costatoria*(*Flabelliphoria*) cf. *ornata*(Münster),1840

(插图 139)

cf. 1895 *Myophoria ornata*,Bittner,p.93,pl.Ⅻ,figs.20—22.

cf. 1904 *Myophoria ornata*,Broili,p.214,pl.ⅩⅩⅦ,figs.16—18.

1966 *Allasinaz*,p.689.

1块保存不佳的标本,前部已破损。壳纵向伸展,壳面具颇弯曲排列的放射脊饰。

比较　根据壳面颇弯曲排列的放射脊饰判断,可能与 *Costatoria*（*Flabelliphoria*） *ornata*（Müster）接近。

Newton 在 1900 年记述的新加坡的 *Myophoria ornata* 标本或多或少地横向延长,似乎与阿尔卑斯地区典型种 *ornata* 不相同。

插图 139　*Costatoria*(*Flabelliphoria*) cf. *ornata*(Münster),1840

破碎的右壳,×1,登记号:15697,近模。

层位与产地　三桥组;贵阳三桥。

野外编号　KA20。

褶翅蛤科　Family Myophoriidae Bronn,1849
新裂齿蛤属　Genus *Neoschizodus* Giebel,1855

模式种　*Lyrodon laevigatum* Goldfuss,1838

时代与分布　三叠纪,除非洲外的世界各地;二叠纪,日本、北美。

光滑新裂齿蛤挽澜亚种(新亚种)　*Neoschizodus laevigatus wanlanensis* subsp. nov.

(插图 140)

当前描述的标本中,有一些光滑的 *Myophoria*,是属于"光滑的 *Myophoria*"这一组的 *Neoschizodus*。化石保存为内模,大,三角形轮廓,适度膨隆。前部壳顶之下边缘轮廓凹曲,然后近直线状与腹边相连,连接处成钝角,腹边稍弯曲,后背缘圆弧形。外脊尖锐高耸,起自壳顶直向后腹边伸展,致使水管区与壳面成直角相接;水管区宽,陡。壳顶处有些破碎,从另一块标本上可观察到壳顶钝,位置在壳长前方约 1/3 处。

前闭肌痕位置的上方显示较粗的裂口,是撑铰器的位置。在一个标本上观察到 2 个主齿和 1 个齿窝的痕迹。闭肌痕在标本上没有很好保存,近腹边有清楚的平行于腹边的外套线痕。

壳面可能是完全光滑的。

度量(mm)

标本	左壳		右壳	
	长度	高度	长度	高度
15692	/	/	33.0	29.0
15693	28.0	22.5	/	/

比较　当前标本的轮廓三角形,外脊尖锐,有光滑的壳面,与三叠系中常见的 *Neoschizodus laevigata*

（V. Zietheim）最相类似，但当前标本前端圆形轮廓较差，有更陡的水管区。

在轮廓上，当前标本与 Diener（1913）描述过的标本 Myophoria aff. laevigata（V. Zietheim）无区别，但 Diener 的标本前缘圆，长、高均约 32.0mm，近于相等。Diener 认为，他描述的标本与欧洲典型的经他本人看过的 Neoschizodus laevigata 比较，壳较厚，膨隆较大。此外，值得一提的是越南北方纳占地区的 N. laevigata var. exparsa Mansuy（1919）的后部比典型的 Neochizodus laevigata 更长，水管区与壳面相接成 55°—60°角。就这些特征看，当前标本与这个标本不同。

当前标本由于具前部圆形轮廓较差、与壳面成直角接合的甚陡的水管区等特征，代表 N. laevigata 的一个未描述的新亚种。

插图 140 *Neoschizodus laevigatus wanlanensis* subsp. nov.
1. 右壳内模，×1，登记号：15692，近模；2. 左壳内模，×1，登记号：15693，正模。

层位与产地　把南组第一段；贞丰挽澜、六枝郎岱。
野外编号　KA78，KA81。

光褶蛤属　Genus *Leviconcha* Waagen，1906

模式种　*Lyrodon ovatum* Goldfuss，1840

讨论　Cox（1969）认为 *Leviconcha* 是 *Neoschizodus* 的同物异名。但是 Fleming（1987）指出 *Leviconcha* 缺失壳顶脊，与 *Neoschizadus* 不同。笔者也认为 *Leviconcha* 属有效，仍可保留使用。

时代与分布　三叠纪；世界各地。

卵形光褶蛤（比较种）　*Leviconcha* cf. *ovata*（Goldfuss），1840

（插图 141）

cf. 1838 *Lyrodon ovata* Goldfuss，p. 197，pl. CXXXV，fig. 11.

cf. 1909 *Myophoria ovata*，Rübenstrunk，p. 56，pl. Ⅵ，fig. 16.

cf. 1915 *Myophoria ovata*，Assmann，p. 619，pl. XXXⅣ，fig. 16.

cf. 1927 *Myophoria ovata*，O-Gordon，p. 32，pl. Ⅲ，fig. 1.

cf. 1928 *Myophoria ovata*，Schmidt，p. 186，fig. 430.

cf. 1948 *Myophoria ovata*，顾知微，p. 250，pl. Ⅰ，fig. 21.

cf. 1972 *Neoschigodus*(*Leviconcha*) *ovata* Farsan，p. 180，pl. 46，figs. 2，3.

cf. 1976 *Myophoria*(*Leviconcha*) *ovata*，顾知微等，p. 39，pl. 19，figs. 41，42.

cf. 1978 *Myophoria*(*Leviconcha*) cf. *ovata*，甘修明等，p. 375，pl. 123，fig. 1.

cf. 1991 *Neoschigodus ovatus*，Vukhuc，p. 88，pl. 6，fig. 1.

描述的 1 块标本与"*Myophoria*" *ovata*（Goldfuss）十分类似。壳面具有或多或少圆的外脊，后端下边缘轮廓抛物线状。

长 13.5mm，高 11.8mm。

比较　同典型的"*Myophoria*" *ovata*（Goldfuss）比较，当前标本长度减小，显得较短。

关于光滑无饰纹的 *Myophoria*，英国、日本、美国和越南学者(Ichikawa,1954a,b;Nakazawa,1955，1960;Cox,1969;Newall et al. ,1975;Vukhuc et al. ,1991)复用 *Neoschigodus* Giebel,1856,视 *Leviconcha* 为它的次异名。考虑到当前标本虽未见内部构造,却具有卵形轮廓,暂采用 *Leviconcha* 这个属名。

插图 141 *Leviconcha* cf. *ovata* (Goldfuss),1840
1. 左壳侧视,×1.5,登记号:15690,近模。

层位与产地 关岭组;遵义。

野外编号 KW212。

三角齿蛤超科 **Superfamily Trigonodoidea Modell,1942**
三角齿蛤科 **Family Trigonodoidae Modell,1942(＝Pachycardiidae Cox,1964)**
三角齿蛤属 **Genus *Trigonodus* Sandberger in Alberti,1864**

模式种 *Trigonodus sandbergeri* Alberti,1864

时代与分布 三叠纪;欧、亚等洲。

考依波三角齿蛤 *Trigonodus keuperinus*(Berger),1854

(插图 142)

1854 *Unio keuperinus* Berger,p. 412,pl. Ⅵ,figs. 1—3,10.

1908 *Trigonodus keuperinus*,Zeller,p. 102,pl. Ⅱ,figs. 1,7,8.

1928 *Trigonodus keuperinus*,Schmidt,p. 182,fig. 418.

1962 *Unio kweichowensis*,殷鸿福,pl. Ⅰ,fig. 16.

1974 *Unio kweichowensis* Yin,殷鸿福,p. 41,pl. 4,figs. 3,4.

1976 *Trigonodus keuperinus*,马其鸿等,p. 226,pl. 14,figs. 20—23.

1976 *Trigonodus keuperinus*,顾知微等,p. 56,pl. 27,fig. 17.

1978 *Unio guizhouensis*,甘修明等,p. 370,pl. 122,figs. 16,17.

代表这个种的一共有 2 块标本,均为内模,其中 1 块左右瓣相连。

壳大,适度膨隆。前方短,约为后方长度的 1/4,前端圆,约近壳长 1/2,后背边平直,然后稍倾斜,致使后端略尖,腹边平,与背边近于平行。一块大的两瓣相连的标本,腹边受压,向内弯曲。壳顶颇宽,位于前方约 1/4 处。壳顶下显示一宽的凹陷伸向腹边,在一块较小的标本上,后背部有较狭而浅的凹陷斜伸至后端。

左壳壳嘴前方有 2 个短齿,内面一个较粗大;后部 2 个片状齿彼此平行,自壳顶后延伸,长度约为壳长的 1/2。两片状齿间为相对一瓣(右壳)片状齿的齿窝相隔。右壳上见到 1 个主齿,强,后部片状齿亦为 1 个。

前闭肌痕大,深,向壳顶一端分裂,后闭肌痕较小。足肌痕位于前闭肌痕分裂口的上方,离腹边约 10mm 处,显示线状突起,它的两端与肌痕相连,证明有完整的外套线。

度量(mm)

标本	长度	高度
15734	65. 0	35. 0
15733	87. 3	40. 0

比较 当前标本不论在壳的形状还是铰合构造等方面,都显然与德国可堡、斯瓦比亚考依波(Keuper)

统的 *Trigonodus keuperinus*(Berger)相同,尤其与斯瓦比亚的标本(Zeller,1908)特征大体相同,仅可能区别的是当前标本的个体较大。

殷鸿福(1962)的 *Unio kweichowensis* Yin(=*U. guizhouensis* Yin,1974),从特征和所示图影来看,似应与当前标本相同,那些标本也采自我国贵州贞丰的相同层位。

德国可堡考依波统的另一种 *Trigonodus hornschnchi*(Berger)(1854)与当前种不同的是形状更近卵形,壳顶更近中央。

插图 142　*Trigonodus keuperinus*(Berger),1854
1,2. 两壳连接的标本侧视及背视,×1,登记号:15733,近模;3. 左壳侧视,×1,登记号:15734,近模。

层位与产地　火把冲组;贞丰龙场、贞丰挽澜。

野外编号　化-1375。

蚌形蛤属　Genus *Unionites* Wissmann,1841

模式种　*Unionites muesteri* Wissmann,1841

注释　*Anoplophora* Sandberger(MS) Alberti,1864 属名已被昆虫属名 *Anoplophora* Hope,1840 占用,因此需采用 Cossmann(1897)提出的属名 *Anodontophora*,但这一属又是 *Unionites* 属的同物异名(Cox,1969)。*Anodontophora* 属的分类位置长久以来没有确定,早期,许多古生物学者通常把它归于 Anthracosiidae 科或 Cardiniidae 科。Cox(1961)创立了 Pachycardiidae 科,是 Modell(1942)的 Trigonodidae 的同物异名。在 Dickens 和 McTavish(1963)的一篇研究西澳大利亚伯斯盆地钻孔中三叠纪海相化石的论文中,笔者也见到 *Anodontophora* 被归在 Pachycardiidae(= Trigonodidae)科。Fang Zongjie 和 Morris(1997)指出 *Unionites* 也可能归入 Permorphoridae 科,但这一属的外形和铰齿特征不甚符合,仍传统地置于 Trigonodidae 内。

时代与分布　三叠纪;欧、亚、北美等洲。

平行蚌形蛤　*Unionites albertii*(Assmann),1915

(插图 143)

1915 *Anodontophora albertii* Assmann,p. 617,pl. 34,figs. 8—12.
1937 *Anodontophora albertii*,Assmann,p. 33,pl. 8,figs. 7—12.
1976 *Unionites albertii* 顾知微等,p. 52,pl. 21,fig. 37.
1978 *Unionites albertii prolongata* Yin et Gan,甘修明等,p. 373,pl. 127,fig. 10.

1978 *Unionites albertii prolongata*,徐济凡等,p. 352,pl. 112,figs. 25,27.

non 1982 *Unionites albertii*,李金华等,p. 10,pl. 1,figs. 21,22.

1978 *Unionites albertii*,甘修明等,p. 272,pl. 122,fig. 1.

代表这个种的,仅有 2 个标本。壳强烈地横向伸长,两侧十分不等:后部长度约为前部的 6 倍,前部上方很陡地下落至壳高约一半处,然后圆弧形弯曲,腹边十分缓和地弧形弯曲,与背边近于平行。后铰边直,于壳后端处稍斜切。壳顶后发育有十分弱的顶脊,下伸至后腹角。

壳顶明显,较宽,并向前凸出。壳嘴内曲,位置十分靠前,在壳长前方 6/7 处。壳顶前有些挖掘下陷,可能显示深的小月面的位置;壳顶后显示一矛头形凹陷,狭,长度约为壳长的 1/2,可能是外韧带的位置。

壳长 36.2mm,高 13.7mm,厚 8.2mm。

比较 根据上述特征,当前标本与西里西亚的 *Unionites albertii* Assmann 一致。西里西亚的标本壳面带有皱纹状生长线和弱的放射线,当前标本因为是内模,壳面装饰没有被清楚保存。

插图 143 *Unionites albertii*(Assmann),1915

1,2. 左壳侧视,×1,登记号:15743,15744,近模。

层位与产地 松子坎组;遵义。

野外编号 KW212。

平行蚌形蛤(比较种) *Unionites* cf. *albertii*(Assmann),1915

(插图 144)

cf. 1915 *Anoplophora albertii* Assmann,p. 617,pl. XXXIV,figs. 8—12.

仅有 1 块内模标本和 *Unionites albertii*(Assmann)的标本相似。壳甚横向伸长,前端稍狭,后端圆,腹边与背边几近平行。铰线直。壳顶宽,位于甚前方,稍升出铰线。铰边狭,有一延长的后侧齿。

壳长 24.0mm,高 11.0mm。

比较 当前标本横向伸长的轮廓与 *U. albertii*(Assmann)类似。但后者有深的小月面,壳面饰有弱的放射线。

插图 144 *Unionites* cf. *albertii*(Assmann),1915

1,2. 右壳侧视及背视,×1,登记号:15745,近模。

层位与产地 青岩组;贵阳青岩。

野外编号 KA661C。

尖蚌形蛤 *Unionites spicatus*(Chen),1974

(插图 145)

1974 *Unionites spicatus* Chen,陈楚震等,p. 330,pl. 175,figs. 26,27.

1976 *Unionites spicatus*,顾知微等,p. 52,pl. 21,figs. 26—31.

1978 *Unionites spicatus*,甘修明等,p. 273,pl. 122,fig. 4.

1978 *Unionites spicatus*,徐济凡等,p. 50,pl. 112,figs. 8,9.

non 1982 *Unionites spicatus*,李金华等,p. 10,pl. 1,fig. 20.

1990 *Unionites spicatus*,沙金庚等,p. 188,pl. 20,fig. 16.

1991 *Unionites spicatus*,Vukhuc et al. ,p. 82,pl. 10,fig. 6.

在当前不同产地的标本中,有许多个体是属于这个种的。壳横卵形,小至中等大小,等壳,适度膨隆:前部圆,腹边近于直,仅在前后方稍弯曲;后部稍尖削,致较前部狭,但末端轮廓仍显圆形。自壳顶后发育有一脊伸向下腹角,此脊起于壳顶时较强,逐渐向下减弱,脊上方背部平,呈新月形。

壳顶小,尖,稍内曲,位于壳长前方 2/3 处。在内模上,两壳嘴较远离。壳顶后有些呈狭长形的凹陷,可能是外韧带所在的位置。壳顶前颇凹,显示有小月面。

前后闭肌痕明显,卵形,比后闭肌痕略强,近腹边显示一条显著凸起的外套线痕,它顺着腹边缓和弯曲,两端与前后闭肌痕的下端相连接。

度量(mm)

标本	长度	高度	壳厚
15746	18.7	10.3	6.3
15747	13.0	7.0	4.3
/	15.5	8.3	5.5
15748	14.1	8.2	5.4
15749	13.9	8.8	5.0
15750	20.0	11.2	6.0
15751	26.2	13.5	8.4
/	21.7	11.3	7.0
15753	23.0	12.8	8.7
/	19.0	12.0	6.0
/	12.2	6.3	3.5

比较 当前种具有尖的壳嘴,不同于 *U. lettica*(Quenstedt)。根据一般轮廓,尤其是当前的一些小个体的标本,它们也接近于 *Pleuromya pulchra* Assmann(1915),但后者壳嘴位置更前。当前标本的外套线痕完整无湾,不属于 *Pleuromya* 属。

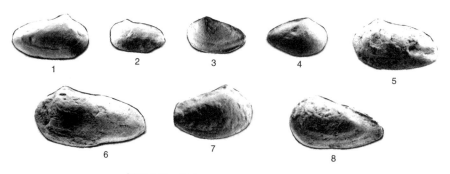

插图 145 *Unionites spicatus*(Chen),1974

1. 右壳侧视,×1,登记号:15746,正模;2. 左壳侧视,×1,登记号:15747,副模;3. 右壳侧视,×1,登记号:15748,副模;

4. 右壳侧视,×1,登记号:15749,副模;5. 左壳侧视,×1,登记号:15750,副模;6. 左壳侧视,×1,登记号:15751,副模;

7. 左壳侧视,×1,登记号:15752,副模;8. 左壳侧视,×1,登记号:15753,副模。

层位与产地 关岭组、松子坎组;关岭永宁镇、遵义、晴隆。

野外编号 KA52,KF76,KF77,KW212。

贵州蚌形蛤 *Unionites guizhouensis* Chen,1974

(插图 146)

cf. 1926 *Anodontophora*(?) *trapezoidalis*,Patte,p. 166,pl. Ⅹ,fig. 39.

1972 *Unionites* sp. ,Tamura,p. 144,pl. 20,figs. 10—14.

1974 *Unionites guizhouensis* Chen,陈楚震等,p. 327,pl. 172,figs. 16,21,24.

1976 *Unionites guizhouensis*,顾知微等,p. 53,pl. 21,figs. 40—44.

1978 *Unionites guizhouensis*,甘修明等,p. 372,pl. 122,figs. 20,21.

1985 *Unionites qiubeiensis* Gou,郭福祥,p. 186,pl. 27,fig. 1.

壳近长方形,近于等边,适度隆曲,但中部有 1 个浅的扁凹;壳面出现 2 条起自壳顶的脊,它们非常微弱地向前后部伸展。在有的标本上,壳顶后的脊发育较强。前端宽圆,壳顶前铰合边缘稍弯曲;后部宽圆程度减小,近方圆形,腹边近于直。壳顶宽大,稍伸出铰线,位置近中或在壳长前方约 1/3 处。

壳面光滑,仅有细的同缘生长线。

度量(mm)

标本	左壳		右壳	
	长度	高度	长度	高度
15754	/	/	36.0	21.6
15755	/	/	37.0	20.1
15756	/	/	33.0	19.0
15757	29.0	18.0	/	/

比较 当前标本以壳中部显示浅的扁凹为特征。马来西亚的一些未鉴定种名的 *Unionites* 标本(Tamura,1973),长大于高,壳体中部也显示浅凹,显然可归并在本种之内,但未定种名。还应该指出,Patte(1922)记载的 *Anodontophora trapezoidalis* Mansuy 中有一个标本(其图版Ⅹ,图 39,B 型)不论从轮廓还是大小比例来看,都与当前种一致。

当前标本以后端近方圆形的轮廓和壳中部扁凹等为特征,可区别于越南纳占的 *Unionites trapezoidalis* Mausuy(1919)。我国云南丘北的 *U. qiubeiensis* Guo(郭福祥,1985)显示壳中部扁凹的特征,应是本种的次同物异名。

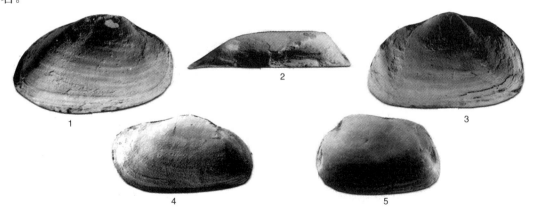

插图 146 *Unionites guizhouensis* Chen,1974

1,2. 右壳侧视及背视,×1,登记号:15754,副模;3. 右壳侧视,×1,登记号:15755,正模;4. 右壳侧视,×1,登记号:15756,副模;
5. 左壳侧视,×1,登记号:15757,副模。

层位与产地 三桥组;贵阳三桥、贵阳花溪。

野外编号 KA5,GC3,GC6a。

贵州蚌形蛤高亚种(新亚种) *Unionites guizhouensis alta* **subsp. nov.**
(插图 147)

新亚种区别 *U. guizhouensis* Chen 的在于壳的比例不同。新亚种的长度小,高度大。
长 31.7mm,高 24.7mm。

插图 147 *Unionites guizhouensis alta* subsp. nov.
左壳侧视,×1,登记号:15759,正模。

层位与产地 三桥组;贵阳三桥、贵阳花溪。
野外编号 KA5。

獭蛤形蚌形蛤尾亚种(新亚种) *Unionites lutraiaeformis pygmaea* **subsp. nov.**
(插图 148)

cf. 1908 *Anodontophora (Anoplophora)* cf. *griesbachi*,Mansuy,p. 70,pl. ⅩⅧ,fig. 6.
cf. 1943 *Schafhautlia astartiformis*,Leonardi,p. 57,pl. Ⅹ,fig. 6,non fig. 5.

方卵形轮廓,颇膨隆,长约为高的 1 倍。前部短,比后部稍狭,前后两边缘宽圆。腹边近于平直,仅在它的前后两端稍向上弯曲,然后徐徐没入凸圆的前后端。铰线直,与腹边近于平行。壳顶宽大,但不显著凸出于铰线之上,它的位置在壳长前方约 2/5 处。

壳面有细的同缘线。

壳长 34.0mm,高 19.0mm。

插图 148 *Unionites lutraiaeformis pygmaea* subsp. nov.
两壳连接的标本,×1,登记号:15758,正模。

比较 当前标本不同于印度尼西亚苏门答腊的 *Anodontophora lutraiaeformis* Böttger(1880)的在于高度减小,高约为长的一半。据 Böttger 的最初记载,*Anodonotophora lutraiaeformis* 的壳长为 42.5—44.0mm,高为 29—31mm。

新亚种在一般轮廓上也颇类似于广泛分布在喜马拉雅地区、中南半岛、印尼苏门答腊的 *Anodontophora*

griesbachi Bittner(Bittner,1899a,b;Diener,1908;Krumbeck,1913),但该种前后端截短,壳顶位置正中。

Mansuy(1908)记述的 *Anodontophora* cf. *griesbachi* Bittner 没有描述,从附图观察,不论它的壳体比例还是壳顶位置,都颇与当前标本相似,也可能属于当前亚种。

当前标本的壳面中部扁凹,区别于当前种。Leonardi 描述的 *Schafhaeutlia astartiformis* Münster(1943)的标本近椭圆形轮廓,非常接近当前新亚种,但壳顶位置近中央。*Schafhaeutlia* 通常具穹圆状轮廓,因此 Leonardi 的那个标本可能不属于 *Schafhaeutlia*。

层位与产地 三桥组;贵阳三桥、贵阳花溪。

野外编号 KF24。

骂木蚌形蛤 *Unionites manmuensis*(Reed),1927

(插图 149)

1927 *Anodontophora manmuensis* Reed,p. 235,pl. ⅩⅣ,figs. 5,6.

1940 *Unionites manmuensis*,Hsü,p. 260,pl. Ⅰ,fig. 8.

1976 *Unionites manmuensis*,陈楚震,p. 54,pl. 22,figs. 7—9.

1976 *Unionites manmuensis*,马其鸿等,p. 328,pl. 14,figs. 12—15.

1985 *Unionites manmuensis*,张作铭等,p. 45,pl. 6,figs. 5,6.

1991 *Unionites manmuensis*,Vukhuc et al.,p. 83,pl. 23,figs. 14—16.

比较 当前标本与 Reed(1927)描述的我国云南 *Anodontophora manmuensis* Reed 相似,但个体小。许德佑(1940)记录的云南个旧的同种标本有较狭的后端。我国福建的类似标本 *Anodontophora* cf. *manmuensis* Reed(陈培源,1950)出现在下三叠统。可惜福建标本的描述太简单,图版又不清楚,无法对它做进一步的比较。日本京都北部的 *Anodontophora*(?) aff. *manmuensis* Reed(Nakazawa,1956)的标本受挤压强,具有更横向延长的外形。

插图 149 *Unionites manmuensis*(Reed),1927

左壳侧视,×2,登记号:15760,近模。

层位与产地 火把冲组;贞丰挽澜。

野外编号 KA89。

梯形蚌形蛤 *Unionites trapezoidalis*(Mansuy),1919

(插图 150)

1919 *Anodontophora trapezoidalis* Mansuy,p. 13,pl. Ⅱ,fig. 11;pl. Ⅲ,fig. 1.

1976 *Unionites trapezoidalis*,顾知微等,p. 53,pl. 21,figs. 32—35.

1978 *Unionites trapezoidalis*,甘修明等,p. 372,pl. 122,fig. 9.

1991 *Trigonodus trapezoidalis* Vukhuc et al.,pl. 80,pl. 9,figs. 22—27.

当前的标本中,有比较多的标本与越南北方的 *Anodontophora trapezoidalis* Mansuy 相同。

壳近椭圆形,两侧稍不等,等壳,适度隆曲。前部圆,腹边圆弧形凸曲,近中部腹边弧形凸曲较强;后部斜切并稍有收缩,显得比前部较狭。壳顶后有一尚明显的棱脊向后腹角伸展。壳顶低宽,壳嘴稍内曲,位置近中央或稍靠前方。小月面颇浅,外韧带槽狭,长约为壳长的 1/3。

壳面饰有细而规则的同缘线。

度量(mm)

标本	左壳		右壳	
	长度	高度	长度	高度
/	17.4	10.5	17.4	10.5
/	/	/	17.1	11.0
/	/	/	16.0	/
15761	18.0	12.2	/	/
/	20.4	14.6	/	/
/	/	/	21.6	15.0
15762	19.0	12.5	/	/
15763	/	/	21.0	13.0
15764	20.0	13.4	/	/

比较 当前标本与越南的 *Unionites trapezoidalis*(Mansuy)标本仅有的区别是个体小。Vuhkuc 等 (1965,1990)认为应将这一种与 *U. myophonoides* 作为 *U. tonkingensis* 的亚种，并改属 *Trigonodus* 内。笔者不同意他们的分类意见，因为中国标本显示小月面，任何内模标本没有保存撑铰器痕迹。

日本京都北部的 *Anodontophora*(?) cf. *trapezoidalis* in Nakagawa(1956)在外形上也可和当前的标本比较,可惜日本的标本均受过挤压。

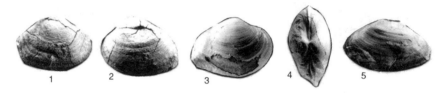

插图 150 *Unionites trapezoidalis*(Mansuy),1919
1,2,5. 左壳侧视,×1,登记号:15761,15762,15764,近模;3,4. 右壳侧视,背视,×1,登记号:15763,近模。

层位与产地 把南组;贞丰挽澜。

野外编号 KA76,KA80,KA82,KA83,KA85,KA86,KA88。

横蚌形蛤 *Unionites elisabethae*(Patte),1926

(插图 151)

1926 *Anodontophora*(?) *elisabethae* Patte,p.160,pl. X,figs.32,33.

1976 *Unionites elisabethae*,顾知微等,p.54,pl.21,fig.36.

1978 *Unionites elisabethae*,甘修明等,p.372,pl.122,fig.22.

1978 *Unionites asciaeformis*,徐济凡等,p.352,pl.112,figs.28,29.

1991 *Unionites elisabethae*,Vuhkuc et al.,p.81,pl.11,fig.20.

仅有 1 块左壳标本,壳甚横向伸长,隆曲,最大隆曲度在中部,致使前后方壳面显得稍微凹曲。前后两端圆,但前部较后部略狭,腹边近于直,后背边直且与腹边接近平行。壳顶位置十分靠前,位于壳长前方约1/5处。

壳面饰有细的同缘线。

壳长 18.5mm,高 8.0mm。

比较 当前标本的形状、长高的比例和位于甚前的壳顶等特征,与越南北部的 *Anodontophora*(?) *elisabethae* Patte(1926)相同。Patte 的图 33 标本,是变形的,显得狭长,更接近当前的可能也变形的标本。

当前标本没有保存铰齿或韧带构造,就外部形态考虑,可归于 *Unionites*。Kutassy(1931)也是直接把这一个种归在 *Unionites*(＝*Anodontophora*)。

插图 151　*Unionites elisabethae*(Patte)，1926
左壳侧视，×1，登记号：15766，近模。

层位与产地　三桥组；贵阳三桥。

野外编号　KA5。

微小蚌形蛤　*Unionites minimus*(**Mansuy**)，1919

（插图 152）

1919 *Anodontophora minimus* Mansuy，p. 13，pl. Ⅲ，fig. 3.

1976 *Unionites minimus*，顾知微等，p. 53，pl. 21，fig. 47.

1978 *Unionites minimus*，甘修明等，p. 372，pl. 122，fig. 14.

有 1 块两瓣分开但相连接的标本和另一左瓣。壳近三角形轮廓，适度隆曲，前部短，前边缘圆且凸，后边缘斜切，略尖。自壳顶向后发育有一高耸明显的脊，倾斜地向腹边伸展。壳顶位置在壳长前方约 1/3 处，壳顶前方有些下凹。左瓣可能受压，显得较为隆凸。

壳面具有细致的同缘线饰，这些同缘饰在壳顶脊之后的区域上不显著。

壳长 11.4mm，高 7.0mm。

比较　当前标本所显示的特征与越南北方的 *Anodontaphora minima* Mansuy，1919 标本一致，仅越南的标本个体大。

日本京都的 *Anodontophora*? aff. *minima* in Nakazawa(1956)与当前标本比较，可能壳体较膨隆。

插图 152　*Unionites minimus*(Mansuy)，1919
两壳相连的标本，×2，登记号：15779，近模。

层位与产地　三桥组；贵阳三桥。

野外编号　KA5。

蚌形蛤？（未定种 1）　*Unionites*？**sp. 1**

（插图 153）

1 块横向伸长的内模标本。前后两端狭圆，壳顶附近隆曲较强，位于壳长前方 2/3 处。

壳长 17.8mm，高 8.0mm。

比较　据横向轮廓来看，这个形态简单的标本可能属于 *Unionites*。

插图 153　*Unionites*？sp. 1
右壳侧视，×1，登记号：15765。

层位与产地 青岩组；贵阳青岩。

野外编号 KA655。

蚌形蛤？（未定种 2） *Unionites* ？ sp. 2

（插图 154）

1 块十分大的右壳标本，壳顶部和后部已破碎未保存，据显示的形态推测，其轮廓可能为横卵形。前部凸圆，腹边近于直线状，中部似有一不宽的、浅的凹陷自壳顶垂直地伸至腹边。壳面饰有不规则的、粗粗细细的同缘线。

比较 当前保存不佳的标本类似于"*Anodonta*" *arenacea* Frads(Schmidt,1928)，但当前标本壳顶位置稍后。

插图 154 *Unionites* ？ sp. 2
左壳侧视，×1，登记号：16087。

层位与产地 把南组第一段；贞丰挽澜。

野外编号 KA79。

类褶蛤属 Genus *Heminajas* Neumayr，1891

模式种 *Myophoria fissidentata* Wöhrmann，1889

Newell 和 Boyd(1975)建立 Eoastartidae 科，把三叠纪代表 *Heminajas* Neumayr,1891(Myophorian 铰合类型)转移到这一科内。后来，Boyd 和 Newell(1997)重新解读 Schizodran，Myophorian，Trigonial 铰合型，把 Eoastartidae 科降级作为 Schizodidae 科的亚科 Eoastartinae。而 *Heminajas* 属仍归 Triganodidae Modell,1942(＝Pachycardiidae Cox,1961)。

时代与分布 三叠纪；欧、亚等洲。

凹沟类褶蛤 *Heminajas forulata* Chen，1974

（插图 155）

1974 *Heminajas forulata*，陈楚震等，p. 337,pl. 177,figs. 1,2,7—9.

1975 *Heminajas forulata* Chen,陈楚震,p. 47,pl. 22,figs. 19,20,23—25.

1978 *Heminajas forulata*，甘修明等,p. 379,pl. 123,figs. 19,20.

有比较丰富的标本，根据所显示的铰齿构造，可以确定它们属于 *Heminajas*。

中等大小，横三角卵形，等壳，但两侧不相等。前部短、宽圆，并圆滑地没入腹边，前腹边凸曲较显，然后徐徐地呈弧形弯曲，至后腹边略有凹入轮廓并稍向上伸展；后部较狭并斜切，一些较大的左壳的后方更伸长。自壳顶后发育有明显的棱脊并向后腹角伸展，致在后端呈现方的轮廓。后背部水管区为 1 条起自壳顶的凹沟所中分。壳顶低，位置在壳长前部约 1/3 或 1/4 处。

壳面饰有规则且强度均一的同缘线，2mm 内约 4 根，它们止于壳顶棱脊之前。水管区的同缘线弱，不规则。

内模标本上,壳顶前有一裂口,可能为撑铰器的印痕。云南罗平的一个标本,左壳呈现两主齿,呈三角形,位于壳嘴下,两齿近于正交,为三角形的齿窝相隔,后一主齿中间显得凹陷。主齿两侧尚有细的横沟棱。壳顶后有一个不长的片状侧齿出现。

度量(mm)

标本	左壳		右壳	
	长度	高度	长度	高度
15736	/	/	27.5	17.0
15737	35.7	19.1	/	/
15738	/	/	26.8	15.7
15739	35.5	19.0	/	/
15740	26.5	13.5	/	/

比较 这个种的水管区为一凹沟所中分,可以此区别于在轮廓上接近的 *Heminajas fissidentata* (Wöhrmann),1899,*H. woehrmanni* Waagen 和 *H. geyeri* Waagen,1907。当前的内模标本亦类似于新西兰的 *Trigonodus thomsonianus* Wilckens,1927 的内模标本,新西兰的种壳嘴前亦有一深的裂口,但根据壳的轮廓、水管区的形状,两者可区别开来。

插图 155 *Heminajas forulata* Chen,1974

1. 两壳相连的标本侧视,×1,登记号:15736,副模;2. 左壳侧视,×1,登记号:15737,副模;3. 右壳侧视,×1,登记号:15738,正模;
4. 左壳侧视,×1,登记号:15739,副模;5. 左壳内视,×1,借用云南标本;6. 左壳内模,×1,登记号:15740,副模;
7. 左壳内模,×1,登记号:15741,副模。

层位与产地 把南组第二段;贞丰挽澜(插图 155 图 1—4,6)。三桥组;贵阳三桥(插图 155 图 7)。
野外编号 KA83,KA86,KA10,KF109。

类褶蛤?（未定种） *Heminajas* ? sp.
(插图 156)

1 块保存很完整的左瓣标本,可惜内部铰齿构造没有显示。壳近三角卵形,适度隆曲,近中部高度最大,后部稍斜切,致使后端显得较方,壳顶有一弱的脊徐徐射至后腹角。壳顶凸出铰线明显,位置在壳全长前方约 2/5 处。小月面狭,但颇清楚。

壳面饰有较规则的同缘线,大多数强度均一,有少数显得较强,2mm 内通常有 5—6 根。

壳长 21.5mm,高 14.2mm。

比较 因为当前标本的铰合构造没有显示,很难确定它的属名。根据一般轮廓,它颇似 *Heminajas woehrmanni* Waagen(1907)及其变种,但后者的壳顶位置靠前。*Heminajas forulata* Chen 标本的水管区有一凹沟,亦可区别于当前标本。

插图 156 *Heminajas* ? sp.
左壳侧视,×1,登记号:15742。

层位与产地 把南组第二段;贞丰挽澜。

野外编号 KA86。

珠蚌目 **Order Unionida J. Gray,1854**

珠蚌超科 **Superfamily Unionoidea Rafinasque,1920**

珠蚌科 **Family Unionidae Rafinasque,1920**

祁阳蚌亚科 **Subfamily Qiyangiinae Chen Jinhua,1983**

云南蛤属 **Genus *Yunnanophorus* Chen,1974**

模式种 *Anatina*? (Cercomya) *boulei* Patte,1922

Yunnanophorus Chen,1974 的系统位置一直没有确定,最初归在 Pachycardiidae(顾知微等,1976;马其鸿等,1976;甘修明等,1978;郭福祥,1985),后来,越南的 Vukhuc(1977)以 *Tancridia* (*Hattangia*) *garandi* Mansuy,1912 为模式种建立 *Langvophorus* 属。Vukhuc(1991)又指出 *Yunnanophorus* 属名无效,因为它的模式种 *Y. boulei*(Patte,1922)是 *Langvophorus garandi* Mansuy 的同物异名。无论如何,这两种在壳形和壳饰以及铰齿等特征方面都不同,特别是 Mansuy 的种显示低撑铰器,这是 Patte 的种所没有的。而且 *Langvophorus* 每瓣有 2 片前齿和 2 片后侧齿,但 *Yunnanophorus* 右瓣仅 1 片状后侧齿,所以笔者认为,这是两个不同的属。

郭福祥(1985)记述的多种 *Yunnanophorus* 新种,都可归入 *Langvophorus*。

Fang Zhongjie 等(2009)指出这一属可能属于珠蚌超科珠蚌科 Qiyangiinae Chen Jinhua,1983。

总之,*Yunnanophorus* 的系统位置尚未确定,有待进一步研究。

Yunnanophorus Chen 最初见于殷鸿福(1962)的论文,正式描述发表于 1974 年(陈楚震等,1974;Fang et al.,2009)。在此之前,本属模式种为 *Anatina* (*Ceracomya*) *boulei* Patte,1922,归入 Anatiniidae,而 Mansuy(1912)建立 *Tancredia* (*Hattangia*) *garandi* Mansuy 时,将其归入 Tancrediidae 科。Vukhuc 等(1990)又把 *T.* (*H.*) *garandi* 种归入 Trapeziidae。Vokes(1980)把 *Yunnanophorus* 归入 Ambonychiidae 科。由此可见,以 *Y. boulei*,*T.* (*H.*) *garandi* 分别作模式种建立的 *Yunnanophorus* Chen,1974,*Langvophorus* Vukhuc,1977 是不同的两个属。笔者认为这两个独立的属产出层位 *Langvophorus* 高于 *Yunnanophorus* 的。Hautman(2001)按优先律选用 *Yunnanophorus*。

时代与分布 晚三叠世诺利期;越南,中国云南、贵州和四川。

海云南蛤 *Yunnanophorus boulei* (Patte),1922

(插图 157)

1912 *Tancredia* ? sp.,Mansuy,p. 122,pl. XXII,fig. 5.

1922 *Anatina*(?) (*Cercomya*) *boulei* Patte,p. 63,pl. II,fig. 6.

1962 *Yunnanophorus boulei*,殷鸿福,pl. I,fig. 15.

1965 *Leternula boulei* Vukhuc et al.,p. 44,pl. 14,figs. 15—17.

1974 *Yunnanophorus boulei* Chen,顾知微等,p. 338,pl. 179,figs. 8,13—16.

1976 *Yunnanophorus boulei*,陈楚震,p. 58,pl. 23,figs. 17—22.

1976 *Yunnanophorus boulei*,马其鸿等,p. 234,pl. 42,figs. 40—44.

1978 *Yunnanophorus boulei*，甘修明等，p.373，pl.122，figs.12，13.

1978 *Yunnanophorus boulei*，徐济凡等，p.352，pl.112，fig.30.

1991 *Langvophorus garandi*，Vukhuc et al.，p.143，pl.31，figs.21，24，25，27，non figs.20，22，23，26.

壳横向延长，等壳，两端甚不等，前部短，仅约为后部长度的1/4。前端圆，后背边平直，约占全壳长的1/2，然后斜切向下，后端壳钝圆；前腹边微弯曲，然后逐渐平直地延至后腹端。壳顶后坡发育成脊，自壳顶下伸至后腹端，此脊下方的壳面略凹陷，壳顶后坡狭而倾斜。壳顶钝，稍伸出铰线，位于壳前方约1/5处，此处壳的高度最大。

一些外模标本上(插图157图1,5)显示数目众多而细致的同缘线饰，通常平行于腹边，至壳顶背上方变垂直与铰边成十字形相交。

在另一些右壳的内模标本上(插图157图2,3)可观察到2个前主齿和1个细长的后侧齿。前后闭肌痕清楚，圆形，前方的1个较大。外套线痕明显，近腹边处凸起并与腹边平行，两端与前后闭肌痕相连。在背边沿铰线可观察到2个后侧齿的痕迹。

度量(mm)

标本	左壳		右壳	
	长度	高度	长度	高度
16106	/	/	17.0	6.0
16107	/	/	15.8	6.0
/	/	/	8.5	4.0
16108	22.0	8.0	/	/

比较　在当前种Mansuy(1912)、Patte(1922)最初描述的标本中，没有发现任何铰齿或闭肌痕的构造。后来，陈楚震在(1961)研究采自云南个旧的这个种的大量标本时发现铰齿构造，遂以当前的种为模式种而创立*Yunnanophorus*属(殷鸿福，1962a)。当前的贵州标本清楚地保存了前后闭肌痕和完整的外套线痕，这些当可作为*Yunnanophorus*属特征的补充。

插图157　*Yunnanophorus boulei*(Patte)，1922

1. 左壳外模，×1，登记号：16105，近模；2. 右壳内模，×2，登记号：16106，近模；3. 右壳内模，×1.5，登记号：16107，近模；
4. 左壳内模，×1，登记号：16108，近模；5. 左壳外模，示壳饰，×1，登记号：16109，近模。

产地层位　火把冲组；贞丰、安龙、郎岱。

野外编号　OK201，Lo。

心蛤目　Order Carditida Dall，1889

厚蛤超科　Superfamily Crassatelloidea Férussac，1822

花蛤科　Family Astartidae Gray，1840

假兰蛤属　Genus *Pseudocorbula* E. Philippi，1898

模式种　*Nucula gregaria* Muster，1837

卵形轮廓，壳小，膨隆，时有壳顶脊。壳面光滑，具齐整的同缘线，小月面深。右壳2个三角形主齿，2个齿窝，左壳后面主齿退化。

时代与分布　三叠纪；欧、亚、北美? 等洲。

甚长假兰蛤（比较种） *Pseudocorbula* cf. *perlonga* Grupe, 1907

（插图 158）

cf. 1915 *Myophoriopis* (*Pseudocorbula*) *perlonga*, Assmann, p. 625, pl. 35, figs. 7—9.

cf. 1928 *Myophoriopis perlonga*, Schmidt, p. 194, fig. 460.

cf. 1937 *Myophoriopis* (*Pseudocorbula*) *perlonga*, Assmann, p. 36, pl. 8, figs. 14—16.

1 块保存不十分完整的右壳标本。轮廓横椭圆形，膨隆，后端狭，壳顶耸起。

壳长 19.7mm，高 10.9mm。

比较 根据当前标本的一般轮廓，膨隆的壳体，与西里西亚壳灰岩统的 *P. perlonga* Grupe 十分相似。意大利拉贡（Lagauo）湖区的同种标本（Conti，1954）的个体甚小，长 4.0mm，高 2.6mm。

插图 158　*Pseudocorbula* cf. *perlonga* Grupe, 1907
右壳侧视，×1，登记号：15780，近模。

层位与产地 青岩组；贵阳青岩。

野外编号 KA666。

粟形假兰蛤 *Pseudocorbula nuculiformis* (Zenker), 1833

（插图 159）

1857 *Corbula nuculiformis*, Schauroth, p. 123, pl. Ⅵ, fig. 19.

1903 *Corbula nuculiformis*, Langonhan, pl. XXIV, fig. 3.

1913 *Myophoriopis nuculiformis*, Hohenstein, p. 65, pl. ⅪⅤ, figs. 3—5.

1915 *Myophoriopis* (*Pseudocorbuta*) *nuculiformis*, Assmann, p. 623, pl. 35, figs. 1—3.

1937 *Myophoriopis* (*Pseudocorbuta*) *nuculiformis*, Assmann, p. 36, pl. 8, figs. 17—19.

1968 *Myophoriopis* sp. A, 刘路, p. 92, pl. 38, fig. 1.

1976 *Myophoriopis nuculiformis*, 顾知微等, p. 85, pl. 24, figs. 11, 12.

1977 *Pseudocorbula nuculiformis*, 张仁杰, p. 38, pl. 4, figs. 7—9.

1978 *Myophoriopsis* (*Pseudocorbula*) *subundata*, 甘修明等, p. 384, pl. 124, figs. 3, 4.

描述的标本共有 3 块，其中 1 块两瓣连接，左瓣受挤压，致使腹边向内卷曲。

壳近圆三角形，适度隆曲。前部短而圆，仅在壳顶前边下落，显示有小月面存在，后背边直线状，前边缘至外脊间的夹角约 90°。外脊弱，但清楚，水管区狭。壳顶位置在壳长前方约 1/3 处，壳嘴可能稍内曲。受挤压的左壳腹边向内卷曲，轮廓显得狭长，外脊也较明显。

壳面饰有细致规则的同缘线。

度量(mm)

标本	左壳		右壳	
	长度	高度	长度	高度
15773	9.5	6.0	/	/
15774	/	/	10.5	8.0
15775	12.0	8.0	/	/

比较 当前标本显示的特征，如约 90°夹角、个体大和壳面装饰等，与德国的 *Myophoriopis nuculiformis* (Zeuker) (Schauroth, 1857) 标本相似。西里西亚的同种标本（Assmann，1915）显示细的同缘线饰，而且个体小。Hohenstein(1913)描述的一些 *Myophoriopis nuculiformis* 的标本，个体也较当前标本小，轮廓稍

向前、后端伸长。

甘修明和殷鸿福(1978)图示的 *M.*(*P.*)*subundata* Schauroth 显示弱而明显的壳顶脊。笔者把它归于当前种内。

插图159 *Pseudocorbula nuculiformis*(Zenker),1833

1,2. 两壳连接的标本侧视,×1.5,登记号:15773,15774,近模;3. 左壳侧视,×1.5,登记号:15755,近模。

层位与产地 三桥组;贵阳三桥。

野外编号 KA2,Gcba。

粟形假兰蛤短亚种 *Pseudocorbula nuculiformis brevis*(Chen),1976

(插图160)

1976 *Myophoriopis nuculiformis brevis* Chen,顾知微等,p. 85,pl. 24,fig. 10.

在KA3编号标本的采集中有1块左壳标本,壳小,斜卵形轮廓,长稍大于高。壳顶下7个凹曲颇深,构成小月面,壳顶后背边近直线状,腹边半圆形,自壳顶起发育一外脊,并向后腹角伸展。壳顶位于前端,壳嘴有些弯曲向后。

壳面具有细致的同缘线饰。

壳长11mm,高10mm。

比较 当前标本十分类似于*Pseudocorbula nuculiformis*,但标本的长高近于相等,高度按比例增大。

当前标本的轮廓、小月面的形状或壳面的同缘线饰,也接近于南阿尔卑斯的*Badiotella concentrica* Broili(1904),虽然当前标本没有显露铰合构造,但壳面显示外脊,故它不属于*Badiotella*。

插图160 *Pseudocorbula nuculiformis brevis*(Chen),1976

左壳侧视,×1.5,登记号:15781,正模。

层位与产地 三桥组;贵阳三桥。

野外编号 KA3。

考依波假兰蛤(比较种) *Pseudocorbula* cf. *keuperina*(Quenstedt),1851

(插图161)

cf. 1903 *Corbula keuperina*,Langenhan,pl. XXIV,fig. 2.

cf. 1928 *Myophoriopis keuperina*,Schmidt,p. 195,fig. 464.

一些小的标本,通常长5mm,高3—4mm,三角卵形,适度膨隆,前端凸圆,后端近截切状。自壳顶向后射出一明显的强的棱脊,向下伸至后腹角。壳顶尖,位置近中央靠前。

壳面饰有细的同缘线。

比较 当前标本的个体小,后端宽,不同于*Myophoriopis keuperina*(Quenstedt)。

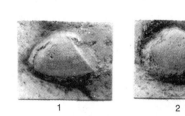
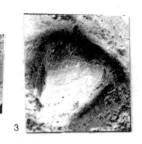

插图 161　*Pseudocorbula* cf. *keuperina*(Quenstedt)，1851

1，2. 左壳侧视，×4，登记号：15769，15770，近模；3. 右壳侧视，×4，登记号：15771，近模。

层位与产地　把南组第一段；贞丰挽澜。

野外编号　KA77，KA78。

贵州假兰蛤　*Pseudocorbula guizhouensis*(Chen)，1974

(插图 162)

1974 *Myophoricopis guizhouensis* Chen，陈楚震等，p. 338，pl. 172，figs. 12—15.

1976 *Myophoricopis guizhouensis*，顾知微等，p. 85，pl. 24，figs. 1—9.

1982 *Myophoricopis guizhouensis*，甘修明等，p. 384. pl. 123，figs. 34，35.

代表这个种的有比较丰富的标本，根据标本形状的大小、轮廓，大致可分成两种类型：A 型壳的长度、高度大于 15mm，小月面较深；B 型壳的长度、高度小于 15mm，小月面浅。

A 型壳圆三角形，厚，颇膨隆。前端上部稍凹曲，下部狭圆，并徐徐没入宽弧形弯曲的腹边，后腹边稍向后上方卷曲，后背部倾斜，外脊尚显，构成水管区的外界，起自壳顶后弯曲向后腹角伸展。水管区新月形，为一浅的凹沟所中分。壳顶钝圆，位于中央靠前，壳嘴甚内曲向前。壳顶前显示的小月面深，宽圆，紧邻壳顶后有狭长的盾纹面。壳后同缘线细密。

左壳壳顶下沿铰边有 2 个主齿，后主齿似较倾斜，可惜均已磨损。另一块标本上前主齿凸起较显(插图 162，图 13)。

B 型壳小，有浅的小月面，左壳有 2 个主齿，中间为三角形齿窝所分隔，前主齿已磨损，后一个较薄，倾斜。

度量(mm)

标本	左壳		右壳		
	长度	高度	长度	高度	
15782	25. 0	19. 5	/	/	A 型
15784	12. 8	10. 1	/	/	B 型
15786	18. 8	15. 0	/	/	A 型
15787	15. 0	11. 5	/	/	B 型
15788	14. 0	11. 6	/	/	B 型
15789	/	/	15. 0	12. 0	B 型
15790	20. 0	17. 4	/	/	A 型

比较　当前种以壳的形状和弯曲的外脊与 *P. lineata*(Münster)(Goldfuss，1838)区别。*P. gregaroides* (Philippi)(Schmidt，1928)也与本种十分类似，但当前种水管区宽，壳大。在轮廓上，当前种也接近 *Myophoricopis rosthorni* Boue(Wöhrmann，1889)，区别在于当前种外脊弯曲，后端较圆或壳大，水管区宽。

意大利的各种 *Pseudocorbula*(Conti，1954)显示小的个体，易与本种区别。

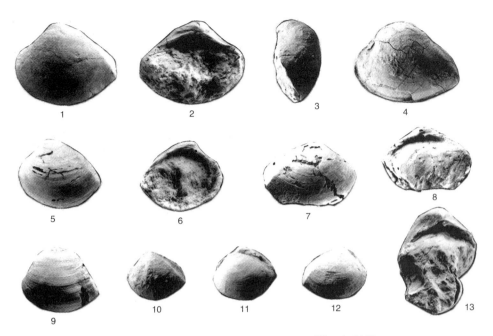

插图 162　*Pseudocorbula guizhouensis*(Chen)，1974

1—3. 左壳侧视，内视，前视，×1，登记号：15782，正模；4. 左壳侧视，×1，登记号：15783，副模；5，6. 左壳侧视，内视，×1，登记号：15784，副模；
7，8. 右壳侧视，内视，×1.5，登记号：15785，副模；9—11. 左壳侧视，×1，登记号：15786—15788，副模；12. 右壳侧视，×1，登记号：15789，副模；
13. 左壳内视，×1，登记号：15790，副模。

层位与产地　把南组、三桥组；贵阳三桥、贞丰挽澜。

野外编号　KA76，KA82，KA84—KA88，KF111，GC30。

贵州假兰蛤伸长亚种（新亚种）　*Pseudocorbura guizhouensis elongata* subsp. nov.

（插图 163）

比较　当前新亚种区别于 *Pseudocorbula guizhouensis*(Chen)的是壳膨隆小，后部延长。

帝汶岛的 *Myophoriopis*? sp. ind.（Krumbeck，1924）可能与当前标本相似，但帝汶岛的标本有钝圆的外脊。

度量(mm)

标本	左壳		右壳	
	长度	高度	长度	高度
15792	17.0	12.0	17.0	12.0
15793	20.8	14.0	20.0	14.0

插图 163　*Pseudocorbura guizhouensis elongata* subsp. nov.

1. 两壳相连的标本侧视，×1，登记号：15792，正模；2. 两壳相连的标本侧视，×1，登记号：15793，副模。

层位与产地　三桥组;贵阳三桥。

野外编号　GC3。

褶鸟蛤科　**Family Myophoricardiidae Chavan,1969**

褶鸟蛤属　**Genus *Myophoricardium* Wöhrmann,1889**

模式种　*Myophoricardium lineatum* Wöhrmann,1889

时代与分布　三叠纪晚期;欧、亚等洲。

方形褶鸟蛤　***Myophoricardium quadratum*(Chen),1974**

(插图164)

1927 *Myophoriopis* cf. *latedorsata*,Reed,p. 218,pl. XVIII,fig. 9.

1966 *Myophoricardium lineatum*,Allasinaz,p. 707,pl. 55,figs. 5,6,9,non figs. 4,7,8,10,11.

1974 *Myophoriopis quadrata* Chen,陈楚震等,p. 338,pl. 178,fig. 14.

1976 *Myophoropis* cf. *latedorsata*,顾知微等,p. 86,pl. 24,fig. 26

1976 *Myophoricardium quadratum*,马其鸿等,p. 260,pl. 23,figs. 43—47.

1976 *Myophoricardium yunnanense* Chen,马其鸿等,p. 260,pl. 23,figs. 51—55.

1976 *Myophoricardium* sp. ,马其鸿等,p. 261,pl. 23,fig. 56.

1985 *Myophoricardium paerense* Guo,郭福祥,p. 213,pl. 31,figs. 12—15.

2001 *Myophoricardium subgudratum* Hautmann,Hautmann,p. 130,pl. 32,figs. 9—11.

　　1块轮廓近方形的标本,壳长23mm,高22mm,后端短,且斜切,腹边稍弯曲,近后腹角处弯曲程度略增大,与后端相接约成120°的圆角。壳中部显示一个十分浅的凹陷并自壳顶伸至腹边。壳顶高,膨隆。

　　比较　当前标本显示的特征与我国四川的 *Myophoriopis quadrata* Chen(陈楚震等,1974)以及云南的 *Myophoriopis* cf. *latedorsata* Reed(顾知微等,1976)相似,区别是当前标本后腹角大,约为120°,云南的标本为75°。

　　1976 年陈金华(马其鸿等,1976)已把 Reed(1927)称为 *M.* cf. *latedorsata* 的标本归入 *M. quadrata* 种,并将属名订正为 *Myophoricardium*。*M. quadrata*(Chen)分布广泛,除了见于我国滇、川、黔外,也发现在意大利和伊朗。我国云南的另外 3 种 *M. puerensis* Guo(1985),*M. yunnanense* J. Chen(1976)和 *M.* sp. 都应归入 *M. quadratum* 种,后 2 种是 *M. quadratum* 种的变形标本。Hautmann(2001)的 *M. subquadrata* Hautmann 与当前种无区别。Allasinaz(1966)描述的意大利的 *M. linatum* 标本中,有一些具方形轮廓的壳体已由陈金华(马其鸿等,1976)归入本种。

插图 164　*Myophoricardium quadratum*(Chen),1974

左壳侧视,×1,登记号:15799,近模。

层位与产地　三桥组;贵阳三桥。

野外编号　KF24。

满月蛤目　Order Lucinida J. Flaming, 1828

满月蛤超科　Superfamily Lucinoidea J. Flaming, 1828

满月蛤科　Family Lucinidae J. Flaming, 1828

边缨蛤亚科　Subfamily Fimbriinae Nicol, 1950

圆穹蛤属　Genus *Schafhaeutlia* Cossmann, 1897(≈*Gonodon* Schafhaeutl, 1863)

模式种　*Gonodon ovatus* Schafhaeutl, 1863

时代与分布　三叠纪；欧、亚和北美等洲。

皱圆穹蛤　*Schafhaeutlia rugosa* Assmann, 1915

(插图 165)

cf. 1915 *Schafhaeutlia? rugosa* Assmann, p. 626, pl. 35, figs. 13, 14.

2 块卵圆形的标本。腹边缘破碎，壳顶部可能受压，致使壳嘴内曲。

壳面同缘饰发育。

比较　当前标本的一般形状颇似西里西亚壳灰岩统的 *Schafhaeutlia rugosa* Assmann, 1915。后者通常轮廓横卵形，前方略宽于后方，壳面同缘生长线强。

当前标本的不清楚的铰边上，未见栉齿状小齿的痕迹，笔者相信这个标本不属于 nuculid。

插图 165　*Schafhaeutlia rugosa* Assmann, 1915

右壳侧视，内视，×1，登记号：15767，近模。

层位与产地　青岩组；贵阳青岩。

野外编号　KF120。

层状圆穹蛤(比较种)　*Schafhaeutlia* cf. *lamellota*(Bittner), 1985

(插图 166)

cf. 1895 *Gonodon lamellota* Bittner, p. 17, pl. Ⅲ, fig. 16.

1 块形态简单的标本，壳卵形，适度膨隆。前部圆，略短于后方，后部稍伸长，末端也显圆形轮廓，腹边弧形弯曲缓和，并徐徐没入前后两端。壳顶宽圆，位置近中央略靠前。

壳面片状同缘饰保存不佳，仅在壳高一半之下比较清楚。

壳长 13.6mm，高为 8.6mm。

比较　当前标本的轮廓和片状同缘饰十分类似于 *Schafhaeutlia lamellota*(Bittner)，但后者轮廓更显方形。片状同缘饰的出现，使它又不同于另一种 *Schafhaeutlia astartiformis*(Münster)(Bittner, 1895)。

插图 166　*Schafhaeutlia* cf. *lamellota*(Bittner), 1985

右壳侧视，×1.5，登记号：15768，近模。

层位与产地　把南组第一段；贞丰挽澜。

野外编号　KA76。

蜊海螂科　Family Mactromyidae Cox,1929
均一鸟蛤属　Genus *Unicardium* Orbigny,1850

模式种　*Corbula cardioides* Phillips,1829,S. D. by Stoliczka,1871

时代与分布　三叠纪—侏罗纪；欧、亚等洲。

直角均一鸟蛤（比较种）　*Unicardium* cf. *rectangulare* Ahlburg,1906

（插图 167）

cf. 1906 *Unicardium nectangulare* Ahlburg,p. 65,pl. Ⅱ,fig. 1.

cf. 1915 *Unicardium nectangulare*,Assmann,p. 628,pl. XXXV,figs. 19. 20.

cf. 1928 *Unicardium nectangulare* Schmidt,p. 199,fig. 477.

当前标本有 4 块。

壳近椭圆形轮廓，前部宽，后方稍斜切，并显得较狭。壳膨隆强，壳顶隆起，圆，显著地超过铰线并内曲，位置近中央，但稍靠前方。

壳面同缘饰保存不佳，仅在 1 块标本的前部显示粗的（约 0.5mm 宽）、规则而等距的同缘圈，在壳顶附近，它们变得细而密。

度量(mm)

标本	右壳		
	长度	高度	厚
15777	25.3	16.7	13.5
15776	24.0	16.0	/

比较　虽然没有见到内部构造，但它们壳顶膨隆且内曲的特征，与 *Unicardium* 的特征一致。当前标本在轮廓、膨隆程度等特征上，与 *Unicardium rectangulare* Ahlburg 接近，尤其与 Assmann(1915)描述的同种标本接近，不同的是当前标本的后部稍斜切。

当前标本也与 *Unicardium schmidi*(Geinitz)(1842)相似。根据 Assmann(1915)的描述，*U. rectangulare* 的膨隆较小，壳顶凸出铰线较多，可将其与 *M. schmidi* Geinitz 区别。

插图 167　*Unicardium* cf. *rectangulare* Ahlburg,1906

1. 右壳侧视，×1,登记号：15776,近模；2,3. 右壳侧视，背视，×1,登记号：15777,近模；4. 右壳侧视，×1,登记号：15778,近模。

层位与产地　关岭组；关岭永宁镇、遵义。

野外编号　KA48,KA49。

伟齿蛤目　**Order Megalodontida Starobgator，1992**

伟齿蛤超科　**Superfamily Megalodontoidea Morris et Lycett，1853**

伟齿蛤科　**Family Megalodontidae Morris et Lycett，1853**

新伟齿蛤属　**Genus *Neomegalodon* Guembel，1892**

罗斯蛤亚属　**Subgenus *Rossiodus* Allasinaz，1965**

模式种　*Pachyrisma columbella* Hoernes，1852

1982 年，匈牙利学者 Vegh-Neubrand 将 *Rossiodus* 亚属从 *Neomegalodon* 属中分出成独立的属，而姚华舟和张仁杰等(2014)基于壳形、壳顶、小月面和铰齿等构造特征分析，主张把本亚属不另分出，通称 *Neomegalodon*。本书同意 Allasinaz(1965)的意见。

时代与分布　三叠纪晚期；欧、亚等洲。

嘴形新伟齿蛤(罗斯蛤)　*Neomegalodon*(*Rossiodus*) *rostratiforme*(Krumbeck)，1913

(插图 168)

1913 *Megalodon rostratiforme*(Krumbeck)，p.64，taf. Ⅳ，figs. 17—22.

1976 "*Megalodon*" *rostratiforme*，顾知微等，p.110，pl.25，fig.2.

1978 "*Megalodon*" *rostratiforme*，甘修明等，p.387，pl.124，fig.12.

壳中等大，横三角形，向两端稍伸长，膨隆强。壳顶前凹曲，构成深的小月面。前端短凸，并与缓和弯曲的腹边相连，后部斜切。颇明显的壳顶脊自壳顶向下延伸至后腹角，与后腹边成钝角相接。水管区狭，颇陡。壳顶尚宽，位置近中央。壳嘴保存情况不明，可能是内曲的。壳面光滑。

壳长 31.0mm，高 21.0mm。

比较　根据壳形、外脊等特征，当前标本归入 N.(R.)较合适。它与印度尼西亚的 N.(R.)*rostratiforme* 比较，后者似乎有强烈内曲的壳嘴，可惜当前标本的壳嘴部保存不佳，情况不明。日本四国佐川盆地的 *Megalodus*(?)sp. (Kobayashi et Ichikawa)与当前标本也有些相似，但日本标本的壳顶甚宽，有较圆的轮廓。

插图 168　*Neomegalodon*(*Rossiodus*) *rostratiforme*(Krumbeck)，1913
左壳内模，×1，登记号：15800，近模。

层位与产地　火把冲组；贞丰。

野外编号　OK205。

心蛤目　**Order Cardiida Férussac，1822**

卡勒特蛤超科　**Superfamily Kalenteroidea Marwick，1953**

卡勒特蛤科　**Family Kalenteridae Marwick，1953**

蝇蛤亚科　**Subfamily Myoconchinae Newell，1957**

蝇蛤属　**Genus *Myoconcha* Sowerby，1824**

假蝇蛤亚属　**Subgenus *Pseudomyoconcha* Rossi，Ronchetti et Allasinaz，1966**

模式种　*Myoconcha lombardica* Hauer，1857

时代与分布　三叠纪晚期；欧、亚等洲。

耳形蝇蛤(假蝇蛤?)(比较种)　*Myoconcha*(*Pseudomyoconcha*?)cf. *auriculata* Broili,1903

(插图169)

cf. 1903 *Myoconcha auriculata* Broili,p. 197,pl. 23,fig. 25.

cf. 2006 *Myoconcha*(*Pseudomyoconcha*) *auriculata* Hautmann,p. 108,pl. 25,figs. 3,5.

描述的标本中,仅有1块左瓣内模。壳横向延长,前部短,仅为后部长度的1/3弱;后部稍斜切,腹边近于平直,约与背边平行。壳顶后壳面稍凹陷,可能为侧齿的位置。壳顶位置约在壳前方1/4处。

壳长36.0mm,高12.6mm。

比较　根据当前标本的轮廓判断,它可能属于 *Myoconcha*（*Pseudomyoconcha*?），而且与 M.（P.） *auriculata* Broili,1903 相似。

插图169　*Myoconcha*(*Pseudomyoconcha*?)cf. *auriculata* Broili,1903

左壳内模,×1,登记号:15795,近模。

层位与产地　把南组第二段;贞丰挽澜。

野外编号　KA87。

青岩蝇蛤(假蝇蛤)　*Myoconcha*（*Pseudomyoconcha*）*qingyanensis*(Chen),1974

(插图170)

1974 *Myoconcha qingyanensis* Chen,陈楚震等,p. 330,pl. 175,figs. 18,19.

1976 *Myoconcha qingyanensis*,顾知微等,p. 95,pl. 24,figs. 42,43.

1978 *Myoconcha qingyanensis*,甘修明等,p. 381,pl. 123,fig. 28.

壳偏顶蛤形,横向延长。前端宽而凸出,背边凸并向后端逐渐弯曲;后端增宽,腹边虽稍破碎,但几乎与背边平行。壳顶位置顶端,顺壳顶方向壳体膨隆似脊并平分壳体,以对角线方向伸至后腹角,此膨隆部分下方壳面颇凹曲,扁,壳最宽处在后方。

壳面同缘线发育,在背部彼此平行,与铰边近于正交,有3根细的放射线在背部出现,横截同缘线。外韧带韧片狭长,自壳顶后沿背部伸展。壳嘴下有一向后延长的主齿齿窝,颇深。

壳长24.9mm,高6.9mm。

比较　根据宽凸的前端、凸曲的背边及壳面兼有放射铰边和同缘线饰等特征判断,当前标本应改属 *Pseudomyoconcha*。

当前种与阿尔卑斯的 *Pseudomyoconcha maximliani leuchtenbergensis* Klipstein(Bittner,1895)和日本的 *Myoconcha hamadaensis* Yale et Shimizu(1927)类似,当前种以轮廓长方形,壳前部更宽而扁,可区别日本的种;而阿尔卑斯的种壳前腹边缘凹曲强,壳面射脊数目甚多。另一个日本种 *Myoconcha planata* Kobayashi et Ichikawa(Ichikawa,1954)以壳面约有6根放射脊、背部的4根强和具有宽的间距,可资区别。前南斯拉夫萨拉热窝(Sarajevo)近郊的 *Pseudomyoconcha ptychitum* Kittl(1903)虽在一般轮廓上也与当前种比较接近,但它通常壳体短,具有5—7根放射饰。

　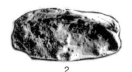

1　2

插图170　*Myoconcha*（*Pseudomyoconcha*）*qingyanensis*(Chen),1974

1,2. 左壳侧视,内视,×1,登记号:15794,正模。

层位与产地 青岩组；贵阳青岩。

野外编号 KA661。

蝇蛤(假蝇蛤)(未定种) *Myoconcha*(*Pseudomyoconcha*)sp.

(插图171)

仅有1个右壳，壳*Modiola*形。前端圆钝，背部狭平似翼，边缘弯曲缓和，近前方2/3处腹边凹曲。壳顶位于前端，沿壳顶方向向后的壳体十分膨隆，壳顶下方壳面有一明显的凹陷，下延至腹边后没入腹边凹曲。

壳面同缘线饰清楚。

壳长13.4mm，高7.3mm。

比较 当前标本以壳体前方有一凹陷及背部狭平似翼为特征。在已知的蝇蛤类(myoconchid)各种中，大致相似的有*Myoconcha wöhrmanni* Waagen(1907)，*M. acquatensis* Parona(Waagen，1907)，但后两个种壳体向后延伸较长。

插图171 *Myoconcha*(*Pseudomyoconcha*)sp.
左壳侧视，×2，登记号：15796。

层位与产地 青岩组；贵阳青岩。

野外编号 KA661。

蝇蛤(假蝇蛤)[未定种(新种？)] *Myoconcha* (*Pseudomyoconcha*) sp. (sp. nov. ？)

(插图172)

代表这个种的仅有1块右瓣标本。壳横长，前部狭，逐渐向后部增宽，后边缘虽已破碎，但尚可观察出它的轮廓是宽阔的，背边稍弯曲，腹边显得比背边平直。壳顶位置接近顶端，紧邻壳顶之下壳稍收缩。

壳面前部分因风化壳饰显得不清楚，在后部放射线尚显，射饰可能稍有折曲。近壳中部出现几个明显的生长圈。紧邻壳嘴之下，有一个卵形的闭肌痕，它的宽的一方朝向壳前方。

比较 当前标本的轮廓接近*Modolus*或*Mytilus*，但当前标本壳顶下壳面收缩，并出现卵形闭肌痕，是*Myoconcha*的特征。

当前标本壳面出现放射饰线，类似于*Pseudomyoconcha maximiliani leuchtenbergensis* Klipstein(Bittner，1895)和*P. broitii* Waagen(1907)，但当前标本壳狭且延长。另一个十分类似的种是*Myoconcha muelleri* (Giebel)(Salomon，1895；Assmann，1915)，但这一种前腹边出现强的凹湾。当前种与阿尔卑斯的*P. brunneri* Haue及其变种(Salomon，1895)也相似，另外，当前标本与日本的一些壳面显示强的放射饰的蝇蛤型标本(Ichikawa，1954a，b)也可区别。当前标本可能是一新种，但限于材料较少，故暂不定新种。

插图172 *Myoconcha* (*Pseudomyoconcha*) sp. (sp. nov. ？)
左壳侧视，×1，登记号：15797。

层位与产地 三桥组；贵阳三桥。

野外编号 KA2。

帘蛤超科 Superfamily Veneroidea Rafinesque,1815
等沫丽蛤科 Family Isocyprinidae R. N. Garden,2005
等沫丽蛤属 Genus *Isocyprina* Roeder,1882

模式种 *Gardium cyreniforme* Buvignies,1852

时代与分布 三叠纪—侏罗纪;欧、亚等洲。

等沫丽蛤? (未定种) *Isocyprina*? sp.
(插图 173)

1 个保存不佳的右瓣,前部圆,后部斜切,前边缘稍有破坏,可能是凸曲的,后背边直,它同铰线、腹边构成钝角。自壳顶发育一尖锐的棱脊,向腹边伸展,此棱脊后方区域呈现三角形,棱脊前方壳面稍隆曲。壳顶钝,位置在壳长前方 1/3 处。

壳长 14.0mm,高 9.4mm。

比较 当前标本的轮廓与缅甸的 *Isocyprina* cf. *ewaidi*(Bornemann)(Healey,1908)十分接近。与 Healey 的图 13 的标本比较,缅甸的标本壳顶靠近中央;与其图 15 的标本比较,当前标本显得壳形较为伸长。

英国的 *Isocyprina ewaidi*(Moore,1861)个体较小,三角形轮廓。这一种也见于越南(Vukhuc et al.,1991),但越南标本大,壳顶位置近中部。*I. ewaidi* 已被殷鸿福(1974)、甘修明等(1978)疑为 *Arctica*(?)属,但他们指出壳顶脊和左侧齿不同。

因为仅有 1 块标本,没有见到铰齿构造,所以暂时把它鉴定为 *Isocyprina*? sp. 。

插图 173 *Isocyprina*? sp.
左壳侧视,×1,登记号:15791。

层位与产地 三桥组;贵阳三桥。

野外编号 KF24。

海笋目 Order Pholadida J. Gray,1854
肋海螂超科 Superfamily Pleuromyoidea Zittel,1895
肋海螂科 Family Pleuromyidae Zittel,1895
肋海螂属 Genus *Pleuromya* Agassiz,1843

模式种 *Mya gibbosa* Sowerby,1823

时代与分布 中生代;欧、亚、美等洲。

肌形肋海螂条形亚种 *Pleuromya musculoides strigata* Chen,1976
(插图 174)

1976 *Pleuromya musculoides strigata* Chen,顾知微等,p. 276,pl. 42,figs. 27—30.

1978 *Pleuromya musculoides strigata*,甘修明等,p. 391,pl. 125,fig. 6.

1990 *Pleuromya musculoides strigata*,沙金庚等,p. 204,pl. 29,figs. 3,4.

1990 *Pleuromya elengans*,沙金庚等,p. 204,pl. 30,figs. 7—9.

壳横向延长,近于方形,适度膨隆。前部较短且较陡地下落,后部圆弧形弯曲,腹边近于直,对着壳顶下方显示一浅而颇宽的凹曲轮廓;后端圆,顺着壳顶之下的略后方向,在壳面出现浅而明显的凹陷并伸至腹边,与腹边缘凹曲相遇。壳顶颇宽,位于壳长前方约 2/3 处,壳嘴十分内曲。小月面小而深,外韧带位置明显,很短。

　　在一些标本上隐约可见壳表面饰有不规则的同缘皱。另外有 1 块标本(插图 174,图 3),长度减小,前部显得甚圆。

度量(mm)

标本	长度	高度	厚
16092	23.7	15.0	/
16093	22.5	15.0	10.5
16094	28.0	15.0	9.1
16110	约 20.0	11.0	7.0

　　比较　亚种区别于 *Pleuromya musculoides* Schlotheim 之处在于壳小,腹边凹曲,膨隆较小。当前标本也接近 *Pleuromya elengata* Scholotheim(Assmann,1915;Bender,1921),尤其与 Assmann 的标本相似,但壳面具有显明的凹陷。青海的 *P. elegans*(Assmann)标本(沙金庚等,1990),在壳形和壳饰上与本种一致,现予以合并。

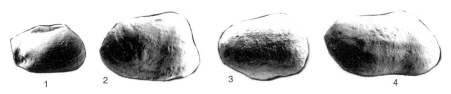

插图 174　*Pleuromya musculoides strigata* Chen,1976
1. 右壳内模,×1,登记号:16110,副模;2. 右壳内模,×1,登记号:16092,副模;3. 右壳内模,×1,登记号:16093,副模;
4. 右壳内模,×1,登记号:16094,正模。

层位与产地　松子坎组;遵义。

野外编号　KW212。

短肋海螂　*Pleuromya brevis* Assmann,1915

(插图 175)

cf. 1915 *Pleurormya brevis* Assmann,p. 631,pl. 36,fig. 7.
cf. 1937 *Pleurormya brevis* Assmann,p. 44,pl. 9,fig. 12.

　　1 块两瓣相连的标本,卵形轮廓,甚膨隆。前部短圆,并徐徐没入宽圆弧形的腹边;后部长,稍狭,后边缘有拱曲,后端可能略有张开。壳顶钝圆,凸出显著,位置在壳长前方约 1/3 处,壳嘴内曲。自壳顶后有 2 条十分微弱的脊向后腹边伸展。

　　壳面饰有细的同缘线。

　　壳长 15.7mm,宽 11mm。

插图 175　*Pleuromya brevis* Assmann,1915
两壳相连的标本,×1,登记号:16075,近模。

比较 因当前标本没有显示内部铰齿或韧带构造，很难决定它属哪一个属。当前标本与西里西亚的 *Pleuromya brevis* Assmann 相比，后者壳面饰有片状同缘饰，个体大。这一个种是否属于 *Pleuromya* Assmann 原来也是悬而未决的，Assmann 在 1915 年创立该种时将它归于 *Pleuromya*，可惜铰合构造没有显露。

当前标本的外部形态亦类似于西里西亚的 *Macrodontella lamellosa* Assmann(1915)，但在没有观察到铰合构造之前笔者不敢相信，当前标本属于西里西亚的 *Macrodontella lamellosa* Assmann 这一个罕见的种。

层位与产地 赖石科组；贞丰龙场。

野外编号 KA113。

关岭助海螂(新种) *Pleuromya guanlinensis* sp. nov.
(插图 176)

1976 *Pleuromya* cf. *elongata*，见顾知微等，1976，p. 277，pl. 42，figs. 7，8.
1978 *Pleuornmya* cf. *elongata*，甘修明等，p. 391，pl. 125，fig. 13.

壳横卵形，前部短，圆，后部狭长，或多或少地有些尖削。壳顶宽，位置甚靠前，但不近末端。壳嘴十分内曲。自壳顶后发育一弱的顶脊，伸向腹边。在一块受压的标本上观察到一个卵形的后肌痕。

度量(mm)

标本	长度	高度
16097	32.00	19.1
16099	30.00	15.3

比较 新种标本与 Bender(1921)的图版Ⅲ图 3 的 *Pleuromya elongata* 标本最接近，但当前标本有狭尖的后部。描述标本有少许与 *Pleuromya musculoides strigata* Chen 不同，它们的壳面未出现凹陷。

插图 176 *Pleuromya guanlinensis* sp. nov.

1. 左壳内模，×1，登记号：16096，副模；2. 左壳内模，×1，登记号：16097，副模；3. 左壳内模，×1，登记号：16098，副模；
4. 右壳内模，×1，登记号：16099，正模。

层位与产地 关岭组；关岭永宁镇、晴隆。

野外编号 KF82，KA51。

福氏肋海螂赵氏亚种(新亚种) *Pleuromya forsbergi zhaoi* subsp. nov.
(插图 177)

新亚种名是为纪念赵金科教授而命名的，他建立了我国三叠纪早期菊石带序列。

壳中等大小，圆而近方形轮廓，适度隆曲。后部延长，末端稍斜切并逐渐变平；前部短圆，约是后部长度之半。腹边前部弯曲，而向后近平直，背边长，近壳顶处稍有弯曲。壳顶小，位置在壳长前方约 1/3 处，并稍伸出铰线。自壳顶下有一很不明显的顶脊显示，向腹边逐渐没入壳面。

因为是内模标本，壳面饰不十分明显，可能是光滑的，在一块小的右壳标本上，见有同缘线。

度量(mm)

标本	左壳		右壳	
	长度	高度	长度	高度
16100	23.0	13.0	/	/
16101	/	/	15.0	9.0

比较　当前新亚种与 *Pleuromya forsberigi niponica* Kobayashi et Ichikawa 的不同,是壳顶脊弱,后部稍斜切。

插图 177　*Pleuromya forsbergi zhaoi* subsp. nov.
1. 左壳内模,×1,登记号:16100,正模;2. 右壳内模,×1,登记号:16101,副模。

层位与产地　三桥组;贵阳三桥。
野外编号　KA5,GC3。

孔海螂目　Order Poromyida Ridewood,1903
矛头蛤超科　Superfamily Cuspidarioidea Dall,1886
矛头蛤科　Family Cuspidariidae Dall,1886
矛头蛤属　Genus *Cuspidaria* Nardo,1840

模式种　*Tellina cuspidata* Olivi,1792
时代与分布　三叠纪、侏罗纪—现代;欧、亚、北美等洲。

矛头蛤?（未定种 1）　*Cuspidaria*? sp. 1
(插图 178)

1 块保存非常不佳的标本,壳顶和前部都已破碎。壳的轮廓非常狭长,从保存的壳体判断,它的前部较宽,逐渐向后部变狭。背边突起似棱。壳面饰有同缘线纹。

根据狭长的轮廓判断,当前这块保存不佳的标本与 *Cuspidaria gladius* Lande(Bittner,1895)相似,但当前标本太破碎,不能做进一步的鉴定和比较,暂时把它定为 *Cuspidaria*? sp.。

插图 178　*Cuspidaria*? sp. 1
左壳内模,×1,登记号:16102。

层位与产地　三桥组;贵阳三桥。
野外编号　KA10。

矛头蛤?（未定种 2）　*Cuspidaria*? sp. 2
(插图 179)

cf. 1919 *Cuspidaria semiradiata*,Mansuy,p. 14,pl. Ⅲ,fig. 6.

一些个体小的标本,通常长 6—7mm,高 2—3mm,保存状况常常是两瓣连合。壳后部延伸颇长,并徐徐尖削变狭,前部甚短,宽圆,壳顶位置甚前,但不到达顶端,自壳顶后发育一棱脊,并伸至后腹端。

比较 当前标本与越南北部的 *Cuspidaria semiradiata* by Mansuy（1919）十分相似，但个体较小。Mansuy 描述该种时也指出："东京的壳与 Esino 的相同种比较，显示甚小的个体。"但是，当前标本没有保存任何内部构造，故暂不做更多的比较。

插图 179 *Cuspidaria?* sp. 2
两壳相连的标本，×2，登记号：16103。

层位与产地 把南组第一段；贞丰挽澜。

野外编号 KA81a。

笋海螂目 **Order Pholadomyida Newell, 1965**
笋海螂超科 **Superfamily Pholadomyoidea King, 1844**
笋海螂科 **Family Pholadomyidae King, 1844**
同海螂属 **Genus *Homomya* Agassiz, 1843**

模式种 *Mactra gibbosa* Sowerly, 1813

时代与分布 三叠纪—现代；欧、亚、美、大洋洲等地。

可疑同海螂 *Homomya ambigua* (Bittner), 1901

（插图 180）

1901 *Pleuromya ? ambigua* Bittner, p. 5, pl. Ⅷ, fig. 14.

1974 *Homomya ambigua*, 陈楚震等, p. 343, pl. 177, fig. 27.

1976 *Homomya ambigua*, 顾知微等, p. 275, pl. 42, fig. 15.

1978 *Homomya ambigua*, 甘修明等, p. 389, pl. 125, fig. 14.

壳横向延长，两侧不相等，前部短，为后部长度之半，前后两端圆，腹边前部缓和弯曲，其余部分近于直。壳顶低宽，自两侧发育两弱的顶脊，向前后两腹角伸展。后顶脊较显，两顶脊发育，致使中部壳面微微显示浅的凹陷。壳嘴向内微曲，位置在壳长前方 2/5 处，壳嘴两侧有些凹陷。

壳面饰有不规则同缘皱。

壳长 40mm，高 21mm。

比较 当前标本的内部构造虽没有被观察到，但据前后横向延长、内曲的壳嘴和中部壳面凹陷等特征判断，其属于 *Homomya* 比 *Pleuromya* 似更为妥当。

插图 180 *Homomya ambigua* (Bittner), 1901
右壳侧视，×1，登记号：16083，近模。

层位与产地 三桥组；贵阳三桥。

野外编号 GC3。

同海螂(未定种1) *Homomya* sp. 1
(插图 181)

壳横向延长,等壳。前部较宽,后部徐徐变狭;中部壳面显得有些凹陷。壳顶尚宽,位置在壳长前部约1/3处,壳嘴可能是内曲的。自壳顶后开始微隆起成脊,此脊伸展不远即消失,致在后背部显示出不明显的凹曲。

壳面具有规则但不均一的同缘饰,发育颇强,在前部已发育成脊状。

壳长 37mm,高 19mm。另一块前部没有保存的标本高 20mm。

比较　根据一般的轮廓判断,当前标本有些类似 *Homomya sublariana* Krumbeck,1914,但那个种有强烈膨隆的壳体。

插图 181 *Homomya* sp. 1
两壳相连的标本,×1,登记号:16086。

层位与产地　把南组第一段;贞丰挽澜。

野外编号　KA81。

同海螂(未定种2) *Homomya* sp. 2
(插图 182)

当前标本仅有 1 块左瓣,标本壳横长,适度隆曲,但中部略显凹曲。前部稍收缩,较短,后背部直;后端圆,边缘有些拱曲,腹边稍弯曲,向后部略有变形,致使后方腹边壳面向内折曲。壳顶低宽,位置在壳长前部约 1/3 处,壳嘴已破坏,没有保存。

同缘皱在壳顶部发育。

长 33mm,高约 16mm,壳顶位置处高度最大。

比较　当前标本的一般轮廓类似于我国云南中甸的 *Homomya* sp. ind. aff. *albertii* (Voltz)(V. Loezy,1899),但云南标本已变形,壳面片状同缘饰明显。

另外,Mansuy 记录过越南的 *Homomya* sp. (1912)标本亦有大的壳顶和短的前部,不过它的轮廓近卵形,前部虽短,但近角状,与上面提到过的一些标本不同。

当前标本不同于前面描述过的 *Homomya* sp. 1 的是前端狭,同缘饰发育不显。

插图 182 *Homomya* sp. 2
左壳侧视,×1,登记号:16084。

层位与产地　三桥组;贵阳三桥。

野外编号 KA1。

同海螂？（未定种 3） *Homomya*？ sp. 3
（插图 183）

2 块保存不佳的标本,可能为左、右壳。壳顶部和后部已破碎,个体十分大,推测轮廓为横卵形。前部宽圆,腹边近于直线状,中部有一个不宽的、浅的凹陷,自壳顶垂直地伸至腹边。

壳面饰有不规则的粗粗细细的同缘线。

插图 183 *Homomya*？ sp. 3

1. 左壳侧视,×1,登记号:16085;2. 左壳侧视,×1,登记号:15772。

层位与产地 把南组第一段;贞丰挽澜。

野外编号 KA79。

鸭蛤目 Order Pandorida R. Stewart,1930
鸭蛤超科 Superfamily Pandoroidea Rafinesque,1815
瓦筒蛤科 Family Laternulidae Healey,1908
土隆蛤属 Genus *Tulongella* Chen et J. Chen,1976(＝*Ensolen* Guo,1988)

模式种 *Tulongella xizangensis* Chen et J. Chen,1976

时代与分布 三叠纪;中国、缅甸。

可疑土隆蛤 *Tulongella problematica*(Chen),1976
（插图 184）

1908 *Cuspidaria* sp. ind. Healey,p. 62,pl. Ⅸ,fig. 8.

1976 *Cuspidaria problematica*,顾知微等,p. 284,pl. 42,fig. 9.

1978 *Cuspidaria problematica*,甘修明等,p. 293,pl. 125,fig. 10.

壳长,狭,适度隆曲。前部圆,向后方逐渐尖削,可惜壳的末端已破碎,没有保存,腹边稍凸曲。壳顶后发育一脊延至后腹角,致使此脊上方的壳面略凹陷,此凹陷面保存不佳。壳顶低,位于壳长前方 1/4 处,铰线长而直。在壳顶区有一细长的裂口,向腹边伸长至壳高约一半处,此裂口可能反映内壳的隔板构造。

壳长约 15.0mm,高约 5mm。

比较 当前标本的特征与 Healey(1908)描述的缅甸 *Cuspidaria* sp. ind. 一致。当前的标本和缅甸的标本,壳顶下似都出现隔板构造,此类构造在 *Cuspidaria* 属中是不存在的。古生代的 *Nuculites* 在内模上,往往在壳顶下也有类似的裂口,但 *Nuculites* 具有栉齿形铰齿。当前的或缅甸的标本上始终未见栉齿形铰齿的痕迹,似不能归入 *Nuculites*。上面所比较的仅是各地标本在外形上相似。

Healey(1908)把这类标本归于 *Cuspidaria*,是因为它类似 *C. gladius* Laude,同时她又指出:"就算对其铰合构造无任何了解,它也可以被同样地归入 *Solenopsis* M'Coy。"Healey 注意到缅甸标本有隔板,她认为隔板的出现当然可以阻止我们将缅甸标本归入 *Cuspidaria* 或 *Solenopsis* 之内。

陈金华和陈楚震(文世宣等,1976)在研究珠穆朗玛峰地区三叠纪双壳类时,把这类具内隔板的长卵形标本建立为 *Tulongella* Chen et J. Chen,认为缅甸的 *Cuspidaria* sp. ind. 是 *Tulongella* 属[最初也疑为 *Cuspidaria*? *probilematica* Chen(陈楚震,1976),现在一起归入 *Tulongella*(文世宣等,1976)]。

郭福祥(1988)建立 *Ensolen* Guo 时由于把壳内隔板构造误认为铰齿,所以它是 *Tulongella* Chen et J. Chen,1976 的次同物异名(Fang Zongjie et al. ,2009)。

插图 184　*Tulongella problematica*(Chen),1976
右壳侧视,×1.5,登记号:16104,正模。

层位与产地　火把冲组;郎岱荷花池。

野外编号　KL180。

<h3 style="text-align:center">色雷斯蛤目　Order Thraciida Cater,2011</h3>
<h3 style="text-align:center">色雷斯蛤超科　Superfamily Thracioidea Stoliczka,1870</h3>
<h3 style="text-align:center">色雷斯蛤科　Family Thraciidae Stoliczka,1870</h3>
<h3 style="text-align:center">色雷斯蛤属　Genus *Thracia* Sowerby,1823</h3>

模式种　*Mya pubescens* Pulteney,1799

时代与分布　三叠纪—现代;欧、亚、美、大洋洲等地。

<h3 style="text-align:center">简单色雷斯蛤　Thracia prisca Healey,1908</h3>

(插图185)

1908 *Thracia prisca* Healey,p. 61,pl. IX,figs. 1—7.
1921 *Thracia prisca*,Mansuy,p. 48,pl. III,fig. 31.
1922 *Thracia prisca*,Patte,p. 27,pl. I,fig. 20.
1974 *Thracia prisca*,陈楚震等,p. 343,pl. 179,figs. 17,18.
1976 *Thracia prisca*,顾知微等,p. 281,pl. 41,figs. 10,11,13,14.
1976 *Thracia prisca*,马其鸿等,p. 347,pl. 42,figs. 9,10.
1978 *Thracia prisca*,甘修明等,p. 392,pl. 125,figs. 22,23.
1991 *Thracia prisca*,Vukhuc et al. ,p. 114,pl. 35,figs. 13—17.

当前标本中,有一些可鉴定为 *Thracia prisca* Healey。壳薄,小,横卵形轮廓,适度隆曲,前部圆,后部斜切,腹边凸曲,前腹边徐徐没入圆的前部,后腹边与后部相连呈近角状。自壳顶后发育一显著的棱脊并向后腹角伸展,在壳顶后显示一个小的三角形区域。壳顶低宽,位置近中央(插图185,图3),另外两块较小标本的壳顶位置在壳长前部约1/3处。

壳面饰有细的同缘线。

度量(mm)

标本	左壳		右壳	
	长度	高度	长度	高度
16080	12.0	9.0	/	/
16081	/	/	9.0	5.5
/	7.4	4.0	/	/
16082	/	/	13.0	8.4

比较　Healey(1908)认为,*Thracia prisca* Healey 的轮廓变异多样,自横卵形至圆形。当前标本与

Healey 的最初标本比较,属于横卵形轮廓,但一般个体较小,不过 Healey 的种,如她的图 5,7 等标本,个体也较小。中南半岛的同种标本(Mansuy,1921;Patte,1922)个体较大,接近 Healey 的图 1—4 的较大标本。可惜中南标本的描述太简略,所附图版也不够清晰。无论如何,当前标本与 Vukhuc 等(1991)记述的一些越南的同种标本是一致的。

插图 185　*Thracia prisca* Healey,1908

1. 左壳侧视,×2,登记号:16080,近模;2. 右壳侧视,×2,登记号:16081,近模;3. 左壳侧视,×2,登记号:16082,近模。

层位与产地　火把冲组;贞丰挽澜。

野外编号　KA89。

缅甸蛤科　Family Burmesiidae Healey,1908
缅甸蛤属　Genus *Burmesia* Healey,1908

模式种　*Burmesia latouchei* Healey,1908

注释　这个属的诺利期的一些种,前部带有放射脊。应该剔除清镇后五三桥组的几块破损的标本(*Burmesial ltirata*)[甘修明、殷鸿福(1978)的图 1—3],*B.* cf. *krumbecki* Chen 包括鉴定为 *Prolaria sollasrii multiforimis* Gan 的标本。这类标本的前部缺乏斜脊,不是典型的 *Burmesia lirata*(陈金华,1986)。

时代与分布　晚三叠纪;缅甸、越南、老挝、印度尼西亚、中国、伊朗等地;里阿斯期,日本。

斜脊缅甸蛤　*Burmesia lirata* Healey,1908

(插图 186)

1908 *Burmesia lirata* Healey,p. 59,pl. Ⅷ,figs. 19—22.

1914 *Burmesia lirata*,Mansuy,p. 23,pl. Ⅲ,fig. 4.

1922 *Burmesia lirata*,Patte,p. 26,pl. Ⅰ,fig. 19.

cf. 1941 *Burmesia* cf. *lirata*,Saurin,p. 16,pl. Ⅴ,fig. 48.

1961 *Burmesia lirata*,陈楚震,p. 141,pl. 1,fig. 1.

1974 *Burmesia lirata*,陈楚震等,p. 343,pl. 178,fig. 12.

1976 *Burmesia lirata*,顾知微等,p. 278,pl. 42,figs. 1—4,6.

1976 *Burmesia lirata*,文世宣等,p. 68,pl. 15,figs. 10—12.

1976 *Burmesia lirata*,马其鸿等,p. 245,pl. 42,figs. 1,2.

non 1978 *Burmesia lirata*,甘修明等,p. 390,pl. 125,figs. 2,3.

1978 *Burmesia lirata*,徐济凡等,p. 362,pl. 113,figs. 31,32.

1985 *Burmesia lirata*,张作铭等,p. 110,pl. XL11,figs. 15,16.

1985 *Burmesia xizangensis* Zhang,张作铭等,p. 110,pl. XL11,figs. 6—8.

1991 *Burmesia lirata*,Vukhuc et al.,p. 107,pl. 33,figs. 4—10.

2001 *Burmesia lirata*,Hautmann,p. 154.

当前标本中,代表这个种的有 1 块两瓣连合的标本。

壳横卵形,适度隆曲,前端圆,腹边由于受压,已向内弯曲变形,铰线后部稍斜切,但整个后端轮廓仍显圆形。壳顶颇显,位于壳长前方 2/3 处,稍凸起在铰线之上。铰线直,长度比壳全长略短。壳面兼有同缘状和放射状饰纹。同缘线细,布满全壳面,在壳顶附近的一些同缘饰最显明。放射脊仅发育在中部,总数约 24根,通常强度相等,绝大多放射脊自壳顶斜着延伸至腹边,其中少数是以后插入的。壳前方尚有 14 根斜脊,与中部放射脊成锐角斜交,最初的斜脊较短,而最后的一些斜脊未遇射脊时即发育不显。壳的后背部为起于壳顶的凹沟所中分,此凹沟浅,但清楚。

壳长约46mm,高约18.6mm。

比较　根据上面描述的特征,以及壳中部射脊和前部斜脊变化的情况判断,当前标本属于 *Burmesia lirata*种群,并与 *Burmesia lirata* Healey 的特征相同。

插图 186　*Burmesia lirata* Healey,1908
两壳相连的标本,×1,登记号:16088,近模。

层位与产地　火把冲组;郎岱荷花池。
野外编号　KL180。

乡土蛤属　Genus *Prolaria* Healey,1908

模式种　*Prolaria sollasii* Healey,1908
时代与分布　诺利期;中国、缅甸、中南半岛、印度尼西亚、伊朗、外高加索等地。

芒康乡土蛤　*Prolaria markamensis* Zhang,1985

(插图 187)

1974 *Prolaria sollasii*,陈楚震等,p. 343,pl. 178,fig. 13.

1976 *Prolaria* cf. *sollasii*,顾知微等,p. 279,pl. 42,fig. 16.

1976 *Prolaria sollasii*,马其鸿等,p. 343,pl. 42,figs. 3,4.

non 1978 *Prolaria sollasii*,徐济凡等,p. 362,pl. 113,fig. 35.

1978 *Prolaria xizangensis* Zhang,张作铭等,p. 111,pl. 42,figs. 9—13.

1985 *Prolaria markamensis* Zhang,张作铭等,p. 111,pl. 42,figs. 14,17.

1991 *Prolaria? dienbienfuensis* Vukhuc et al. ,p. 109,pl. 35,fig. 11.

有一左壳标本,轮廓和壳饰类似 *Burmesia*,但后部延伸形成一宽短的凸嘴,显然是属 *Prolaria* 的。

壳横卵形,颇隆曲,前部宽圆,并徐徐过渡至腹边,构成腹边的弧形弯曲,弧形腹边伸长至壳长约2/3处,逐渐向上弯曲,变狭,与后方延伸的凸边相接。壳后方狭,向后延伸成一凸出的凸嘴,末端已破碎,上边缘直,下边缘规则地凹曲,自壳顶后有一脊横跨凸嘴伸至后腹角,此脊的两侧壳面形成斜坡。壳顶尚显,位置接近中央。铰线直。

壳面装饰由同缘脊和放射棱线组成,同缘脊在前部发育,在当前标本上可观察到18条。靠近壳顶前方至壳高一半以上同缘饰细;粗的同缘脊,发育在壳高一半以下,约8条,每条宽约1mm,彼此间为相等距离的凹沟分开。壳中部同缘饰趋于消失,发育放射棱线12根,前面10根为等距的间隔分开,间隔宽约1mm,底平,后2根棱线相距较远,最后1根放射棱线构成凸嘴的边界。

壳长约21mm,高约15mm。

注释　当前属自 Healey 建立以后,就笔者所知,包括下面一些种:

Prolaria sollasii Healey 1908

P. concetrica Chen(sp. nov.)(=*P. sollasii* Healey,徐济凡等,1978)

P. orientalis Mansuy,1912

P. minabilis(Böttger)by Krumbeck,1914

P. vsculata Krumbeck,1914

P. anmenica Roblibson in Kiparisova,1947

P. mankamensis Zhang,1985(＝*P. xizangensis* Zhang,1985＝*P. dienbienfuensis* Vukhuc,1991)

P. vulgaris Vukhuc,1991

这些种分别见于中国、缅甸、越南、老挝、柬埔寨、印度尼西亚、阿美尼亚、伊朗等地。

当前标本最接近模式种 *Prolaria sollasii* Healey,但当前标本前方未见横交同缘脊的弱放射线,而且凸嘴的下边缘凹曲较狭。当前标本以及以往签定为 *P. sollasii* Healey 的我国云南、贵州和四川的标本(陈楚震等,1974;顾知微等,1976;徐济凡等,1978;马其鸿等,1976),壳形和壳饰等特征都与张作铭等(1985)记述的我国西藏芒康的 *P. markamensis* Zhang 相似。因此,本书统一为 *P. markamensis* Zhang。芒康的另一种 *P. xizangensis* Zhang,1985 产于同一层位,两者没有区别,也可并入。同样的标本在越南被 Vukhuc 等(1991)命名为 *P. dienbienfuensis* Vukhuc,显然这一种是 *P. markamensis* Zhang,1985 的次同物异名。

另外,由甘修明等(1978)建立的 *P. sollasii multiformis* Gan 是一个不完整的前部具同缘脊的 *Burmesia* 壳体。标本破损,未见后部凸嘴等特征,不是 *Prolaria* 属,与同页原作者鉴定为"*Burmesia*"的标本一致,陈金华(1986)已改订 *B. multiformis*(Gan)。由郭福祥(1985)描述的 *P. sollasii naviformis* Guo 是 *P. orientalis* Mansuy,1912 的次同物异名。

插图 187　*Prolaria markamensis* Zhang,1985
右壳侧视,×1,登记号:16091,副模。

层位与产地　火把冲组;六枝郎岱。

野外编号　KL180。

参 考 文 献

丁伟民,1982. 双壳纲//湖南地质局. 湖南古生物图册. 北京:地质出版社:216-255.

马其鸿,陈金华,蓝琇,等,1976. 云南中生代瓣鳃类化石//中国科学院南京地质古生物研究所.云南中生代化石:上册. 北京:科学出版社:161-386.

文世宣,蓝琇,陈金华,等,1976. 珠穆朗玛峰地区的瓣鳃类化石//中国科学院西藏科学考察队.珠穆朗玛峰地区科学考察报告:古生物:第3分册. 北京:科学出版社:1-152.

王钰,1944. 贵州遵义城厢之三叠纪地层. 中国地质学会志,24(3/4):163-171.

王钰,陈楚震,陆麟黄,1963. 贵州西南部三叠纪地层//中国地层学会. 全国地层会议学术报告汇编:中国的三叠系. 北京:99-167.

王义刚,1983. 黔西南法郎组菊石. 古生物学报,22(2):153-162.

尹赞勋,1932. 四川峨眉山之三叠纪海相介壳化石. 中国地质学会志,11(3):245-253.

甘修明,1983. 黔南等地中三叠统的生物地层//贵州省地质学会地层古生物专业委员会.贵州地层古生物论文集:1. 贵阳:贵州人民出版社:80-120.

甘修明,殷鸿福,1978. 瓣鳃纲//贵州地层古生物工作队. 西南地区古生物图册:贵州分册. 北京:地质出版社:337-393.

刘宝珺,张锦泉,叶红专,1987. 黔西南中三叠世陆棚—斜坡沉积特征. 沉积学报,5(2):1-13.

许德佑,1938. 中国南部三叠纪化石之新材料. 地质论评,3(2):105-118.

许德佑,1944a. 中国之海相上三叠纪. 地质论评,9(5,6):263-273.

许德佑,1944b. 贵州之中三叠纪菊石化石. 地质论评,9(5,6):275-279.

许德佑,陈康,1944. 贵州西南部之三叠纪. 地质论评,9(1,2):13-33.

苟宗海,1993. 四川江油马鞍塘地区晚三叠世双壳类动物群. 古生物学报,32(1):13-30.

沙金庚,陈楚震,祁良志,1990. 青海玉树地区中、晚三叠世双壳类//青海省地质科学研究所,中国科学院南京地质古生物研究所. 青海玉树地区泥盆纪—三叠纪地层和古生物:上册. 南京:南京大学出版社:133-234.

汪啸风,陈孝红,Bachmann,等,2008. 关岭生物群. 北京:地质出版社:1-143.

李旭兵,2008. 双壳类//汪啸风,陈孝红,等. 关岭生物群. 北京:地质出版社:30-31.

李旭兵,孟繁松,王传尚. 2005. 贵州关岭生物群双壳类化石的古生物特征. 中国地质,32(1):41-47.

陈金华,1982. 贵州南部中三叠世鱼鳞蛤组合序列. 地质科学(2):235-238.

陈金华,1985. 缅甸蛤(Burmesia)的新层位. 科学通报,30(2):128-130.

陈金华,1986. 横断山及其邻区缅甸蛤层的地质时代和卡尼—诺利阶界线//中国科学院青藏高原综合科学考察队. 青藏高原研究:横断山考察专集:2. 北京:北京科学技术出版社:24-31.

陈金华,2014. 三叠纪双壳类//邝国敦. 广西常见化石图册:上册. 武汉:中国地质大学出版社:121-147.

陈金华,小松俊文. 2006. 华南三叠纪中晚期双壳类的辐射//戎嘉余. 生物的起源、辐射与多样性演变:华夏化石记录的启示. 北京:科学出版社:551-556,907-909.

陈金华,王于卯,吴庆荣,1992. 广西凤山、西林等地中三叠统上部双壳类分带研究. 古生物学报,31(4):403-422.

陈金华,杨志荣,1989. 喀喇昆仑山地区三叠纪双壳类. 新疆地质,7(2):62-73.

陈金华,曹美珍,Stiller F. 2001. 中三叠世青岩生物群的群体古生态学初步研究. 古生物学报,40(2):262-268.

陈楚震,1961. 缅甸蛤(Burmesia)在四川北部的发现. 古生物学报,9(2):140-148.

陈楚震,1962. 三叠纪瓣鳃纲//王钰. 扬子区标准化石手册. 北京:科学出版社:137,138,142-145.

陈楚震,1963. 三叠纪瓣鳃纲//赵金科. 西北区标准化石手册. 北京:科学出版社:124.

陈楚震,1964. 川西甘孜地区海燕蛤(Halobia)化石群的发现及意义. 古生物学报,12(1):66-78.

陈楚震,1969. 三叠纪瓣鳃纲//王钰. 华南区标准化石手册.北京:科学出版社:118,123.

陈楚震,1982. 西藏一些古生代和三叠纪瓣鳃类//中国科学院青藏高原综合科学考察队. 西藏古生物:第4分册. 北京:科学出版社:211-224.

陈楚震,1983. 西藏三叠纪双壳类分布与区系. 古生物学报,22(3):363-365.

陈楚震,1998. 帕米尔和喀喇昆仑山地区一些三叠纪双壳类//文世宣. 喀喇昆仑山地区古生物. 北京:科学出版社:299-308.

陈楚震,马其鸿,张作铭,1974. 西南地区三叠系和瓣鳃类//中国科学院南京地质古生物研究所.西南地区地层古生物手册.北京:科学出版社:326-343.

陈楚震,黎文本,马其鸿,等,1979. 西南地区的三叠系//中国科学院南京地质古生物研究所.西南地区碳酸盐生物地层.北京:科学出版社:289-336.

张作铭,鲁益钜,文世宣,1979. 瓣鳃类//中国科学院南京古生物研究所,青海地质科学研究所.西北地区古生物图册:青海分册:1.北京:地质出版社:218-314.

张作铭,陈楚震,文世宣,1985. 藏东、川西、滇西北等地瓣鳃类化石//四川省地质局区域地质调查队,中国科学院南京地质古生物研究所.川西藏东地区地层与古生物:3.成都:四川科学技术出版社:25-150.

张席褆,1942. 贵州海相三叠纪之新产地.中国地质学会志,22(1/2):104-109.

范嘉松,1996. 贵州中三叠世生物礁的再研究:三叠纪钙结壳的发现//范嘉松.中国生物礁与油气.北京:海洋出版社:245-274.

范嘉松,尹集祥,叶继荪,1962. 祁连山石炭纪、二叠纪及三叠纪的软体动物化石.祁连山地质志:第4卷:第4分册.北京:科学出版社:135-187.

徐光洪,牛志军,陈辉明,2003. 贵州关岭三叠系竹杆坡组.小凹坑组头足类化石:兼论关岭生物群的时代.地质通报,22(4):254-265.

金鹤生,1989. 中三叠世滇黔桂深海盆地的北侧被动陆缘.沉积学报,7(2):63-70.

郭福祥,1985. 云南的双壳类化石.昆明:云南科技出版社:1-319.

郭福祥,1988. 云南化石双壳类新属.云南地质,7(2):111-144.

贺自爱,杨宏,周经才,1980. 贵州中三叠世生物礁.地质科学,3:256-264.

贺自爱,杨宏,周经才,1987. 再论贵州中三叠世生物礁及找油意义//石油地质文集编辑委员会.石油地质文集:7　沉积相.北京:地质出版社:31-44.

贵州省地质矿产局,1987. 贵州省区域地质志//中华人民共和国地质矿产部.地质专报:一　区域地质:第7号.北京:地质出版社:1-698.

顾知微,1957. 瓣鳃纲//顾知微,杨遵仪,许杰,等.中国标准化石:无脊椎动物:第3分册.北京:地质出版社:173-204.

顾知微,黄宝玉,陈楚震,等,1976. 中国的瓣鳃类化石.北京:科学出版社:1-522.

徐济凡,1978. 海相瓣鳃纲//西北地质科学研究所.西南地区古生物图册:四川分册:二　石炭纪到中生代.北京:地质出版社:315-364.

徐桂荣,林启祥,王永标,1992. 黔南中三叠世 Anisic 期的生物礁复合体.中国地质大学学报(地球科学),17(2):308-318.

殷鸿福,1962a. 贵州三叠纪生物地层问题.地质学报,42(2):153-184.

殷鸿福,1962b. 贵州三叠纪岩相分区和古生态.地质学报,42(3):289-306.

殷鸿福,1974. 贵州青岩、贞丰中上三叠统瓣鳃类化石//北京地质学院.地质科技资料.北京地质学院:19-60.

殷鸿福,阴家润,1983. 瓣鳃类//杨遵仪等.南祁连山三叠系.北京:地质出版社:128-174.

殷鸿福,杨逢清,黄其胜,等,1992. 秦岭及邻区三叠系.武汉:中国地质大学出版社:1-211.

殷鸿福,聂泽同,1990. 阿里三叠纪双壳类//杨遵仪,聂泽同,等.西藏阿里古生物.北京:中国地质大学出版社:100-113.

童金南,黄思骥,1992. 贵州中三叠世岩隆沉积史及地球化学相.中国地质大学学报:地球科学,17(3):319-328.

Allasinaz A,1964a. Ⅱ Trias in Lombardia(Studi geologici e palaontologici):V. Fossili carnici del Gruppo di cima caminu(Brecia). Riv. Ital. Paleont. Strat. ,70(2):185-32.

Allasinaz A,1964b. Ⅱ Trias in Lombardia(Studi geologici e palaontologici):Ⅷ. Note Tassonomiche sul gen. Bakevellia con revisione delle specia del carnico Lomdardo. Riv. Ital. Paleont. Strat. ,70(4):673-706.

Allasinaz A,1965. Ⅱ Trias in Lombardia (Studi geologici e palaontologici):Ⅸ. Note Tassonomiche sulla fam. Megalodontidae. Riv. Ital. Paleont. Strat. ,71(1):111-152.

Allasinaz A,1966. Ⅱ Trias in Lombardia(Studi geologici e palaontologici):ⅩⅧ. La fanua a Lamellibranchi dello Julico(Carnico medio) Riv. Ital. Paleont. Strat. ,72(3):609-752.

Allasinaz A,1972. Revisione dei Pettinidi Triassici. Rivista Italiana di Paleontologia e Stratigraphia,78(2):189-428.

Alma F H,1926. Eine Fauna das Wettersteinkalkes bel Innsbruck. Annalen des Naturhistorischen Museums in Wien,40:111-129.

Amano M,1955. Occurrence of a new species of *Pleuronectites* in the Triassic of Japan. Transactions and Proceedings of the Palaeontological Society of Japan,New series 17:23-28.

Assmann P,1915. Die Brachiopoden und Lamellibranchiaten der oberschlesischen Trias. Jahrbuch der Königlich Preußischen geologischen Landesanstalt,36(3):586-638.

Assmann P,1937. Revision der Fauna der wirbellosen der oberschlesischen Trias// Abhandlungen Preußischen Geologischen Landesanstalt, N. F. 170:1-134.

Bender G,1921. Die Homomyen und Pleuromyen des Muschelkalkes der Heidelbterger Gegend. Zeitschrift der Deutschen Geologischen Gesellschest,3:24-112.

Bittner A,1891. Triaspetrefakten von Balia in Kleinasien. Jahrbuch der Kaiserlich-köninglichen Geologischen Reichsanstalt,41:97-116.

Bittner A,1895. Lamellibranchiaten der alpinen Trias. Ⅰ:Revision der Lamellibranchiaten von ST. Cassian. Abhandlungen der Kaiserlich-Königlichen Geologischen Reichgangstalt,18(1):1-235.

Bittner A,1898. Beiträge Zur Palaeontologie,insbesondere der triadischen Ablagerungen Zentralasiatischer Hochgebirge. Jahrbuch der Kaiserlich-Köninglichen-Geologichen Reichsanstalt,48:689-718.

Bittner A,1899a. Trias Brachiopoda and Lamellibranchiata. Memoris of the geological Survey of India,Palaeontologia Indica,series ⅩⅤ, Himalayan Fossils,3(2):1-76.

Bittner A,1899b. Versteinerungen aus den Trias Ablagerungen des Süd-Ussuri-Gebietes in des Ostsibirischen Küstenprovinz. Memonire du Comete Geologique,7(4):1-35.

Bittner A,1900. Über die triadische Lamellibranchiaten gattung *Mysidioptera*. Jahrbuch der Kaiserlich-Königlichen Geologischen Reichsanstalt,50:59-65.

Bittner A,1901a. Lamellibranchiaten aus der Trias von Hudiklance nächst Loitsch in Krain. Jahrbuch der Kaiserlich-Königlichen Geologischen Reichsanstalt,51:225-235.

Bittner A, 1901b. Lamellibranchiaten aus der Trias Bakonnerwaldes. Resultate der wissenschaftlichen Erforschung. der Balatonsees: Palaeontologischer Anhang,1(1):1-106.

Bittner A,1902. Brachiopoden und Lamellibranchiaten aus der Trias von Bosnien,Dalmatien und Venetien. Jahrbuch der Kaiserlich-Königlichen Geologischen Reichsanstalt,52(3,4):495-642.

Bittner A,1904. Über *Cassianella ecki* nov. sp. Zeitschrift der Deutschen Geologischen Gesellschaft,56:95.

Böttger O,1880. Die Tertiarformation von Sumatra und ihre Tierreste:Ⅲ. Die conchylien der unteren Tertiarschichten. Palaeontographica,Sup. 3(8,9):1-151.

Böhm J,1903. Über die ober triadische Fauna der Bäreninsel. Kunglig Svenska Vetenskaps Akademiens Handlingar,37(3):1-76.

Boyd D W, Newell N D, 1997. A reappraisal of Trigoniacean families(Bivalvia) and description of two new early Triassic species. American Museum Novitates,3216:1-14.

Boyd D W,Newell N D,1999. *Lyriomyophoria* Kobayashi,1954,a junior synonym of *Elegantinia* Waagen,1907. Journal of Palaeontology, 73(3):547,548.

Burckhardt C,1905. La Fauna Marine du Trias Supériear de Zacatecas,Instituto Geologico de Mexico,Boletin 21:1-41.

Broili F,1904. Die fauna der Pachycardientuffe der Seiser Alp. Palaeontographica,50:145-227.

Campbell H J,1994. The Triassic bivalves *Daonella* and *Halobia* in New Zealand,New Caledonia and Svalbard. Institute of Geological and Nuclear Sciences Monograph 41(New Zealand Geological Survey Paleontological Bulletin),66:1-106.

Carten J G,2011. Joannininae subfam. nov. ,and Nacrolopha gen. nov. // Carter,et al. ,2011. A synoptical classification of the Bivalvia (Mullusca)Appendixt1,2. Paleontological contributions,6:20,25.

Carter J G,Altaba C R,Anderson L C, et al. ,2011. A synoptical classification of the Bivalvia(Mollusca). Paleontological Contributions, the University of Kansas,6:1-47.

Chen Chuzhen,1980. Marine Triassic lamellibrach assemblage from southwest China. Rivista Italiana de Paleontologia e stragigrafia,85 (3/4):1189-1196.

Chen Jinhua,Stiller F,2007. The Halobiid bivalve genus *Enteropleura* and a new species from the middle Anisian of Qingyan,southern China. Acta Palaeontolagica Polarica,52(1):53-61.

Chen Jinhua,Stiller F,Komatgu T, 2006. *Protostrea* from the Middle Triassic of southern China. The earliest dimyoid bivalve, Neues Jahrbuch für Geologische und Paläontologische Monarshefte,2006:148-164.

Cox L R,1924. A Triassic fauna from the Jardan Valley. The Annals and Magazine of Natural History,9(10):52-96.

Cox L R,1936. On a fossiliferous Upper Triassicshale from Pahang,federated Malay states. The Annals and Magazine of Natural History, 16(17):213-220.

Cox L R,1940. The Jurassic Lamellibranch Fauna of Kachh(Cutch). Memoirs of the Geological Survey of India,Palaeontologia Indica, Series 9,3(3):1-157.

Cox L R,1955. The Taxonomic notes on Isognomonidae and Bakevellidae. Malacological Society of London Proceedings,31(2):46-49.

Cox L R,1961. Observations on the Family Cardiniidae(Class Bivalvia). Malacological Society of London Proceedings,34(6):326-339.

Cox L R,1969. Family Bakevellidae King,1850 and Family Posidoniidae Frech,1909 // Moore R C,Teichert C,1969. Treatise on Invertebrate Paleontology Part N. Mollusca 6,Bivalvia. Geological Society of Amarica and University of Kansas Press:Lowrence Kausas: N306-310,N342-344.

Dagys A S,Kurushin N I,1985. The Triassic brachiopods and bivalves of north central Siberia. Transactions of Institute of Geology and Geophysica,Siberian Branch,Academy of Sciences of the USSR 633:1-157.

Damborenea S E, Gonzalez-Leén, 1997. Late Triassic and Early Jurassic bivalves from Sonora, Mexico. Revista Mexicana de Ciencias Geologicas,14(2):178-201.

De Capoa Bonardi P, 1970. La *Daonelle* e le *Halobiadelle* serie calcareo-silico-marnosa della Lucania(Appenino meridionale): Studio paleotologico e biostratigrafico Memoria delle Societa Naturalia in Napoli. Supplementaria al Bollettino,78(1969):1-127.

De Capoa Bonardi P, 1984. *Halobia* zones in the pelagic Late Triassic sequences of the central Mdeiteanean area(Greece rugoslavia, southern Apennines,Sicily). Bollettino della Societa Paleontologica Italiana,23:91-102.

Diener C,1908. Ladinic,Carnic and Noric faunae of Spiti. Himalayan Fossils. Palaeontologia Indica,New series XV ,5(3):1-157.

Diener C,1913. Triassic faunae of Kashmir. Palaeontologia Indica,New series,5(1):1-123.

Diener C,1923. Lamellibranchiata triadica. Fossilium Catalogus: I . Animalia,19,Berlin:1-257.

Dunker W,1851. Über die im Muschelkalk Oberschlesiens bis jetzt gefundenen Mollusken. Palaeontographica:1-283.

Fang Zongjie,Chen Jinhua,Chen Chuzhen, et al. ,2009. Supraspecific taxa of the bivalvia first named,described and published in China (1927—2007). The University of Kansas:Paleontological Contributions New series,17:1-157.

Farsan M, 1972. Stratigraphische und Paläontographische Stellung der Knenjan-serie und Pelecypoden (Trias, Afghanisstan). Palaeontographica:Abteilung A(140):131-191.

Fleming E,1982. The family name of radially ribbed Trigoniacea(Bivalvia). Journal of Paleontology,56(3):820,821.

Fleming E, 1983. New Zealand Mesozoic bivalves of the supperfamily Trigoninacea. New Zealand Geological Survey Paleontological Bulletin,53:1-104.

Frech F,1889. Über *Mecynodon* und *Myophoria*. Zeitschrift der Deutschen Geologischen Gesellschaft,XLI:127-138.

Frech F,1904. Neue Zweischaler und Brachiopoden aus der Bakonyer Trias. Resultate der Wissenschaftlichen Erforschung der Balatonsees,Anhang:Palaeontologie der Umgebung der Balatonsees. Band, I :1-140.

Frech F,1907. Die leifossilen der Werfener Schichten und Nachträge Zur Fauna des Muschelkalkes,der Cassianer und Reibler Schichten und Rhaet und des Dachaleinkalkes (Haupt dolomit). Resultäte der Wissenschaftrichen Erforschange des Balatonsees, Paläontologischer Anhang,1(1):1-96.

Frech F,1911. Die Trias in China. //Richthofen F. China. Ergebnisses eigener Reisen und darauf gegründeter studien. Bd. 5. Berlin: Vertag von Dietrich Reimer(Ernst Vohşen):203-218.

Freitas T A,Brunton F,Bernecker T,1993. Silurian *Megalodon* bivalves of the Canadian,Arctic and Australia:Paleoecology and evolutionary significance. Palaios,8:450-464.

Geinitz H B,1842. Über einige Petrefakten des Zechsteins und Muschelkalks. Neues Jahrbuch für Mineralogie:1-576.

Giebel C G,1852. Allgemeino Palaeontologie:Entwufeiner systematischen Darstellung der fauna und flore der Vorwelt. Ambrogius Abel. Leipsig. :1-413.

Goldfuss A,1834—1840. Arnzs Petrefecta Germaniae Teilt 2:1-312.

Gruber B,1976. Neue Ergebnisse auf dem Gebiete der Ökologie,Stratigraphie und Phylogenie der Halobien(Bivalvia). Mitteilungen der Geologischen Geserschaft Bergbaustudenten Ösferreichischen,23:181-198.

Hagdorn H,1995. Farbmuster und Pseudoskuptur bei Muschelkalktossilion. Neues Jahrbuch fur Geologie und Paläontologie,Abhandlungen,195:85-108.

Hautmann M,2001. Die Muschelfauna der Nayband Formation(Obertrias Nor-Rhät)des Östilichen Zentraliran. Beringeria,29:1-181.

Hautmann M, 2011. Antijaniridae, Ornithopectinidae, Pleuronectitidae // Carter, et al. , 2011. A synprical classification of the Bivalvia (Mullusca),Appondix. Paleontological Contributions,6:19-21.

Hayami I,1957. Liassic *Chlamys*, "*Camptonectes*" and orther Pectinidae from the Kurnma Group in central Japan. Transactions and Proceedings of the Palaeontological Society of Japan,New series,28:119-127.

Healey M,1908. The fauna of the Napeng beds of upper Burma Palaeontologia. Indica,New Series,11(4):1-88.

Hertlein L G,1969. Family Pectinidae Rafinesque,1815 // Moore R C,Teichert C,1969. Treatise on Invertebrate Paleontology Part N.

Mollusca 6, Bivalvia. Geological Society of America and University Kansas Press; Lowrence, Kausas; N348-373.

Hohenstein V, 1913. Beiträge zur Kenntnis des mitteren Muschelkalkes und des unteren Trochitenkalkes am Östilchen Schearzwaldrand. Geloogie und Paläontologie Abhandlungen v. Pompeckj und v. Huene, N. C. , 2(2); 1-100.

Hsü Teyou, 1937. Notes on the Triassic formation and fauna of the Yuanan district. Bulletin of the Geological Society of China, 17(3/4); 363-391.

Hsü Teyou, 1940a. Some Triassic section of Kueichou. Bulletin of the Geological Society of China, 20(2); 161-177.

Hsü Teyou, 1940b. On the occurrence of an Anisic fauna in the Tonglan district, Kwangsi. Bulletin of the Geological Society of China, 20 (2); 173-177.

Hsü Teyou, 1940c. Marine Upper Triasic fossils of Kochiu, Yunnan. Bulletin of the Gological Society of China, 20(3/4); 245-268.

Hsü Teyou, 1942. An interesting Anisic fauna of Machangping, Pingyuch, Kueichou. Bulletin of the Geological Society of China, 22(3/4); 205-209.

Hsü Teyou, 1943a. Anisic Formation of Kuichow. Science Record Academia Sinica; 507-509.

Hsü Teyou, 1943b. The Triassic Formation of Kuichou. Bulletin of the Geological Society of China, 23(3/4); 121-128.

Hsü Teyou, Chen Kang, 1943. Revision of the Triassic fauna. Bulletin of the Geological Society of China, 23(3/4); 129-138.

Husdon R G S, Jeffries R P S, 1961. Upper Triassic Brachiopods and Lamellibranchs from Oman Peninsula. Arabia. Palaeontology, 4(1); 1-41.

Ichikawa K, 1949. Trigonucula (nov.) and other taxodont plecypods from che Upper Triassic of the Sakawabasin in Shikoku, Japan, Japanese Journal of Geology and Geography, 21(1-4); 267-272.

Ichikawa K, 1954a. Late Triassic Pelecypods from the Kochigatani Group in the Sakuradani and Kito Areas, Tokushima Prefecture, Shikoku, Japan. Japan Institute of Polytechnics, Osaka City University, Part(1—2); 51-55.

Ichikawa K, 1954b. Triassic mollusca from the Arai formation at Iwai near Itsukaichi, Tokyo prefecture. Journal of Geology and Geography of Japan, 24; 45-70.

Ichikawa K, 1954c. Early Neo-Triassic pelecypods from Iwai, near Itskaichi, Tokyo Prefecture. Japanese Journal of Geology and Geography, 25(3/4); 177-195.

Ichikawa K, 1958. Zur Taxionomie und Phylogenie der Triadischen Pteriidae (Lamellibranch); Mit besonderer berücksichtigung der gattungen *Claraia*, *Eumorphotis*, *Oxtyoma* und *Monotis*. Palaeontograhica, Ⅲ(A); 131-212.

Kittl E, 1904. Geologie der Umgebung von Sarajevo. Jahrbuch der Kaiserlich; Königlish en Geologischen Reichsanstalt, 53; 515-749.

Kittl E, 1912. Materilien zu Einer Monographie der Halobiidae und Monotidae der Trias. Resultate der Wissenschaftlichen Erforschung. der Balatosees I. Palaeontologie Abhanlungen, 2; 1-229.

Kiparisova L D, 1938. Lower Triassic bivalves of Ussuri region. Trudy Geologisheskogo Instituta, 7; 197-311 (in Russian with English descriptions for new species).

Kiparisova L D, Krishtofovich A N, 1954. Field Atlas of typical compiexes of fauna and flora of Triassic deposites in Primorye region; 1-127 (in Russian).

Kobayashi T, 1963a. on the Triassic *Daonella* beds in central Pahang, Malaya. Japanese Journal of Geology and Geography, ⅩⅩⅩⅣ(2-4); 101-112.

Kobayashi T, 1963b. *Halobia* and some other fossils from Kedah, Northwest Malaya. Japanese Jorunal of Geology and Geogrophy, 36 (2-4); 113-128.

Kobayashi T, Aoti K, 1943. Halobiidae in Nippon. Journal Sigenhagaku Kenkyuska(27); 244-255.

Kobayashi T, Ichikawa K, 1949. Myophoria and other Upper Triassic pelecypods from the Sakawa basin in Shikoku, Japan. Japanese Journal of Geology and Geography, 21; 177-192.

Kobayashi T, Ichikawa K, 1952. Triassic Fauna of the Heki formation in the Province of Tambe (Kyoto Prefecture), Japan. Japanese Journal of Geology and Geography, ⅩⅫ; 55-96.

Kobayashi T, Tamura M, 1968. *Myophoria* in Malaya with a note on the Triassic Trigoniacea. Geology and Polaeontology of Southeast Asia, 5; 88-137.

Kobayashi T, Tomura M, 1983. On the Oriental Province of the Tethyan realm in the Triassic Period. Proceedings of the Japan Academy, Series 13, 59(7); 203-206.

Kobayashi T, Tamara M, 1984. The Triassic Bivalvia of Malaysia, Thailand abjacent areas. Geology and Palaeontology of Southeast Asia, 25; 201-227.

Kobayashi T,Tokuyama A,1959a. The Halobiidae from Thailand. Journal of the Faculty of Science:University of Tokyo,Section Ⅱ,12 (1):1-26.

Kobayashi T,Tokuyama A,1959b. *Daonella* in Japan. Journal of the Faculty of Science,University of Tokyo,Secion 2,12(1):27-30.

Kochanova M,1985. Middle Triassic Bivalvia form of Gemerska Hôrka in Slova Karst(West Carpathians). Zapadue Karapty, sér, paleotolóiia,10:55-73.

Koken E,1900. Über triassische Versteinerungen aus China. Nues Jahrbuch für Mineralogie, Geologie und Paläontologie, 1900(1): 186-285.

Kometsu T,Akasoki M,Chen J H,et al.,2004a. Benthic fossil assemblage and depositional facies of the Middle Triassic(Anisian)Yaqing Memeber of the Qingyan Formation,southern China. Palaeonrological Research,8(1):43-52.

Komatsu T,Chen J H,Cao M Z,et al.,2004b. Middle Triassic(Anisian)diversified bivalves:depositional environments and bivalve assemblages in the Leidapo Member of the Qingyan Formation,southern China. Palaeogeography,Palaeoclimatology,Palaeoecology, 208:201-223.

Krumbeck L,1913. Obere Trias von Buru und Misol. Palaeontographica. Suppl. 4:1-161.

Krumbeck L,1914a. Obere Trias von Sumatra. Die Padang Schichten von Westsumatra. Palaeontography(Suppl.),4(2):197-266.

Krumbeck L,1914b. Obere Trias von Buru und Misol. Polaeontographica(Suppl.),4(2):1-16.

Krumbeck L,1924. Die Brachiopoden, Lamellibranchiaten und Gastropoden der Trias von Timor. Ⅱ. Paläontologischer Teil, Lief. ⅩⅢ (22):1-275.

Kurushin N I, Trushchelev A M, 1989. *Posidonia* from Triassic sediments of Siberia and the Far East // Dagys, Dubatolov. Upper Paleozoic and Triassic of Siberia:57-156(in Russin).

Kutassy A,1931. Lamellibranchiate Triadica. Ⅱ. Fossilium Catalogus,Animalia,Pars 51:261-477[Neubrandenburg(Gustav Feller)].

Laube G,1865. Die Fauna der Schichten von St. Cassian. Ⅱ. Denkschriften der Kaiserlichen Akadmie Wissenschanften, Wien, ⅩⅩⅤ: 1-76.

Leonardi P,1943. La fauna Cassiana di Cortina D'Ampezzo. Memorie Dell Instituto Geologica Della Universita di Padova, ⅩⅤ:1-75.

Lerman A,1960. Triassic Pelecypods from southern Israel and Sinai. Bulletin of the Research Counell of Israel. Section G. Geoscienes, 9G:1-60.

Malchus N,1990. Revision der Kreide—Austern(Bivalvia Pteriomoyphia)Agyptiens(Biostratigraphie,Systametik). Berliner Geowissenschaftlishe Abhandlugen A:Geologie und Palaeontologie,125:1-235.

Mansuy H,1908. Contribution à la carte géologique de I' Indochine. Paléontologie:Service des Mines,Hanoi—Haiphong:1-73.

Mansuy H,1912. Etide geologique du Yunnan oriental. Paleontologie:Mémoire du Service Geologique de I' Indochine, Ⅰ (2):7-153.

Mansuy H,1919. Faunes Triasique et Liasique de Nacharn(Tonkin). Mémoires du Service Geologique de l'Indochine,6(1):1-19.

Marwichk J,1953. Divisions and faunas of the Hokonui System(Triassic and Jurassic). New Zealand Geological Survey Paleontological Bulletin,21:1-142.

McRoberts C A,1993. Systematic and biostratigraphy of halobiid bivalves from the Martin Bridge Formation(Upper Triassic),northeast Oregon. Journal of Paleontology,67(1):198-210.

McRaberts C A,1997. Late Triassic(Norian—Rhaetian)bivalves from the Antimanio Formation,northwestern Sonora,Mexico. Revesta Mexicane de Ciencias Geologicas,14(2):167-177.

Modell H,1942. Das natürliche system der Najaden. Archiv für Molluskenkunde,74(5/6):161-191.

Mojsisovics E. 1874. Über die Triadischen Plelcypodengattungen *Daonella* und *Halobia*. Abhandlungen der Kaiserlich—Köninglichen Geologischen Reichsanstalt, Ⅶ(2):1-38.

Moore Ch. 1861. On the zone of the Lower Lias and the *Avicula contorta* zone(Rhaetic beds and fossils). Quarterly Journal Geological Society,London, ⅩⅧ:283-516.

Muter H,1995. Taxonomie und Paläobiogeographie der Bakevelliidae(Bivalvia). Beringeria,14:1-161.

Nakazawa K,1952. A study on the pelecypod-fauna of the Upper Triassic. Nabae group in the northern part of Kyoto Prefecture,Japan: Part Ⅰ Pectinids,Limids. Memoirs of the College of Science University of Kyoto,Series B, ⅩⅩ (92):95-106.

Nakazawa K,1954. Part Ⅱ:Bakevellidae. Memoirs of the College of Science University of Kyoto,Series B, ⅩⅩⅠ (2):243-260.

Nakazawa K,1955. A study on the pelecypod-fauna of the Upper Triassic Nabae group in northern part of Kyoto Prefecture,Japan. Part 3. Halobiids and others. Memoirs of the Faculty of Science,University of Kyoto,Series B,22(2):243-260.

Nakazawa K,1956. Part Ⅵ:Cardinioides, *Homomya*, *Pleuromya* and others,suppliment and brief summary. Memoirs of the College of

Science University of Kyoto, Series B, ⅩⅩⅢ(2):231-253.

Nakazawa K,1959. Permian and Eo-Triassic Bakevellias from the Maizuru zone southwest Japan. Memoirs of the College of Science, University of Kyoto, Series B, ⅩⅩⅥ(2):193-213.

Nakazawa K,1960. Permian and Eo-Triassic Myophoriidae from the Maizuru zone, southwest Japan. Jorunal of Geology and Geography, Japan, 31(1):49-62.

Nakazawa K,1961. Early and Middle Triassic pelecypod fossils from the Maizuru zone, southwest Japan. Memoirs of the College of Science, University of Kyoto, Series B, ⅩⅩⅦ(3):249-282.

Newell N D,Boyd D,1975. Parallel evolution in early Trigoniacean bivalves. Bulletin of the American Museum of Natural History, 154 (2):55-162.

Newton C R,Whalen M T,Thompson J B, et al. ,1987. Systematics and Paleonecology of Norian bivalves from a tropical island arc: Wallowa terrane, oregon. Journal of Paleontology (Suppl. 4): The Paleontological Society Memoir, 22:1-83.

Newton R,1900. On marine Triassic lamellibranchiata discovered in the Malay Penninsula. Proceedings of the Malacological Society, London, Ⅳ(3):130-135,

Newton R,1923. On marins trassic shells from Singapore. Annals and Magazine of Natural History, 9(12):26-314.

Noetling F,1880. Die Entwicklung der Trias in Niederschlesien. Zeitschrift der Deutschen Geologischen Gesellichsaft, ⅩⅩⅩⅡ:1-321.

Ogilvie-Gordon M,1927. Das Grödener, Fassa, und Enneberggebiet in den Südtiroler Dolomiten. Geologischen Beschreibung mit Besonderer Berücksich Tigung der Ueberschiebungen: Ⅱ Teil Paläontologie. Abhandlungen denk Gelogischen Bundesanstalt, ⅩⅩⅣ(2): 1-89.

Patte E, 1922. Etudes de quelques fossiles paleozoiques et misozoiques recueillies en Indochine et au Yunnan. Memoires du Service Geologique I'Indochine, 9(1):1-71.

Patte E,1926. Etudes Paleontologiques relatives a la Geologie de I'Est du Tonkin(Paleozoique et Trias). Bulletin du Service de la Geologique Indochine, ⅩⅤ(1):1-40.

Patte E,1935. Fossiles paleozoiques et misozoiques du Sud-Quest de la Chine. Palaeontologica Sicina, Series B,15(2):1-40.

Philippe H,1904. Palaeontologisch-Geologische Untersuchungen aus dem Gebiet von Fredazzo. Zeitschrift der Deutschen Geologischen Gesellschaft,56:1-100.

Polifka H,1886. Beitrag zur Kenntnis des Fauna des Schlerndolomits. Jahrbuch der Kaiserlich-Königlichen Geolgischen Reichsanstalt, ⅩⅩⅩⅥ:595-606.

Polubotko I V,1984. Zonal and correlation significance of Late Triassic halobiids. Saviet Geology,6:40-51(in Russian).

Polubotko I V,1988. On the morphology and systematics of the Late Triassic Halobiidae(bivalve molluscs). Annual of the All Union Palaeontological Society,31:73-90(in Russian).

Reed F R C,1927. Palaeozoic and Mesozoic fossils from Yunnan. Palaeontologia Indica, New Series, Ⅹ(1):1-281.

Renz C,1906. Über Halobien und Daonellen aus Griechenland, nebst asiatischen Verglelchsstücken. Neues Jürahrbuck fur Mineralogie, Ⅰ:27-40.

Rieber H,1968. Die Artengruppe Der *Daonella elongata* Mojs. aus der grezbitumenzone der mittleren Trias des Monta San Giorgio (Kt. Tessin, Schweiz). Paläaontologische Zeitschrift,42:33-61.

Rieber H, 1969. *Daonellen* aus der Grenzbitumenzone der Mittleren Trias des Monte San Giorgio (Kt. Tessin, Schweiz). Eclogae Geologicae Helvetiae,62:657-683.

Roughley T C,1933. The life history of the Australian *Oyster(O. commercialis)*. Proceedings of the Linnean Society, New Series,58: 3,4.

Rübenstrunk E,1909. Beitrag zur Kenntnis der deutichen Trias Myophorien. Miteitungan der Badenchischen Geologichen: Abhandlungen, Ⅵ:87-248.

Salomon W,1895. Geologische und Palaeontologishc Studien Über die Marmolata. Palaeontographica, XLⅡ:1-210.

Salomon W,1900. Über *Pseudomonotis* and *Pleuronectites*. Zeitschrift der Deutschen Geologischen Gesellscheft, LⅡ:348-359.

Salomon W,1902. Die Familien Zugehorikeit der *Pleuronectites*. Zentralblatt Für Mineralogie:19-23.

Saurin E,1941. Lamellibranches du Trias Sqperieur de Hoa-Huyuh(Sud-Annam). Bulletin Service de la Geologique I'Indochine, ⅩⅩⅥ (3):1-65.

Schäfhäult K,1865. Der weiße Jura un Wettersteingebirgsstick und der Lias im Hochfelln der Bayerischen Alpen. Neues Jahrbuch fur Miner:789-802.

Schäuroth K,1857. Die Schaltierreste de Lettenkohlenformation des Herzogtums Coburg. Zeitschrift der Deutschen Geologischen Gesell-schaft, IX:85-148.

Schmidt M,1928. Die Lebewelt unserer Trias. Hohenlohe'sche Buchhandlung Ferdinand Rau. Öharingen,Germany:1-461.

Seeback K,1861. Die Conchylienfauna der Weimarischen Trias. Zeitschrift der Deutschen Geologischen Gesellscheft, XIII:551-669.

Smith J P,1914. The Middle Triassic invertebrate faunas of North America. U. S. Geological Survey Professional Paper,83:1-524.

Smith J P,1927. Upper Triassic marine invertebrate faunas of North America. U. S. Geological Survey Professional Paper,141:1-262.

Stenzel H B,Oysters C,Moore R C,1971. Treatise on Invertebrate Paleontology:Part N Bivalvia Volume 3 The Geological Society of America and the University of Kansas:N954-N1224.

Stiller F,1995. Paläosynökologie einer oberansiche flachmarinen Fossilvergesellschaftung von leidape Guizhou,SW-China. Münstersche Forschungen zur Geologie und Paläontologie,77:329-356.

Stiller F,2001. Fossilvergesellsochaftungen,Paläntologie and Paläosynöklogische Entwicklung in Oberen Anisian(Mittlere Trias) von Qingyan,insbesondene Bangtoupa,Provinz Guizhou Südwestchina. Münstersche Forschungen zur Geologie und Paläontologie,92: 1-523.

Stiller F,Chen Jinhua,2004. *Eophilobryoidella sinoanisica* new genus and species,an early philoblyid bivalve from the upper Anisian (Middle Triassic)of Qingyan,Southwest China,Journal Paleontology,78(2):414-419.

Stiller F,Chen Jinhua,2006. New Mysidiellidae(Bivalvia)from the Anisian(Middle Triassic) of Qingyan,Southwest China. Journal of Paleontology,79(1):213-227.

Tamura M,1970. Pteriacea from Malayan Triassic. The Geology and Palaeontology of Southeast Asia,8:135-144.

Tamura M, 1972. Myophorian fossils discovered from the Konose group Komamoto Profecture,Japan:with a note on Japanese Myophoriidae. Memoirs of the Faculty of Education:Kumamoto University,Natural Science,21(1):66-72.

Tamura M,1973. Pectinids from Malayan Triassic. The Geology and Palaeontology of Southeast Asia,12:115-131.

Tamura M,1981. Triassic bivalves from the Buko limestone Formation Seitama Prefecture,Japan. Memoirs of the Faculty of Education: Kumamoto University,Natural Science,30:5-18.

Tamura H,1983. Megalodonts and Megalodont limestone in Japan. Memoir of the Faculty of Kumamoto University,Natural Science,32: 7-28.

Tamura H,1990. The distribution of Japanese Triassic bivalve faunas with special reference to parallel distribution of inner Arcto-Pacific fauna and Outer Tethyan fauna in Upper Triassic // Ichikawa K, et al. Pre-Cretaceous Tertanes of Japan. Publication of IGCP Project,224:347-354.

Todd J A,Palmer T J,2002. The Jurassic bivalve genus *Placunopsis*:new evidence on anatomy and affinities. Palaeontology,45:487-510.

Tokuyama A,1959. Late Triassic Pteriacea from the Atsu and Mine series, west Japan. Journal of Geology and Geography,Japan,30: 1-19.

Tokuyama A,1960. Late Triassic Pelecypod fauna of the Aso formation in west Japan. Journal of Geology and Geography Transactions, 31(1):23-38.

Tokuyama A,1961. On some Triassic Pelecypods from Pahang Province,Malaya. Transactions and Proceedings of the Palaeontological Society of Japan,New Series,44:1-22.

Tommasi A,1911. I. fossili della lumachlla Triasica di Ghegna in Valsecca presso Roncabello. I. Paleontogria Italiana, XVII:11-36.

Toula F,1909. Schichten mit *Gervilleia bouei* Hau. am Gaumann müllerkogel an der Weißenbacher Straße im Randgebirge der wiener Bucht. Jahrbuch für Geologischen Reichsanstalf. Abhandlungen,LIX:383-398.

Trechmann C T,1917. The Trias of New Zealand. Quartery Journal of Geological Society. 73:165-246.

Tronquist A,1898. Neue Beiträge zur Geologie und Paleontologie der Umgebung von Recaaro und Schio. Zeitschrift der Deutschen Geolo-gischen Gesellschaft,50:667-678.

Turcluct I,1972. Contributions a L'etude du genle *Daonella* et en Particulier da la Faune des Halobiidae Ladiniennes de la Region du Raran(Bucovine—Roumanie). Analele stüntifice Ale Universifafii AI I. Cuza,Din Iasi. Series 9,Section 2,B. Geologie,18:1-9.

Volz W,1899. Beiträge zur Geologischen Kenntnis von Nodsumatra. Zeitschrift der Deutschen Geologischen Gasellschaft,51:27-36.

von Loczy I,1899. Palaeontologische und Stratigraphische Ergebnisse. Wissenschaftliche Ergebnisse der Reise des Grafen Bela Szechenyi in Ostasien, III:140-157.

Vukhuc,Hayen D T, 1998. Triassic correlation of the southeast Asian mainland. Palaeogeography, Palaeoclimatology, Palaeoecology, 143:285-291.

Vukhuc,Yu Chan,Dzanh T,et al. ,1991. Paleontological Acta of Vietnam. Hanoi:Sciense and Technics Publishing House,1-207.

Waagen L,1907. Die Lamellibranchiaten der Pachycardien tuffe der Seiser Alm. Abandlungen der Keiserlich-Könilichen Geologischen Reichsanstalf,ⅩⅧ(2):21-180.

Waller T R,1978. Mrophology,Morphoclines and a new classification of the Pterimorphia(Mollusca Bivalvia). Philosophical Transactions of the Royal Society of London,B(284):345-365.

Waller T R,1985. Jurassic "Malleidae"and the distinction bewteen Ostreoida and Pterioida(Mollusca Bivalvia). Journal of Paleontology, 59(3):768-769.

Waller T R,Stanley G D J R,2005. Middle Triassic Pteriomorphian Bivalvia(Mollusca)from the new pass range,West-central Nevada: Systematics,Biostratigraphy,Paleoecology and Paleobiogeography. Journal of Paleontology,79,Suppl. 1(The Paleontological Society Memoir,61):1-64.

Wanner J,1907. Triaspetrefakten der Molukken und des Timorarchipels. Neuse Jahrbuch für Minerlogie,Geologie und Paläontologie, ⅩⅩⅣ:161-220.

Wanner J,Knipscheer H C G,1951. Beiträge zur Paläontologie des Ostindischen Archipels,XX,Neue Versteinevungen ans den norischen *Nucula*-Mergiln von Misol. Neues Jabrbuch für Geologie und Paläontologie Abhandlungen,94:49-66.

Wilckens R,1909. Palaeontologische Untersuchung triadischer Faunen aus der Umgebung vin Prdeazzo in Südtirol. Verhandlungen der Naturhish—Meddelelser Vergins Heidelberg,Neus Series,X(2):81-234.

Wilckens R,1927. Contributions to the Palaeontology of the New Zealand Trias. New Zealand Geological Survey,Bulletin 12:1-65.

Wittenburg P V,1908. Beiträge zurkenntnis der Werfner Schichten Sudtirols. geologische und Palaeontologische Abhandlungen,Neue Folge 8(5):251-289.

Wöhrmann S,1889. Die Fauna der sogenennten *Cardita* und Raibler Schichten in den Nordtiroler und bayerischen Alpen. Jahrbuch der Kaiserlich—Koniglichen Geologischen Reichsanstalt,ⅩⅩⅩⅠⅩ(1):181-258.

Wöhrmann S, 1893a. Ueber die systematische Stellung der Trigoniden und die Abstammung der Nayaden. Jahrbuch der Kaiserlich-Königlichen Geologischen Reichsanstalt,43:2-28.

Wöhrmann S, 1893b. Die Raibler Schichten nebst Kritischen Zusammenstellung ihrer Fauna. Jabrbuch der Kaiserlich-Königlichen Geologischen Reichsanstalt,43:617-768.

Wöhrmann S,Koken E,1892. Die Faune des Raiber Schichten vom Schlernplateau. Zeitschrift der Deutschen Geologischen Gesellschen, XLⅣ(2):167-224.

Wurm A, 1911. Untersuchungen über den Geologischen Bau und die Trias von Aragonien. Zeitschrift der Deutschen Geologischen Gesellschen,LXⅢ:94-120.

Zeller F,1908. Beiträge zur kenntnis der Lettenkohle und des Keupers in Schwaben. Neues Jharbuch für Mineralogie,ⅩⅩⅤ:65-106.

附录 I　含双壳纲化石的产地与地层剖面

贵州中、晚三叠世含双壳纲化石的地层岩性大多为砂岩、页岩,石灰岩次之。本书内描述的化石采自贞丰、安龙、册亨、六枝郎岱、关岭、晴隆、紫云、望谟、贵阳、平坝、清镇、遵义等 12 县(市),其中晚三叠世的双壳纲化石最丰富。

现在分别叙述含化石地层剖面、产地。

一、贞丰地区

在贞丰地区首先发现三叠纪化石的是李树勋(1942)。后来,许德佑、陈康(1944)亦去这一地区调查地质,发现更丰富的中、晚三叠世化石。双壳纲化石正式描述发表的仅有 *Costatoria kweichowensis*(Ku)(顾知微,1957)一种。这一地区共有 6 条剖面。

(一)贞丰挽澜剖面[据王钰、陈楚震、陆麟黄(1963)]

该剖面经简化的层序如下:

把南组

第二段

23. 灰绿色含铁质结核的易碎页岩,黑色页岩,顶部有青灰色厚砂岩层,风化后均呈灰黄色。含双壳纲化石 2 层:

  KA86:*Elegantinia venusta* Chen,*Heminajas forulata* Chen,*H.*? sp.,*Unionites trapezoidalis*(Mansuy),*Pseudocorbura guizhouensis*(Chen),*Entolium tenuistriatum rotundum* Chen

  KA85:*Unionites trapezoidalis*(Mansuy),*Pseudocorbula guizhouensis*(Chen)　　　　　　　　15.3m

22. 深灰色泥质石灰岩,风化面黄色　　　　　　　　　　　　　　　　　　　　　　　　　　　1.0m

21. 灰黄色砂质页岩、黑色炭质页岩、紫红色页岩的互层。含双壳纲化石 1 层:

  KA84:*Pseudocorbula guizhouensis*(Chen)　　　　　　　　　　　　　　　　　　　　　7.7m

20. 灰色砂岩、砂质页岩的互层,青灰色厚层云母质细砂岩　　　　　　　　　　　　　　　　　31.2m

19. 深灰绿色泥岩,青灰色含云母片细砂岩;含铁质结核,风化面呈灰黄色。含双壳纲化石 2 层:

  KA83:*Elegantinia venusta* Chen,*Costatoria kweichowensis*(Ku),*Heminajas forulata* Chen,*Unionites trapezoidalis*(Mansuy),*Modiolus* cf. *raibliana* Bittner

  KA82:*Costatoria kweichowensis*(Ku),*Unionites trapezoidalis*(Mansuy),*Pseudocorbula guizhouensis*(Chen),*Entolioides* cf. *subdemissus*(in Bittner),*Entolium tenuistriatum rotundum* Chen,*Plagiostoma*? sp. 2　　　8.3m

18. 深灰绿色含砂质的泥质石灰岩,质坚硬,风化后呈灰黑色　　　　　　　　　　　　　　　　2.0m

第一段

17. 灰绿色砂质页岩与砂岩的互层,含双壳纲化石 1 层:

  KA81a:*Cuspidaria*? sp. 2　　　　　　　　　　　　　　　　　　　　　　　　　　　41.9m

16. 灰绿色中厚层与灰绿色砂质页岩的互层,偶夹黑色炭质页岩。含双壳纲化石 2 层:

  KA81:*Mesoneilo timorensis*(Krumbeck),*Neoschizodus* cf. *laevigata* Ziethen,*Cassianella beyrichii* Bittner,*Entolium tenuistriatum rotundum* Chen,*Homomya* sp.

  KA80:*Unionites trapezoidalis*(Mansuy)　　　　　　　　　　　　　　　　　　　　121.2m

15. 灰绿色含云母片的砂质页岩,风化后层次不清。含双壳纲化石 2 层:

  KA79:*Unionites*? sp. 2,*Cassianella beyrichii* Bittner,*Entolioides* cf. *subdemissus* in Bittner,*Homomya* sp. 3

  KA78:*Paleaonucula subaequilatera tswayensis* Reed,*Neoschizodus* cf. *laevigata* Ziethen,*Pseudocorbula* cf. *keuperina* Quenstedt, *Cassianella* cf. *dussaulti* Patte, *Entolium tenuistriatum rotundum* Chen　　31.0m

14. 青灰色厚层细砂岩　　9.8m

13. 灰黑色含砂质的泥岩。含双壳纲化石1层：

　　　KA77：*Taimyrodon* cf. *penecki* Bittner, *Pseudocorbula* cf. *keuperina* Quenstedt, *Hoernesia* cf. *inflata* Mansuy 共生的

　　　　　有海百合纲化石 *Tramatocrinus* sp.　　8.0m

12. 青灰色厚层细砂岩　　5.0m

11. 青灰色薄层砂岩、黑色钙质页岩、灰黄色片状页岩的互层，含褐红色铁质结核。含双壳纲化石1层：

　　　KA76：*Unionites trapezoidalis*（Mansuy）, *Schafthaeutlia lamellosa* Bittner？, *Pseudocorbula guizhouensis*（Chen）,

　　　　　Cassianella cf. *duesaueti* Patte　　39.0m

10. 青灰色厚层细粒砂岩，质坚硬　　7.1m

赖石科组

9. 青灰色厚层砂岩、棕红色砂质页岩的互层，风化后褐黄色，含海百合茎、*Zitterihalobia* 等化石碎片　　45.0m

8. 青灰色薄层细粒砂层，风化后褐黄色或鲜红色，含植物化石痕迹　　87.0m

7. 灰绿色泥岩，质坚硬，风化后淡黄色。含双壳纲化石1层：

　　　KA75a—KA75e *Zittelihalobia rugosoides*（Hsü）　　79.1m

6. 浮土掩盖　　约270.0m

5. 灰绿色、灰黄色、青灰色砂岩和页岩的互层。含双壳纲化石1层：

　　　KA72—KA73：*Zittelihalobia rugosoides*（Hsü）　　80.1m

4. 黄绿色薄层细粒砂岩夹页岩。含植物化石：

　　　KA71：*Neocalamites*？ sp., *Cladophlebis* sp., *Taeniopteris*？ sp., *Equisetites* sp.　　12.7m

3. 灰绿色、灰黄色细砂岩及砂质页岩、页岩的互层。含双壳纲化石4层：

　　　KA67—KA70（a—c）：*Zittelihalobia rugosoides*（Hsü）　　175.0m

2. 青灰色、灰黄色页岩，夹淡黄色砂质页岩。含双壳纲化石2层：

　　　KA66：*Zittelihalobia rugosoides*（Hsü）

　　　KA65：*Z. kui*（Chen）

　　　共生菊石化石 *Protrachyceras* cf. *ladinicum* Mojsisovics, *P. deprati*（Mansuy）　　39.0m

竹杆坡组

1. 深灰、浅灰薄层石灰岩，乳白色厚层石灰岩

王钰等（1963）在上述剖面的东面，沿河沟又补测一段产双壳纲化石的剖面，层位紧接上述剖面的层23，自上而下的简化层序是：

火把冲组

第一段

4. 灰黄色厚层砂岩　　150.0m

3. 黑页岩、青灰色砂质页岩，夹透镜状煤层，下部夹中厚层砂岩。含植物化石1层：

　　　KA90：*Thaumatopteris* sp., *Nilssonia* sp., *Cladophlebis* sp., *Pterophyllum* sp.　　72.4m

2. 青灰色厚层砂岩，暗绿色砂质页岩与炭质页岩层。中部含双壳纲化石1层：

　　　KA89：*Unionites manmuensis*（Reed）, *Bakevellia* sp. 3, *Thracia prisca* Healey, *Datta* cf. *oscillaris* Healey　　24.5m

把南组

第二段

1. 暗绿色砂质页岩、浅黄色页岩、青灰色中厚层砂岩的互层，夹炭质页岩。产双壳纲化石2层：

　　　KA88：*Elegantinia venusta* Chen, *Unionites trapezoidalis*（Mansuy）, *Pseudocorbula guizhouensis*（Chen）,

　　　　　Entolium sp. 2

　　　KA87：*Pteria kokeni*（Wöehrmann）, *Bakevellia intermedia*（Mansuy）

　　　共生介形类 *Darwinula* sp.　　65.9m

此段剖面，王钰、陈楚震等（1963）原归于把南组，现根据新发现的双壳纲化石，如 *Thracia prisca*, *Unio-*

nites manmuensis 等,可划分出火把冲组。

(二) 挽澜(把南)小河沟剖面(据许德佑、陈康,1944)

上覆地层:火把冲组棕黄色粗砂岩,夹褐灰色炭质页岩

把南组

第二段

2. 黄色砂岩及黑色泥岩与石灰岩的互层。产双壳纲化石3层:

KF109:*Heminqjas forulata* Chen,*Elegantinia venusta*(Chen),*Mysidioptera fassaensis* Salomon,*Odontoperna bouei* Hauer

KF111:*Pseudocorbura guizhouensis*(Chen),*Unionites trapezoidalis* Mansuy

KF112:*Costatoria kweichowensis*(Ku),*Pteria* cf. *obtusa* in Mansuy,*Bakevellia intermedia* Mausuy,*Waagenoprena aviculaeformis* Chen

120.0m

第一段

1. 灰黄色页岩及砂岩的互层,大部分为浮土掩盖

150m

(三) 挽澜龙头山剖面(据贵州省地质局黔西南队)

上三叠统

火把冲组

5. 灰白色石英砂岩、砾岩和砂质页岩,夹煤层、黑色油页岩和黏土

4. 灰褐色薄层砂岩,砂质页岩、页岩,顶部夹黑色油页岩及煤层,含植物化石 *Neocalamites* sp. 底部含双壳纲化石2层:

OK003:*Yunnanophorus boulei*(Patte)

OK004:*Trigonodus keuperinus* Berger

120.0m

3. 灰褐色和褐黄色薄层砂岩、砂质页岩、黑色页岩,夹煤层,底部含油页岩层,上部含双壳纲化石2层:

OK201:*Yunnanophorus boulei*(Patte)

OK205:*Neomegalodon*(*Rossiodus*)*rostratiforme*(Krumbeck)

下部含有植物化石:

Cladophlebis(*Todites*)sp. ,*Pterophyllum* sp. ,*Taeniopteris* sp. ,*Ginkgoites* sp. 等

250.0m

2. 褐黄色和灰色薄层砂岩、砂质页岩、黑色页岩,底部夹油页岩层。含植物化石:

Clathropteris meniseioides(Brongn.)

100.0m

1. 灰白色、灰褐色薄至厚层石英砂岩,夹砂质页岩、泥质砂岩和黑色页岩

250.0m

(四) 贞丰龙场剖石(据许德佑、陈康,1944)

这是赖石科组的典型剖面。剖面起自龙场南2.5km的赖石科村,自上而下经简化的层序是:

赖石科组

3. 浅灰色千枚岩状脆质页岩,亦常呈浅绿色,夹泥质透镜状结核。含双壳纲化石:

KF113:*Zittelihalobia rugosoides*(Hsü),cf. *Pleuromya brevis* Assmann

40.0m

2. 棕黄色坚硬砂岩及浅黄色砂质页岩互层,页岩中含双壳纲化石:

小凹组

KF114:*Zittelihalobia rugosoides*(Hsü)

70.0m

1. 浅灰色泥质石灰岩、暗灰色砂质页岩及页岩,与深黑色坚硬脆质石灰岩互层。含双壳纲化石:

KF97:*Zittelihalobia kui*(Chen)

50.0m

下伏竹杆坡组浅灰色石灰岩

(五) 贞丰董垱剖面(据许德佑、陈康,1944)

这个剖面起自挽澜东北约1.5km的董垱,直抵把南河

赖石科组:

2. 浅黄色、棕黄色砂岩、砂质页岩和页岩互层。含双壳纲化石：

    KF108：*Zittelihalobia rugosoides*（Hsü）   约150m

小凹组

1. 浅黄色泥质石灰岩及暗灰色砂质页岩互层。含双壳纲化石：

    KF106：*Zittelihalotia kui*（Chen），*Entolium* cf. *kellneri* Kittl   40.0m

    下伏竹杆坡组灰白色石灰岩

（六）安龙剖面（据贵州159地质勘探队）

安龙在贞丰西南。此处上三叠统也分成2组，上部火把冲组，下部把南组。

火把冲组

以砂岩为主，夹煤层与页岩薄层。上部含双壳纲化石1层：

L33 *Trigonodus keuperinus* Berger；中部（L1，L2层）含双壳纲化石 *Yunnanophorus boulei*（Patte）；下部含植物化石。

    约300m

把南组

为黄棕色砂岩、页岩。上部含双壳纲化石3层：

L23：*Costatoria kweichowensis*（Ku）

L22：*C. kweichowensis*（Ku），*Waageroperna aviculaeformis* Chen

L20：*Entolium tenuistriatum rotundum* Chen

上述化石当属把南组第二段。   约200m

二、六枝郎岱地区

（一）六枝荷花池剖面

荷花池位于郎岱城东1km。此剖面由陆全荣所测，属火把冲组。

火把冲组

6. 黄褐色块状石英砂岩，本层未见顶

5. 黄褐色薄层石英砂岩、砂质页岩，含煤层   202.9m

4. 肉红色长石石英砂岩、黄绿色细砂岩、砂质页岩的互层，上部夹少量煤线。下部含双壳纲化石2层：

    KL204，KL205：*Yunnanophorus boulei*（Patte），*Pteria* sp.（未在本书描述）   176.1m

3. 褐色石英砂岩，黄绿色砂质页岩的互层。含植物化石：

    Pterophyllum sp.，*Podozamites* sp.，*Ginkgoites* sp.   60.7m

2. 黄褐色块状夹中层状的石英砂岩，灰绿色粉砂质页岩、粉砂岩，夹煤线   81.8m

1. 灰绿色页岩、灰色砂岩的互层。含双壳纲化石：

    KL180：*Taimyrodon elliptica*（Goldfuss），*Entolium* cf. *quotidianum* Healey，*Burmesia lirata* Healey，*Prolaria* cf. *sollasii* Healey，*Tulongella problematica*（Chen）   61.1m

三、关岭地区

（一）关岭永宁镇剖面（据王钰、陈楚震、陆麟黄等，1963）

永宁镇属关岭县，位于关岭西南22km。

小凹组

13. 黑色、深灰黑色薄层板状石灰岩，层次整齐。含 *Halobia* 碎片。本层组成向斜轴部，未见顶   59.3m

12. 微红色、黑色板状页岩，深灰黑色薄层泥质灰岩，灰色薄层板状石灰岩互层。含双壳纲化石：

    KA61，KA62：*Zittelihalobia kui*（Chen）   72.5m

11. 灰至深灰色(部分红色)薄层泥质石灰岩,石灰岩,间夹灰绿至红色钙质页岩。含双壳纲化石1层:

    KA60:*Zittelihalobia kui*(Chen)

    共生菊石 *Protrachyceras pseudoarchelaus*(Boeckh),*P.* sp.   14.2m

10. 灰色至灰黄色石灰岩,含角砾状构造   0.7m

竹杆坡组

9. 深灰(微褐)色薄层石灰岩,具缝合线构造,风化灰白色。含腕足类化石 *Terebratula*? sp.,*Thecospira* sp.   141.0m

8. 灰色薄层石灰岩,局部色深。含双壳纲化石1层:

    KA54:*Placunopsis* sp.,*Guanlingopecten illyrica* Bittner,*Guanlingopecten* cf. *subillyrica*(Hsü),*G.* sp.,*Entolium* cf. *tenuistriatum*(Goldfuss)   7.6m

杨柳井组

7. 深灰色、灰白色厚层块状白云岩,白云质石灰岩,局部含角砾状碎块   317.8m

关岭组

6. 灰色、深灰色石灰岩,下部夹白云质灰岩,有时石灰岩风化后呈片状,含腹足纲化石碎片   236.3m

5. 灰色至深灰色厚层泥质石灰岩,夹页岩;石灰岩风化后成薄片状或瘤状,具似蠕虫状构造。含双壳纲化石5层:

    KA52:*Unionites spicata*(Chen),*Leptochondria michaeli* Assmann

    KA51:*Costatoria goldfassi mansuyi*(Hsü),*Unionites spicata*(Chen),*Pleuromya* cf. *elegans* Assmann

    KA50:*Taimyrodon* cf. *oviformis*(Eck),*Unicardium* cf. *rectangularis*(Ahlburg),*Bakevellia mytiloides ornata* Chen,*Entolium* sp. nov.

    KA49:*Tamyrodon* cf. *oviformis*(Eck),*Unicardium* cf. *rectangularis*(Ahlburg),*Bakevellia mytiloides ornata*(Chen)

    KA48:*Costatoria radiata hsuei*(Chen),*Unicardium* cf. *rectangularis*(Ahlburg),*Crenamussium* sp.   94.1m

4. 青灰色薄层石灰岩、泥灰岩,夹多层紫色、浅绿色、青灰色、黑色页岩和泥岩。含双壳纲化石3层:

    KA47:*Kuanlingopecten paradoxica*(Chen)

    KA46:*Costatoria goldfussi mansuyi*(Hsü),*Guanlingopecten paradoxica*(Chen)

    KA45:*G. paradoxica*(Chen),*Entolium* cf. *magneauritum*(Kittl)   110.7m

3. 浅绿色(微带黄)钙质页岩,青灰色泥质石灰岩,灰色泥灰岩互层,常夹黑色页岩

2. 灰色、深灰色中厚层石灰岩,薄层白云质灰岩,石灰岩风化面具似蠕虫状构造;上部石灰岩呈砾状构造,风化后成碎块状   101.8m

1. 灰黑色厚层石灰岩夹黄色砂质页岩。含双壳纲化石2层:

    KA42:*Bakevellia* sp. 1,*Entolioides difformis*(Chen),*E.* sp. 1   38.0m

    KA41:*Bakevellia* sp. 1

在晴隆县东,相当于上述剖面的层1中,产双壳纲化石 *Plagiostoma* sp. 1(KA115a)。

四、晴隆地区

    根据许德佑、陈康(1944)测自晴隆城东老营的剖面,本地区关岭组的岩石性质和所含化石与上述永宁镇剖面关岭组相同。许、陈两氏所采的4层双壳纲化石,经笔者重新鉴定,名单如下:

KF77:*Costatoria goldfussi mansuyi*(Hsü),*Unionites spicata*(Chen)

KF76:*U. spictata*(Chen)

KF75:*Costatoria goldfussi mansuyi*(Hsü)

KF74:*C. goldfussi mansuyi*(Hsü)

    原剖面的层1—3,产菊石 *Tirolites spinotus* Mojsisovics 等,当属下三叠统(王钰、陈楚震等,1963)。

五、紫云地区

    紫云在安顺南77km,附近中三叠统全为砂页岩,通常形成缓坡地形,这与此区二叠系厚层石灰岩的绚

丽多彩的喀斯特地形相比,颇为逊色。

(一)紫云新苑至江洞沟剖石(据王钰等,1963)

边阳组

13. 暗绿色中厚层砂岩,偶夹砂质页岩,组成向斜轴部   67.8m

12. 暗绿色中厚层粗砂岩、灰绿色、灰黑色钙质泥岩互层。含双壳纲化石2层:

    KA628,KA629:*Daonella lommeli*(Wissmann)

11. 灰绿色中厚层粗粒砂岩,见槽模构造,局部夹紫、灰黄色页岩。含双壳纲化石1层: 124.1m

    KA627:*Daonella lommeli*(Wissmann),*Peribositria wengensis*(Wissmann),*P. wengensis robusta*(Kittl),*P.* cf. *pannonica*(Mojsisovics)   91.9m

10. 灰绿色中层砂岩,细砂岩(见沟横构造),紫色钙质或砂质泥岩互层。含双壳纲化石碎片   150.4m

9. 灰绿色厚层细砂岩,夹暗绿色砂质页岩薄层。含双壳纲化石2层:

    KA625:*Daonella lommeli*(Wissmann),*Peribositria wengensis*(Wissmann)

    KA624:*Daonella lommeli*(Wissmann)   36.9m

8. 灰绿色厚层砂岩,夹灰绿色砂质泥岩;局部夹灰绿色砂质泥岩和灰色中层细砂岩;风化面黄色   77.4m

7. 灰绿色砾岩,砾石多显浅灰或带紫的石灰岩,胶结结构为砂质,底部夹钙质泥岩   1.0—3.0m

新苑组

6. 灰绿色薄层细砂岩,夹褐黄色砂质页岩   11.6m

5. 青灰绿色微含砂质的页岩,风化面褐黄色。含双壳纲化石1层:

    KA623:*Daonella boeckhi* Mojsisovics,*D. ignobilis* Chen,*D.* cf. *phaseolina* Kittl,*Peribositria* cf. *pannonica*(Mojsisovics),*P. ussurica*(Kiparisova)   113.0m

4. 青灰色板状钙质页岩,风化后略显黄绿色,黄绿色薄层含云母质细砂岩   77.6m

3. 青灰绿色至草绿色砂质含云母片的页岩。含双壳纲化石1层:

    KA622:*Daonella*? sp.   30.9m

2. 灰绿色钙质页岩,风化面黄色或灰黄色。含双壳纲化石2层:

    KA620:*Peribositria*? sp.

    KA619:*Enteropleura guembeli*(Mojsisovics)   24.4m

1. 青灰绿色砂质页岩,部分含云母质,风化后灰黄色。含个体甚小的双壳纲化石碎片

    下伏产 *Procarnites* 等菊石的下三叠统薄石灰岩   48.8m

在磨博村后山,相当上述剖面的第1层的灰绿色(风化面黄色)砾质泥岩中,含 *Enteropleura guembeli*(Majsisovics),*Peribositrias* cf. *abrekensis* Kiparisova 两种双壳纲化石(KA617)。其与含有 *Palaeoftusulina*,*Reichelina* 的上二叠统长兴组直接接触,缺失下三叠统。

六、贵阳地区

(一)三桥至二桥间剖面(据王钰、陈楚震,1963)

此剖面位于贵阳市区西南约3km,层22—31由陈楚震在1960年补测。这个剖面是"三桥石灰岩""二桥砂岩"的命名剖面。

二桥组

31. 灰色中厚层细砂岩夹灰黑色页岩   3.0m

30. 黑色页岩,炭质页岩,风化后呈黄色。含植物化石痕迹   2.0m

29. 灰色中层细粒石英砂岩   2.0m

28. 灰黑色、黑色砂质页岩,粉砂岩,炭质页岩夹煤线,有铁质结核。含植物化石2层:

    AAT2:*Lepidopteris ottonis*(Goeppert)

GC4：*Pterophyllum* cf. *aequale* Nathorst，*Czekanowskia* sp.   2.5m

27. 灰色中层细粒石英砂岩，夹黑色页岩   7.0m

三桥组

26. 灰黄色页岩，含黄铁矿晶体。含双壳纲化石 1 层：

    GC3：*Mesoneilo yunnanensis*(Reed)，*Costatoria minor*(Chen)，*Unionites guizhouensis*(Chen)，*Hoernesia* cf. *crispissima* Patte，*H.* cf. *bipartita*(Merian)，*Entolium tenustriatum rotundum* Chen，*Plagiostorma* cf. *subpunctatum* d' Orbigny，*Homomya ambigna* Bittner，*Pleuromya forsbergi zhaoi* subsp. nov.

    共生腕足类 *Lingula* sp.   1.0m

25. 灰色中层细砂岩，风化面黄色，有铁质结核   3.0m

24. 灰黑色页岩   2.7m

23. 灰黑色中厚层石灰岩   2.3m

22. 灰色页岩，风化后黄色   1.0m

21. 灰黑色中厚层石灰岩   3.0m

20. 灰绿色钙质砂岩，层次齐整，具波痕   3.3m

19. 灰色中厚层石灰岩，局部含砂质。含腕足类化石 *Terebratula*(*Coenothyris*) *janulensis* Reed   1.9m

18. 灰黑色砂质页岩，风化面黄色。含双壳纲化石 2 层：

    KA13：*Hoernesia* cf. *crispissma* Patte，*Entolioides* cf. *subdemissum*(Münster)

    GC2：*Pseudocorbura guizhouensis*(Chen)，*P. guizhouensis elongata* subsp. nov.，*Pteria elegans* Chen

    共生腕足类 *Lingula* sp.

17. 灰色石灰岩，富含腕足类化石碎片   0.2m

16. 灰绿色薄层含云母质砂岩、黑色页岩互层   3.3m

15. 灰黑色页岩，风化后呈黄色。含双壳纲化石 1 层：

    KA12：*Taimyrodon* cf. *praeacuta*(Klipstein)，*Palaeonucula* sp.   4.7m

14. 黄绿色页岩，底部含双壳纲化石：

    KA11：*Taimyrodon subexcentrica*(Chen)，*Parallelodon?* sp.，*Amonotis* cf. *rothpletzi* Wanner，*Entolium minor* Chen，*Entolioides* cf. *subdemissum*(Münster)   2.1m

13. 黄绿色中层砂岩，风化后褐黄色。含双壳纲化石 1 层：

    KA10：*Costatoria minor*(Chen)，*Heminajas forulatum* Chen，*Pteria sanqiaoensis* Chen，*P.* cf. *obtusa* Bittner，*Bakevellia* sp. 2，*Gervillia*(*Cultriopsis*) *angusta* Münster，*G.* (*C.*) cf.？ *ensis* Bittner，*Isognomon*(*I.*) *sanqiaoensis* Chen，*Entolioides* cf. *subdemissum*(Münster)，*Praechlamys guiyangensis*(Chen)，*Mysidioptera incurvostriata* Guemtel，*Badiotella guizhouensis* Chen，*Cuspidaria?* sp. 1   6.0m

12. 黄绿色页岩。含双壳纲化石：

    KA8：*Entolium tenustriatum rotundum* Chen，*Praechlamys guiyangensis radiata* subsp. nov.，*Amphijanira?* *gracilis*(Chen)   0.3m

11. 灰绿色厚层含云母质砂岩   2.8m

10. 浅黄绿色页岩   3.4m

9. 灰绿色含云母质砂岩。含双壳纲化石：

    KA7：*Costatoria minor*(Chen)，*Entolioides* cf. *subdemissum*(Münster)，*Plagiostoma* cf. *subpunctatum* Bittner，*Mysidioptera* cf. *laczhoi* Bittner   0.5m

8. 浅黄绿色页岩   2.3m

7. 灰黄色、青灰色、黑色页岩，夹石灰质结核，页岩中含有黄铁矿结晶。含双壳纲化石 2 层：

    KA5：*Taimyrodon subexcentrica*(Chen)，*T.* cf. *praeacuta*(Klipstein)，*T.* cf. *distincta*(Bittner)，*Unionites minima*(Mansuy)，*U. guizhouensis*(Chen)，*U. guizhouensis alta* subsp. nov.，*U. elisabethae* Patte，*Pleuromya forsbergi zhaoi* subsp. nov.

    KA3：*Taimyrodon subexceutrica*(Chen)，*Pseudocorbura nuculiformis brevis*(Chen)   3.8m

6. 灰绿色含云母质砂岩，风化面黄色。含双壳纲化石：

    KA2：*Palaeonucula* sp.，*Costatoria minor*(Chen)，*Costatoria* cf. *ornata* Münster，*Myoconcha* sp. (sp. nov.)，*Gervil-*

lia cf. *paronai* Branli，*Entolium* sp. 1，*Antijanira multiformis* Chen，*Plagiostoma* cf. *subpunctatum* d'Orbigny，*P.* cf. *laevigata* Yin，*Mysidioptera incuvrvostriata* Guembel，*Modiolus guiyangensis*（Chen） 1.6m

5. 灰黄色、青灰色、黑色页岩。含双壳纲化石：

    KA1：*Taimyrodon subexcentrica*（Chen），*Pseudocorbura nuculiformis*（Dunker），*Plagiostoma* cf. *subpunctatum* d'Orbigny，*Homomya* sp. 2 4.9m

4. 灰色含云母质砂岩，灰黄色、青灰色、黑色页岩互层，条带状，夹钙质结核 7.2m

3. 浮土覆盖 3.4m

改茶组（本组与二桥组之间可能有间断?）

2. 灰白色微紫厚层石灰岩，具缝合线构造 61.7m

1. 紫色、黄绿色页岩，灰石灰岩结核 11.2m

（二）青岩剖面（据王钰等，1963）

青岩属贵阳市郊区，位置在贵阳南 29km。

沙井大坡-公腰寨剖面

青岩组

9. 灰绿色钙质泥岩，结核状灰色石灰岩互层。含双壳纲化石1层：

    KA670：*Elegantinia elegans*（Dunker） 35.1m

8. 黄绿色页岩，风化面桔黄色。含双壳纲化石1层：

    KA669：*Elegantinia elegans*（Dunker），*Hoferia subareata*（Chen），*Pteria Hsüei* sp. nov.，*Praechlamys shroeteri*（Giebel），*Antijanira* cf. *auristriatus*（Münster），*Plagiostoma* cf. *distincta*（Bittner），*Mysidioptera punctata* Chen 133.4m

7. 浅灰白色、灰黄色中层石灰岩，薄层状泥灰岩，夹黄绿色钙质页岩薄层；下部石灰岩层次变厚，并呈砾状组织；上部灰岩与黄色页岩互层 88.0m

6. 黄绿色页岩，含黏土质，风化后呈橘黄色。含双壳纲化石1层：

    KA667：*Entolium submagneauritum* sp. nov. 134.1m

5. 灰色薄层白云质石灰岩及泥质石灰岩 11.6m

4. 黄色页岩、灰色薄层泥质石灰岩互层。含双壳纲化石1层：

    KA666：*Pseudocorbora* cf. *perlonga* Grupe

3. 灰色中层瘤状石灰岩，含泥质，局部带砾状结构 10.5m

2. 黄色砾质页岩 19.0m

1. 暗灰绿色钙质页岩，风化面黄色，与浅灰、深灰条带状灰岩互层。含双壳纲化石1层：

    KA665：*Entolium* cf. *tridentini*（Bittner），*Plagiostoma* sp. 3，*Mysidioptera punctata* Chen 5.9m

狮子山南坡剖面

青岩组

7. 青灰色薄至中层泥质石灰岩，局部风化面显球状突起 51.8m

6. 青灰色钙质泥岩，风化面黄绿色。含双壳纲化石3层：

    KA658：*Mesoneilo guizhouensis*（Chen），*Cassianella qingyanensis* Chen，*Peribositria ussurica chenkangi* subsp. nov.

    KA657：*Cassianella qingyanensis* Chen，*Peribesitria ussusica chenkangi* subsp. nov.

    KA656：*Taimyrodon* cf. *distincta*（Bittner），*Amonotis* sp. 107.7m

5. 浅青灰色钙质泥岩，风化后呈薄片状，显黄色 32.2m

4. 黄绿色泥岩，风化面带紫色或蓝色。含双壳纲化石1层：

    KA655：*Peribasitria ussurica chenkangi* subsp. nov.，*Unionites*? sp. 1 144.3m

3. 青灰色页岩，夹薄层浅灰色条带状石灰岩透镜体。含双壳纲化石1层：

    KA654：*Taimyrodon* cf. *distincta*（Bittner），*Mesoneilo guizhouensis*（Chen），*Elegantinia elegans*（Dunker），*Cassianella gryphaeatoides* Hsü，*Protostrea sinensis*（Hsü），*Palaeolopha* sp. 34.5m

2. 青灰色薄层泥质石灰岩与黄色泥岩互层，灰岩风化面黄色。 24.3m

1. 浅灰色薄层石灰岩,未见底。

营上坡剖面

青岩组

4. 灰色薄层石灰岩与黄绿色页岩互层。上部灰岩作透镜体状。化石丰富,保存完整,含双壳纲化石 3 层:

KA661:*Elegantinia elegans*(Dunker),*Pseudomyoconcha qingyanensis*(Chen),*Pteria rugosa* Chen,*P. jaaferi* Tamura,*P.* cf. *tenuilineata* Assmann,*Cassianella gryphaeatoides* Hsü,*C. subcislonensis* Hsü,*Mysidioptera punctata* Chen,*Enantiostreon difforme*(Schlotheima),*Promysidella eduliformis praecursor*(Frech),*Modiolus* sp.

KA661c:*Elegantinia elegans*(Dunker),*Unionites* cf. *alberti*(Assmann),*Cassianella subcistoensis* Hsü,*C. gryphaeatoides* Hsü,*C. qingyanensis* Chen,*Pteria rugosa* Chen,*Modiolus* sp.,*Enantiostreon difforme* Schlotheim

KA661a:*Elegantinia elegans*(Dunker),*Hoferia subareata*(Chen),*Cassianella gryphaeatoides* Hsü　　27.5m

3. 黄绿色页岩　　26.6m

2. 浅灰、深灰黑色薄层石灰岩,黄绿色页岩互层　　11.3m

1. 浅灰色薄层石灰岩,风化面黄色;本层未见底　　11.3m

七、本著作内还描述了下列各个地点的双壳纲化石

(一) 许德佑、陈康(1939,1940,1944)采集的双壳纲化石

许德佑采自贵阳三桥组黄绿色砂质页岩中的 KF24,KF25,KF33,KF132 4 层双壳纲化石,经笔者重新鉴定,化石名单如下:

KF24:*Taimyrodon* cf. *praeacuta* Klipstein,*Palaeonucula* sp.,*Unionites lutraiaeformis pygsmaea*(Chen),*Pseudocorbura* cf. *latedorsata* by Reed,*Isocyprina* ? sp.

KF25:*Pseudocorbura* cf. *keuperina*(Quenstedt)

KF33:*Mediolus* cf. *panonai*(Bittner),*M.* sp

KF132:*Mesoneilo timorensis*(Krunbeck),*M. perlonga*(Mansuy),*Costatoria malayensis*(Newton),*Cassianella* cf. *dussaulti* Patte,*Gervillia*(*Cultriopsis*)*angusta* Münster,*Hoerneoiella hsuei* sp. nov.,*Entolium tenuistriatum rotundum* Chen

根据许德佑(1940)的剖面,上述化石层次均产于三桥组上部贝壳石灰岩(Lumachella)层之下,即相当于上述三桥至二桥剖面的层 4—16。KF132 可能相当于王钰等(1963)的剖面的层 13。

关岭法郎村后的小凹组(=许氏法郎组下部顶部)双壳纲化石[许德佑(1939)采集]:

KF39:*Zittelihalobia kui*(Chen),*Z. subcomata* Kittl

关岭新铺东小路坡,北极阁附近小凹组的双壳纲化石[许德佑(1940)采集]:

KF41:*Daonella indica* Bittner,*Aparimella bifurcata*(Chen),*Zittelihalobia* cf. *comata* Bittner

KF42:*Aparimella bifurcata*(Chen)

关岭关岭场以南小凹组底部的双壳纲化石[许德佑、陈康(1944)采集]:

KF72:*Daonella louneli*(Wissmann),*Aparimella biforcara*(Chen)

贞丰连环寨的双壳纲化石[许德佑、陈康(1944)采集]:

KF103:*Zittelihalobia subcomata* Kittl

晴隆东茅家田关岭组淡黄色页岩层的双壳纲化石[许德佑、陈康(1944)采集]:

KF82:*Costatoria radiata hsüei*(Chen),*Unionites spicata*(Chen),*Guanlingopecten lasoensis*(Mansuy)?,*Pleuromya* cf. *elongata* Schlotheim

青岩狮子山南坡青岩组的双壳纲化石[许德佑、陈康(1943)采集]:

KF120:*Taimyrodon* cf. *distincta*(Bittner),*Mesoneilo subperlonga*(Chen),*Palaeonucula qingyanensis* Chen,

Costatoria proborpa multicostata Chen,*Elegantinia elegans*（Dunker），cf. *Schaghäutlia rugosa* Assmann，

Hoerneria subareata Chen，*Cassianella ecki sulcata* Chen，*C. subcislouensis* Hsü，*C. gryphaeatoides* Hsü，

C. qingyanensis Chen,*C. simplex* Chen，*Bakevelloides subelegans* Chen，*Antiquilima* cf. *chinensis*（Loczy），

Protosrea sinensis（Hsü），*Enautiostreon difforme*（Schlotheim），*Modiolus* sp.

腕足类："*Maxillirhynchia*" *sinensis*（Koken），*Rhaetina angustaeformis*（Baeckh）及珊瑚、棘皮动物等。

此化石层相当于贵阳青岩地区狮子山南坡剖面的化石层 KA654。

（二）王钰（1944）采自遵义附近仁家街、神基堡等地松子坎组的双壳纲化石

KW135，KW138：*Costatoria goldfussi mansuyi* Hsü

KW212：*Palaeonucula* cf. *strigillata* Goldfuss，*Leviconcha ovata* Goldfuss，*Costatoria radiata hsuei* Chen，*Unionites albertii* Assmann，*U. spicata* Chen，*Bakevellia* cf. *elegans* Assmann，*Modiolus* aff. *mimuta*（Goldfuss）in Patte，1935，*Pleuromya musculoides strigata* Chen

（三）李树勋采自册亨妹坡的双壳纲化石

Daonella indica Bittner

（四）李建寰在 1962 年采自三桥组的 3 种双壳纲化石

F2-001d：*Costatoria goldfussi* Aberti,F2-003a：*Pleuronectites* sp.，F2-005：*Pteria elegans* Chen

（五）1960 年 9 月,陈楚震在贵阳花溪陈亮附近的白云质石灰岩层之上的灰黑色页岩、黄色砂岩、砂质页岩中采得的双壳纲化石

GC6：*Pteria* cf. *caudata* Stoppani，*Entolium tenuistriatum rotundum* Chen，*Mysidioptera incurvostriata* Guembel，*M. inaequicostata* Chen

GCba：*Taimyrodon* cf. *peneckei* Bittner，*Pseudocobura nuculiformis* Zenker，*Entolium tenuistriatum rotundum* Chen，*Halobia* cf. *inginis* Gemmellaro

根据上述化石和层位,花溪一带亦有三桥组出露。

（六）贵州省地质局有关人员采集的双壳纲化石

平坝郝下、搓头堡的 *Isognomon* cf. *vetustum*（Goldfuss），*Daonella indica* Bittner

清镇鸭塘寨的 *Badiotella guizhouensis* Chen，采自三桥组

紫云花泥坡的 *Daonella lommeli*（Wissmann），采自边阳组

望谟羊场的 *Daonella* cf. *udvariensis* Kittl，采自新苑组

贞丰的 *Isognomon? rhomboidalis*（Hsü），采自火把冲组

附录 II　英文摘要

Marine Middle and Late Triassic Bivalvia from Guizhou，China

Chen Chuzhen and Sha Jingeng

State Key Laboratory of Palaeobiology and Stratigraphy，
Nanjing Institute of Geology and Palaeontology，Chinese Academy of Sciences

Abstract

Middle and Late Triassic marine sediments are widely distributed and well developed in Guizhou Province，SW China. They are more than 2000 meters thick in all and contain abundant bivalves，consisting of 187 species belonging to 62 genera and 43 families.

These Middle and Late Triassic marine bivalve faunas of Guizhou were born in three lithofacies. *Costatoria*，*Neoschogdus*，*Guanlingopecten* and *Unionites* and so forth were prosperous in carbonate platform of northern Guizhou，while the Qingyan bivalve fauna was yielded from the carbonated band of the central area of Qingyan，daonellids and halobiids occupied only the deep water shelf facies.

In palaeoecology，95% of the genera of these bivalves are suspension feeders，but the deposit feeders only include 3 genera of Nuculoida. 51% of the bivalves are of epifauna，34% are of infauna. Most of the epibyssate taxa are Pteriacean and Limacean which likely dwelled in sandy substrates，and 25% belong to the free-burrowing endofauna. *Daonella* and *Halobia* represent pseudoplanktonic members. Cemented bivalves are composed of *Palaeolopha* and *Enantiostreon*.

A comparison of the Anisian—Carnian bivalves of Guizhou to the European members of the occidental Tethyan province is done，but the Norian *Burmisia-Prolaria-Datta-Yunnanophorus* assemblage is incomparable to European one since it is an endemic group of southeast Asia. The genera *Costateria* and *Elegentinia* were transferred to Minetrigoniinae and Trigoniinae，and the late Ladinian *Aparimella-Zittalihalabi-Daonella* assemblage is proposed and discussed.

A new Family Protostreidae is proposed for *Protostrea sinensis*（Hsü）1943，a new genus named as *Guanlingopecten* is established for *Asoella paradoxica* Chen 1974，and 17 new species and new subspecies are described below.

Family Malletiidea H. Adams et A. Adams，1858

Genus *Taimyrodon* Sanin，1973

Taimyrodon distinctoides sp. nov.

（Text fig. 9）

cf. 1895 *Leda distincta* Bittner，p. 150，pl. XVI，figs. 38，39.

1943 *Leda tirolensis*，Hsü et Chen，p. 132（list）.

1978 *Palaeoneilo* cf. *distincta*，Gan et al.，p. 307，pl. 109，fig. 17.

Material   3 internal moulds(NIGPAS15669 — NIGP15671) were measured.

Holotype   NIGPAS 15670, right internal mould(Text fig. 9, Fig. 2).

Etymology   Named after the similar species name, Taimyrodon distincta.

Diagnosis   Ovate and both anterior and posterior margins obtusely rounded.

Description   Shell oval in outline, slightly inequvalve, posterior slightly longer than anterior, moderately inflated. Both anterior and posterior margins obtusely rounded, ventral margin slightly broadly convex, dorsal margin slightly arcuate. Umbo large and rounded, placed anterior of the middle of dorsal margin. Shell surface possibly smooth.

Approximately 6 small posterior taxodont teeth preserved in one specimen(NIGP15670, Text fig. 9, Fig. 2).

Measeurements(in mm)

Specimen	Length	Height	Length/ Height
15669	12.0	8.8	1.36+
15670	11.0	7.1	1.55-
15671	12.0	9.0	1.33+

Remarks   The anterior and posterior margins of the present new species are both rounded, but not elongating posteriorly, matching the features of *Taimyrodon*, rather than *Leda* or *Palaeoneilo* extending posteriorly. *Nuculana tirolensis* Wöehrmann, resembling *Leda elliptica* Goldfuss in outline, is elongated posteriorly. Furthermore, compared with *Palaeoneilo distincta* Bittner(1895), *Palaeoneilo* aff. *distincta* Bittner from Wusuli(Kiparisova, 1938) and *Palaeoneilo distincta* var. *laubei* Leonardi(1943) from southern Italy, the umbo of the new species is larger than that of the taxa above.

Horizon and Locality   Qingyan(Chingyan) Formation, Qingyan(Chingyan) of S Guiyang City.

Taimyrodon guanlingensis sp. nov.

(Text fig. 10)

1976 *Palaeoneilo* cf. *oviformis*, Gu et al., p. 23, pl. 19, figs. 29, 30.

1978 *Palaeoneilo* cf. *oviformis*, Gan et al., p. 307, pl. 109, fig. 15.

1990 *Palaeoneilo* sp., Sha et al., p. 138, pl. 1, fig. 1.

1995 *Palaeoneilo* cf. *oviformis*, Sha, p. 86, pl. 24, fig. 4.

Material   2 bivalves(NIGPAS15673, NIGP15674) were measured.

Holotype   NIGPAS15673, right valve(Text fig. 10, Fig. 1).

Etymology   Named after the locality of the species, Guanling.

Diagnosis   Ovate but slightly narrowed and elongated posteriorly.

Description   Shell small, ovate in outline, equvalve but inequilateral, slightly elongated posteriorly, inflated to fairly inflated. Anterior margin rounded, posterior margin narrowly rounded, dorsal margin slightly arcuate, ventral margin broadly convex. Umbo evident, situated at about three-fifths of shell length from the anterior end.

Hinge structure ill-exposed, only several tiny posterior taxodont teeth observed in relatively large specimen.

Measeurements (in mm)

Specimen	Length	Height	Inflation
15672	11. 90	8. 00	4. 00
15673	10. 04	7. 00	4. 70

Remarks Although the original decription of *Palaeoneilo oviformis*(Eck, 1872) was not read by the authors, the individuals of the present new species seems to be larger than the former, based on the description of *Palaeoneilo oviformis*(Eck) did by Kiparisova(1938) and Nakazawa(1962). The difference between the new taxon and *Palaeoneilo elliptica*(Frech, 1904) is that the posterior of the former is shorter. *Palaeoneilo* sp. from Hox Xil of Qinghai, northern Qinghai-Xizang(Tibet) Plateau(Sha et al. , 1990) may be of the new species though the posterior of Qinghai specimen is relatively longer than the new taxon

.

Horizon and Locality   Guanling Formation, Yongning Town of Guanling County.

Family Nuculanidae H. Adams et A. Adams, 1858
Genus *Mesoneilo* Vukhuc, 1977
Mesoneilo guizhouensis sp. nov.
(Text fig. 14)

1938 *Leda* sp. nov. , Kiparisova, p. 214, pl. 1, figs. 16a, 16b.
1961 *Nuculana(Darcyomya)* sp. B, Nakazawa, p. 271, pl. 14, fig. 10.
1978 *Nuculana* cf. *guizhouensis*, Gan et al. , p. 308, pl. 109, fig. 20.

Material   1 right internal mould with shell fragment(NIGP15686) was measured.

Holotype   NIGPAS15686, right internal mould(Text fig. 14).

Etymology   Named after the locality of the species, Guizhou.

Diagnosis   Small, rostrate, rounded anteriorly, narrowed and elongated posteriorly.

Description   Shell small, elongated posteriorly, holotype 9. 3mm in length and 5. 0mm in height, equivalve but distinct inequilateral, rostrate in outline, rather inflated[single valve(holotype) 2. 1 mm in convexity]. Anterior margin rounded, posterior margin narrowly rounded, ventral margin broadly convex, dorsal margin slightly arcuate. Beak incurved and opisthogyrous, palced at one-third of shell length from the anterior extremity. Carina rounded but not so remarkable, extending from the umbo to posteroventral end, escutcheon narrow and quite depressed.

Commarginal growth lines on shell surface fine but poorly preserved. In internal mould, a few of small taxodont denticles displayed in front and back of umbo, dorsally.

Remarks   Morphologically, the present new species is characterized by rostrate form, short anterior with rounded margin and prolonged posteriorly with narrowly rounded margin, and small in size, almost same as *Leda* sp. nov. (Kunapucoba 1938) from Wusuli area and *Nuculana(Darcyomya)* sp. B. (Nakazawa, 1961) from the Maizuru Zone of southwest Japan. A new species was suggested, consequently.

Horizon and Locality   Qingyan Formation, Qingyan of S Guiyang City.

Family Mytilidae Rafinesque, 1815

Subfamily Modiolinae G. Ternier et H. Termier, 1850

Genus *Modiolus* Lamarck, 1799

***Modiolus subcristatus* sp. nov.**

(Text fig. 23)

1908 *Modiola*? sp. 4, Healey, p. 56, pl. Ⅷ, fig. 15.

1940 *Modiola cristata*(Schmidt), Hsü, p. 172. (list)

Material　1 right valve(NIGP16079) was measured.

Holotype　NIGPAS116079, right valve(Text fig. 23).

Etymology　Named after the similar species name, the typical *Modiolus cristatus*.

Diagnosis　Small, length subequial to height, roundedly triangular, narrowly extended ventrally.

Description　Shell small, long subequial to high, holotype about 9mm in length and 9.4mm in height, narrowed and extended ventrally, roundedly triangular in outline, inflated. Both anterior and posterior margins feebly convex; dorsal margin straight, as long as the shell length; ventral margin narrowly rounded, but anteroventral margin feebly concave; anterodorsal corner narrowly rounded, posterodorsal corner obtuse. Umbo fairly large, slightly protruded and situated near the terminal of dorsal margin.

Shell surface smooth except for irregularly spaced fine commarginal growth lines.

Remarks　In *Modiolus cristata* (Schmidt, 1928), the ratio of length to height is around 0.5, meaning the shell is much greater in height than in length, hinge line is shorter than posterodorsal margin. It clearly differs from the new species.

The present new species resembles *Modiolus* sp. 4 figured by Healey(1908) from Burma very much, the only diference between them is that the anterodorsal corner of the former is not as broadly rounded as that of the latter. They are therefore most probably one taxon.

Horizon and Locality　Sanchiao(Sanqiao) Formation, Sanqiao of W Guiyang City.

Order Ostreida Férussac, 1822

Superfamily Ostreoidea Rafinesque, 1815

Family Protostreidae fam. nov.

Diagnosis　Oyster-form, slightly inequvalve, right valve moderately inflated, with thickening shell, left valve flat; shell surface ornamented with irregular lamellae. Umbonal cavity very shallow; edentulous; oblong resilifer occupying a central position of the ligament area, bordered by anterior bourrelet and posterior bourrelet; dimyian, anterior adductor scar oval and small, and posterior one large; pallial line entire.

Remarks　This new family differs from Ostreidae in having an anterior adductor scar and convex right valve.

In 2006, Chen and Stiller indicated that the type species of *Protostrea* Chen, 1976(Gu et al., 1976) bears a "crura character" and quite agreed with what Morris(1993) said that the *Protostrea* was a dimyid, rather than ostreid. After checking again the typical specimens of genus *Protostrea*. We believe that so-called "crura" suggested by Chen and Stiller is really the anterior and posterior bourrelets on each side of the resilifer. For this reason, the genus *Protostrea* does not belong to a dimyid but it is related to the ostreid.

The full-grown larva of veliger stage of living *Ostrea* (e.g., *O. adulis*) has an anterior and a posterior adductor muscles(Stenzel, 1971). He stated the facts that during metamorphosis from larva to young attached oyster. The anterior muscle of the larva shifted position and rapidly quite atrophied, leaving no trace(Stenzel, 1971).

The ontogenetic variation that oyster has anterior and posterior adductor muscles during larval stage but the anterior muscle disappeared after larval stage can be inferred to be an atavism, which demonstrates that the hypothese, ancestor of ostreids possibly have two adductor muscles, is right.

Waller(1978) concluded that the *Valsella depardita* Lamalck with erroneous genus named from Eocence beds of France was provided. This France species in ligament feature, shape and muscle is similar to familiar genus *Protostrea* and it is possible that it should be separated from Malleidae as a new taxon, and included in the present new family Protostreidae.

Age and Distribution Middle Triassic(Anisian) of Guizhou, SW China; Eocene,? France.

Family Aulacomyellidae Ichikawa, 1958
Subfamily Bositrinae Waterhouse, 2008
Genus *Peribositria* Kurushin et Trushchelev, 1989
Peribositria ussurica chenkangi subsp. nov.
(Text fig. 30)

Material More than 4 single valves, including NIGP15962 — NIGP15964.

Holotype NIGPAS 15963, left valve(Text fig. 30, Fig. 2).

Etymology Named after Mr. Chen Kang in memory of him. He and Profs. Xu Deyou(Hsü Te-you) and Ma Yisi were cruelly killed by bandits while investigating Triassic of Guizhou in 1944.

Diagnosis Feebly inflated, smooth on shell surface.

Description Shell small, slightly greater in length than in height, subrounded to oval in outline, feebly inflated. Hinge line short, gradually and smoothly joining anterior and posterior margins. Umbo relatively large, situated at the middle of dorsal margin. Shell surface smooth except for the commarginal growth folds.

Measeurements(in mm)

Specimen	Left valve		Right valve	
	Length	Height	Length	Height
15962	13.0	12.3	/	/
15963	/	/	7.0	6.5
15964	/	/	6.3	5.2

Remarks Compared with *Peribositria ussurica* Kiparisova(1938,1954), this new subspecies is lacking radial line. In general outline, *Peribositria alta* Mojsisovics(1873) and *Peribositria bosniaca* Bittner (1902) are also close to the new subspecies, but the formers are very inflated.

Horizon and Locality. Qingyan Formation, Qingyan of S Guiyang City.

Peribositria mae sp. nov.
(Text fig. 35)

Material More than 10 single valves, including NIGPAS15975 — NIGP15980.

Holotype NIGPAS15975, left valve(Text fig. 35, Fig. 1).

Etymology Named after Miss Ma Yisi, who was murdered while investigating Triassic in Guizhou in 1944.

Diagnosis Ovate, nearly flat, umbo clear, smooth on shell surface.

Description   Shell medium, greater in length than in height, ovate in outline, nearly flat. Inequialateral, posterior dorsal margin twice as anterior margin in length, antero- and posterodorsal corner subrounded. Umbo prominent, projecting slightly above the straight hinge line and placed at about one-third of shell length from the anterior end. Shell surface smooth except for the commarginal growth folds.

Measeurements(in mm)

Specimen	Left valve		Right valve	
	Length	Height	Length	Height
15975	18. 8	16. 0	/	/
15976	15. 1	14. 0	/	/
15977	/	/	18. 0	16. 1
15978	17. 3	15. 1	/	/
15979	/	/	20. 0	14. 4
15980	/	/	14. 8	13. 5

Remarks   The present new species is most close to *Posidonia pannonica* Mojsisovics, but the former is more rounded in outline, more flat, and lacks radial line on shell surface. In general outline, the new species resembles the Japanese *Posidonia japonica* Kobayashi(1940) too. Nevertheless, the Japanese taxon is ornamented with radial lines on shell surface. *Posidonia*(*P.*) *aequilater* Vukhuc from Vietnam(Vukhuc, 1965;Vukhuc et. al. , 1991) is more inflated and its umbo is situated near the middle of shell length. It is thus different from the new species.

Horizon and Locality   Xinyuan Formation, Xinyuan of Ziyun.

Family Pteriidae J. Gray, 1847(in Goldfuss, 1820)

Subfamily Pteriinae J. Gray, 1847(in Goldfuss, 1820)

Genus *Pteria* Scopoli, 1777

***Pteria hsuei* sp. nov.**

(Text fig. 54)

Material   3 left internal moulds(NIGPAS15813 — NIGPAS15815).

Holotype   NIGPAS15815, left internal valve(Text fig. 54, Fig. 3).

Etymology   Named after Prof. Xu Deyou(Hsü Te-you) in memory him. He made a great contribution to the study of Triassic stratigraphy and palaeontology.

Diagnosis   Small, main body obliquely oval and rather inflated, anterior auricle small and subrounded, posterior wing large and flat.

Description   Shell small, pronouncedly prosocline with an axial angle of $40°-45°$, main body rather inflated, distinctly extended and more or less broadened posteroventrally, obliqique-oval in outline. Anterior auricle/wing small and subrounded, posterior wing large, flat, obtusely triangular, distinctly set off from main body by the shallow auricle sulcus. Umbo obtuse, slightly projecting above hinge line and situated at about one-quater of shell length from the anterior extremity.

Hinge long and straight, several small dot-like teeth preserved in anterior of umbo, and one long feeble posterior laminar tooth subparallel to hinge margin extended to posterodorsal. Anterior adductor scar recorded in the cavity of anterior auricle, pallial line simple.

Measeurements (in mm)

Specimen	Length	Height
15813	18.0	9.0
15814	7.2	5.0
15815	7.5	6.0

Remarks   The shape and the appearance of both anterior and posterior auricles of this new taxon all correspond to those of *Pteria miljacensis* (Kittl)(1903), but the main body of the former is narrower and less height than Kittl's species. The new species is also very similar to *Pteria mediocalcis* (Hohenstein) (1913, p. 50, pl. I , figs. 36-38) in outline, while the latter has a larger anterior auricle.

Horizon and Locality   Qingyan Formation, Qingyan of S Guiyang City.

Family Bakevelliidae W. King, 1850

Genus *Hoernesiella* Gugenberger, 1934

***Hoernesiella hsuei* sp. nov.**

(Text fig. 84)

Material   1 small left valve(NIGPAS15859).

Holotype   NIGPAS 15859, left valve(Text fig. 84, Figs. 1, 2).

Etymology   Named after Prof. Xu Deyou(Hsü Te-you) in memory of him. He is the founder of the Triassic bivalve study of China.

Diagnosis   Small, median depression very deep but narrow, wings distinct but not very long and acuate.

Description   Left valve, small, main body narrow and strongly convex, with a deep and obvious median depression/sulcus vertically running from middle umbonal region to ventral magin, narrow and strongly convex, twisted anteriorly dorsally, causing the beak overlapped on right umbo. Hinge line straight. Posterior one triangular and slightly convex, set off from main body by auricle sulcus; anterior wing damaged, probably very long.

Remarks   The difference between the present new species and the typical *Hoernesiella carinthiaca* Gugenberger(Gugenberger,1934, S. D. Cox, 1969) is that the former's median depression is narrower, the wings are shorter than but not as acute as the latter.

Horizon and Locality   Sanqiao Formation, Sanqiao of W Guiyang City.

Family Pectinidae Rafinesque, 1815

Subfamily Chlamysinae Teppner, 1922

Genus *Praechlamys* Allasinaz, 1972

***Praechlamys guiyangensis radiata* subsp. nov.**

(Text fig. 92)

Material   A couple of right internal and external moulds without ventral part(NIGPAS16016).

Holotype   NIGPAS16016, right internal mould(Text fig. 92, Fig. 2)

Etymology   Named after the radial ornamentation on posterior auricle.

Diagnosis   Ornament of radial riblets on posterior auricle.

Remarks This new subspecies is characterized by the radial riblets on posterior auricle, which differs from the typical *Praechlamys guiyangensis*(Chen)(Chen 1976, in Gu et al. , 1976).

Horizon and Locality Sanchiao(Sanqiao) Formation, Sanqiao of W Guiyang.

Superfamily Pseudomonotoidea Newell, 1938
Family Leptochondriidae Newell et Doyd, 1995
Genus *Guanlingopecten* gen. nov.

Type species *Asoella paradoxica* Chen, 1974(Figs. 9, 12).

Diagnosis Shell small, usually less than 12mm high; quadrately suborbicular to ovate in outline, with a relatively short and straight hinge margin. Left valve inflated, with a subrounded and slightly projecting umbo, right valve flat to feebly inflated. Anterior and posterior auricles unequal, all of the left anterior and posterior and the right anterior auricles obtuse, indistinctly set off from the disc; right anterior auricle short and subrounded, and auricular notch shallow.

Both left and right valves ornament of intercalated fine radial ribs, in 2 or 3 orders, crossed by densely arranged fine comarginal growth lines, forming fine granular processes.

Remarks *Leptochondria* Bittner, 1901 is similar to the present new genus in general outline, but its left anterior and posterior auricles are equal, right valve is smooth and bears with a deep and narrow subauricular notch exrtending almost to beak, distinctly differing from the new genus which has unequal left anterior and posterior auricles, the right valve is ornamented with intercalated radial fine ribs, and auricular notch shallow and short.

Pecten(*Velopecten*) *minimus* Kiparisova, 1938; *P.* (*V.*) *bittner* Kiparisova 1938; *Pseudomonotis*(*Eumorphotis*) *illyrica* Bittner, 1901; *P.* (*E.*) *subillrica* Hsü, 1937; *Pecten* (*V.*) *veszprimiensis* Bittner, 1901; *Pecten serajavensis* Kitts, 1903; *Leptochondria junzihoensis* Chen et Zhang, 1979(= *L. gongceensis* Zhang, 1979, = *L. yankongensis* Yin et Yin, 1983, = *L. subillyrica* Yin et Yin, 1983; *L. illyrica* Yin et Yin, 1883; *L. subparadoxica* Yin et Yin, 1883) all can belong to the new genus *Guanlingopection*, not *Leptochondria*, based on their obtuse posterior auricle and radial costate ornament on both shells. However, some authors(e. g. , Nakazawa, 1961; Allasinaz, 1992; Gan, Yin, 1978; Yin, Yin, 1983; Waller, 2003) have referred these species to the genus *Leptochondria*.

Distribution Triassic(Indian—Carnian), Asia(China, Vietnam, Japan, Pakistan), Europe(Russia, Bosnia, Hercegovina and Slovenia).

Family Entolioidae Teppner, 1922
Subfamily Entoliinae Teppner, 1922
Genus *Entolium* Meek, 1865(=*Eupecten* Guo, 1988 =*Filopecten* Allasinaz, 1972)
Entolium? *guanlingense* sp. nov.
(Text fig. 118)

Material 1 left valve(NIGPAS15995).

Holotype NIGPAS15995, left valve(Text fig. 118).

Etymology Named after the locality of the species, Guanling.

Diagnosis Ornamented with honeycomb tiny pits and projections.

Description Shell greater in height than in length, holotype about 10. 61mm long and 11. 3mm high, disc flat, vertical ovate in outline. Hinge line short and straight, around 5. 4mm long. Umboal fold distinct, umbo palced near the mid-point of dorsal margin, hardly projecting above the hinge line. Both anterior and posterior auricles well delimited and probably equal in size, though the anterior one broken dorsally, posterior auricle triangular and flat. Ornament of honeycomb pits and projections, except for commarginal growth lines, constituting a shell surface ornamentation pattern of genus *Eocamptonectis*, but auricles smooth except for growth lines.

Remarks The present new species is characterized by the tiny dot-like projections and pits on shell surface. It is similar to *Entolium? amerinum* Sirna(Sirna, 1968; Allasinaz, 1972) from Umbria of Italy, and *Filopecten? rosaliae*(Salomon)(Allasinaz, 1972) from Marmolada of Italy. However, the Italian specimens have obvious and thick commarginal growth folds, *Filopecten* Allasinaz(1972) should be the synonym of *Entolium*.

The shell surface ornament of the three species of *Entolium?* above, i. e., *E. ? guanlingense* sp. nov., *E. ? amerinum* and *E. ? rosaliae*, possibly has implied that they are a new genus. However, they were suspensively classified as *Entolium*, following Allasinaz(1972), herein.

Horizon and Locality: Guanling Formation, Yongning Town of Guanling County.

Entolium submaganeauritum sp nov.

(Text fig. 126)

Material More than 10 valves including NIGPAS16019 — NIGPAS16027.

Holotype NIGPAS 16019, left valve(Text fig. 126, Fig. 1).

Etymology After the resemblance to *Entolium magneauritium*(Kittl) in general morphology.

Diagnosis Disc vertically ovate, commarginal growth lines obviouse on both disc and auricles surface.

Description Shell small, disc vertically ovate in outline, long same as high, or slightly higher than long, feebly inflated. Hinge line straight, approximately as long as two-thirds of shell length. Umbo slightly projecting above the hinge line and placed near the middle of the dorsal margin, umbonal angle around 90°−100° and umbonal fold distinct. Auricles large, subtriangular and flat, anterior auricle larger than posterior ones, both well discriminated from the disc by the shallow auricular sulcus; byssal notch of right valve shallow, and the byssal sinus of left anterior valve very shallow.

Smooth, except for the commarginal growth lines on shell surface.

Measeurements(in mm)

Specimen	Left valve		Right valve	
	Length	Height	Length	Height
16019	10. 0	10. 0	/	/
16020	9. 0	9. 0	/	/
16021	6. 9	7. 0	/	/
16022	6. 0	6. 0	/	/
16023	3. 0	3. 3	/	/
16024	/	/	6. 0	6. 5
16025	3. 8	4. 1	/	/
16026	3. 4	3. 8	/	/
16027	3. 8	4. 0	/	/

Remarks The present new species is most similar to *Entolium maganeauritum* (kittl) of former

Yugoslavia, but in outline, the former is vertically ovate, the latter is rounded.

The similar specimens of the new taxon were also recorded from Wusuli area, but they named as *Pecten(Chlamys) kryschtofowichi* by Kiparisova(1939). Nevertheless, the specimens of Wusuli are narrower and higher, vertically elongated, and their commarginal growth lines are finer. It seems that they may be compared with the smooth group of *Camptonectes* indicated by Hayami(1957).

In general outline, the new species also resembles *Pecten mentzeliae* Bittner(Bittner,1902), but the latter is ornamented with fine radial lines.

Horizon and Locality Qingyan Formation, Qingyan of S Guiyang City; Guanling Formation, Yongning Town of Guanling County.

Family Myophoriidae Bronn, 1849
Genus *Neoschizodus* Giebel, 1855
Neoschizodus laevigatus wanlanensis subsp. nov.
(Text fig. 140)

Material Several specimens, 1 left and 1 right internal moulds with shell fragments(NIGPAS15692, NIGPAS15693) were measured.

Holotype NIGPAS15693, left internal mould(Text fig. 140, Fig. 2).

Etymology Named after the locality of the subspecies, Wanlan.

Diagnosis Anterior margin nearly subtruncated, outer ridge sharp, siphonal area wide and steep.

Description Shell large, triangular to subtriangular in outline, moderately inflated. Umbo obtuse, situated at about one-third of shell length from the anterior extremity. Anterior margin nearly subtruncated, posterior margin broadly rounded to feebly convex, ventral margin broadly convex, dorsal margin obtusely angular, anterodorsal margin very short, posterodorsal margin long and poterodorsal coener broadly rounded. Outer ridge sharply carinate, extending to posteroventral corner running from umbo. Siphonal area wide and steep.

Buttress well developed, imprints of two cardinal teeth and one socket preserved on one specimen, adductor scar ill-preserved, pallial line entire and subparallel to ventral margin.

Shell surface possibly completely smooth.

Remarks The present new subspecies is very similar to *Neoschizodus laevigata* (v. Zietheim), but anterior margin of the latter is more rounded than the former, and siphonal area of the former is steeper than the latter.

Myophoria aff. *laevigata*(V. Zietheim) figured by Diener(Diener, 1913) very similar to the new subspecies, but it is as long as high and its anterior margin is rounded. Furthermore, *Neoschizodus laevigata* var. *exparsa* Mansuy(1919) from northern Vietnam is more elongated and its siphonal area is steeper.

Horizon and Locality First Member of Ba'nan Formation, Wanlan of Zhenfeng County, and Langdai County.

Family Trigonodoidae Modell, 1942(= Pachycardiidae Cox, 1964)
Genus *Unionites* Wissmann, 1841(=*Anodoyophora*, 1897=*Anoplophora* Alberti, 1864)
Unionites guizhouensis alta subsp. nov.
(Text fig. 147)

Material 1 left valve(NIGPAS15759) was measured.

Holotype   NIGPAS15759, left valve(Text fig. 147).

Etymology   Named after the larger height of the present new subspecies, compared with the typical *Unionites guizhouensis* Chen.

Diagnosis   The height is larger than that of the typical *Unionites guizhouensis* Chen.

Remarks   The holotype of the new subspecies is 31. 7mm long and 24. 7mm high. Compared with the measurement of typical *U. guizhouensis* Chen in this memoir, the new subspecies is higher but shorter than former. That is the critical difference of these two taxa.

Horizon and Locality   Sanchiao Formation, Sanqiao of W Guiyang City.

Unionites lutraiaeformis pygmaea subsp. nov.
(Text fig. 148)

cf. 1908 *Anodontophora(Anoplophora)* cf. *griesbachi*, Mansuy, p. 70, pl. XVIII, fig. 6.

cf. 1943 *Scafhautlia astartiformis*, Leonardi, p. 57, pl. X, fig. 6, non fig. 5

Material   1 articulated valves(NIGPAS15758) was measured.

Holotype   NIGPAS15758, articulated valves(Text fig. 148).

Etymology   Named after the smaller height of the present new subspecies, compared with the typical *Unionites lutraiaeformis* Böttger.

Diagnosis   The height is smaller than that of the typical *Unionites lutraiaeformis* Böttger.

Description   Shell nearly twice as long as high, holotype 34. 0mm in length and 19. 0mm in height, quadrately ovate in outline but posterior higher than anterior, rather inflated but feebly flattened posteroventrally in middle. Both anterior and posterior margins broadly rounded, ventral margin nearly straight, subparallel to the straight posterodorsal margin. Umbon wide, slightly projecting above the hinge line and situated at about two-fifths of shell length from anterior extremity.

Shell surface smooth except for the fine comarginal growth lines.

Remarks   The present new subspecies differs from typical *Unionites lutraiaeformis* Böttger of Sumatra, Indonesia(Böttger, 1880) is in the length and height. According to the original record of Böttger (1880), *Unionites lutraiaeformis* is 42. 5—44. 0mm long and 29—31mm high, i. e., length is nearly 1. 4 times the height, much smaller than that of the new subspecies.

This new subspecies, in the generic outline, resembles *Unionites griesbachi* Bittner(1899a, b) from Himalaya region, Indochina and Sumatra of Indonesia very much, but the umbo of the latter placed at the middle of dorsal margin.

Mansuy(1908) recorded a specimen of *Anodontophora* cf. *griesbachi* Bittner from Tonkin of northern Vietnam, without description. Both the umbonal position and the shell body proportions of the specimen, based on the fossil figure, correspond to those of the present form. It probably belongs to the new subspecies.

Furthermore, the specimen of *Schafhäutllia astartiformis* Münster described by Leonardi(1943) has a subelliptical form, very resembles the present new subspecies. However, the umbo of the specimen is placed at the middle of dorsal margin. *Schafhaeutllia(= Schafhäutllia)* is usually short and domed circular in outline. Consequently, specimen described by Leonardi(1943) is not *Schafhäutllia*.

Horizon and Locality   Sanchiao(Sanqiao) Formation, Sanqiao of W Guiyang City, and Huaxi of S Guiyang City.

Family Astartidae Gray, 1840

Genus *Pseudocorbula* E. Philippi, 1898

***Pseudocorbula guizhouensis elongata* subsp. nov.**

(Text fig. 163)

Material   2 articulated valves(NIGPAS15792, NIGPAS15793) were measured.

Holotype   NIGPAS15792, articulated valves(Text fig. 163, Fig. 1).

Etymology   Named after the posteriorly elongated congfiguration of the present new subspecies.

Diagnosis   Shell is posteriorly elongated, and less inflated than typical *Pseudocorbula guizhouensis* (Chen).

Measeurements(in mm)

Specimen	Left valve		Right valve	
	Length	Height	Length	Height
15792	17.0	12.0	17.0	12.0
15793	20.0	14.0	20.0	14.0

Remarks   Compared with the typical *Pseudocorbula guizhouensis* (Chen) [= *Myophoriopis guizhouensis* Chen(Chen, 1974, p. 338)], this new subspecies is less inflated and posterior elongated.

The specimen of *Myophoriopis*? sp. ind. figured by Krumbeck in 1924 from Timor resembles the present new subpecies, but the former has a rounded outer ridge.

Horizon and Locality   Sanchiao(Sanqiao) Formation, Sanqiao of W Guiyang City.

Family Pleuromyidae Zittel, 1895

Genus *Pleuromya* Agassiz, 1843

***Pleuromya guanlinensis* sp. nov.**

(Text fig. 176)

1976 *Pleuromya* cf. *elongata*, Gu et al., 1976, p. 277, pl. 42, figs. 7, 8.

1978 *Pleuromya* cf. *elongata*, Gan et al., p. 391, pl. 125, fig. 13.

Material   More than 4 specimens, including NIGPAS16096 − NIGPAS16099.

Holotype   NIGPAS16099, right internal mould(Text fig. 176, Fig. 4).

Etymology   Named after the locality of the new subspecies, Guanling.

Daignosis   Elongated and more or less tapering posteriorly and no depression on shell surface.

Description   Shell transversely ovate in outline. Anterior short and anterior margin rounded to obtusely rounded, posterior long and more or less tapering posteriorly. Umbo very wide and beak well incurved, situated a small distance from the anterior end to one-third of shell length from the anterior extremity. Posterior umbonal ridge feeble, running from umbo to posteroventral.

An oval posterior muscle scar preserved in one compressed specimen.

Measeurements(in mm)

Specimen	Length	Height
16097	32.00	19.1
16099	30.00	15.3

Remarks   In outline, one specimen of *Pleuromya elongata* (Schlotheim) figured by Bender(1921) resembles the specimens of the new species the most, but the posterior of the latter is narrowly pointed.

Pleuromya musculoides strigata Chen has, but new species does not have the depression on shell surface, which is the major difference of these two species.

Horizon and Locality   Guanling Formation, Yongning Town of Guanling County, and Qinglong County.

Pleuromya forsbergi zhaoi subsp. nov.
(Text fig. 177)

Material   2 internal moulds(NIGPAS16100, NIGPAS16101) were measured.

Holotype   NIGPAS16100, left internal mould(Text fig. 177, Fig. 1).

Etymology   Named after Professor Zhao Jinke(King Koo Chao) in memory of him. He established Early Triassic ammonite zones in China.

Diagnosis   Carina feeble, posterior margin more or less subtruncated.

Description   Shell medium, rectangularly ovate in outline, moderately inflated. Anterior margin rounded, posterior margin feebly rounded but more or less subtruncated along dorsal posterior margin, dorsal margin substraight, subparallel to ventral margin with a feeble sinus. Umbo small, slightly projecting above hinge line and placed at one-third of shell length from the anterior end. Posterior umbonal ridge feeble, running from umbo to posteroventral.

Shell surface probablely smooth except for commarginal growth lines.

Measeurements(in mm)

Specimen	Left valve		Right valve	
	Length	Height	Length	Height
16100	23. 0	13. 0	/	/
16101	/	/	15. 0	9. 0

Remarks   Compared with *Pleuromya forsberigi niponica* Kobayashi et Ichikawa, the carina faint and posterior margin slightly subtruncated in present new subspecies.

Horizon and Locality   Shanchiao(Sanqiao) Formation, Sanqiao of W Guiyang City.